JN109668

図をかいて サクサク解ける シリーズ

大気の計算問題

公害防止管理者試験 大気関係 受験対策

見上 勝清 編著

弘文社

本書の目的と構成方針

　いかに少ない労力で公害防止管理者試験大気関係の合格を勝ち取るかを考え、本書では立式を助けるための図を豊富に取り入れ、さらに立式しやすくするために扱う順番も思い切って整理しました。そして、数学や化学の知識については、必要になったところで必要な範囲に限定して紹介することにしました。また、本番の試験では五者択一ですが、計算問題の場合は自分で計算した結果から正しいものを選ぶだけなので、練習時にこの選択肢は必要無いと考え省略しました（すべてではありません）。どうか一人でも多くの人が本書を使ってしっかりと練習を積み、試験に合格して欲しいと思います。

本書の使い方

　一つ一つ定着が図れるように多くの問題を用意しました。似たような問題を繰り返し解くことで、自らの力で正しく立式ができるようになって欲しいと思います。また、別解を多く載せているので、たいていは自分の解いた答と途中経過を比べることができます。そして、他のいろいろな解き方を知ることで、次に解くときは、より速く正確に出来るようになると思います。ただ、計算問題が占める割合は試験全体の一部ですから十分に時間が取れない方もいると思いますので、そのときは問題番号の頭に*****のマークがついている問題（30問）のみやることで対応してください。

　また、P303には下のような表があります。

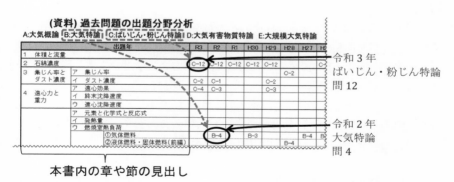

これを見て、特に出題頻度が高く重要と思われる所や、科目合格に必要な所を繰り返し学習することが可能です。また、過去の問題を解いてみてわからないところは、本書のどこで取り上げているのかが、この表ですぐにわかります。そして、同様の問題にチャレンジしてみたくなったら、いつのどの科目の過去

問題をやれば良いのかもわかるので、効率よく効果的に学習を進められます。

　また、各章は理解しやすい（得点しやすい）内容から順に取り上げています。そして、出題頻度の少ないものや難易度の高いものは後の方にしました。だから、章の途中で内容的や時間的に厳しくなってきたら、次の章に行き、広く浅くやることも可能です。

　最後に、本書の中で解くときにあった方が便利な解答用紙や補充問題、その他最新の情報や訂正を、
　　http : //3939tokeru.starfree.jp/taiki/
にて公開していますので、こちらもご覧ください。

計算の仕方について

　決まったやり方は公表されていないと思うので今までの経験から次のようにすると良いと思います。途中式では有効数字を四捨五入で 4 〜 5 桁出しておいて、答は最後に四捨五入で選択肢の桁数（だいたい 2 〜 3 桁）にあわせます。しかし、次の設問でその値を使うときは、四捨五入する前の 4 〜 5 桁の値を使って計算します。どうぞ、本書の途中式を参考に練習してください。

注意

　本書では 12300000 や 0.0000001 のような数字は読みやすいように小数点の位置から 3 桁毎に空白を入れて 12 300 000 や 0.000 000 1 のように表すことにしています。また、単位の表記については、他の変数などの文字と区別するために ［kg］のように括弧をつけているところがあります。

　一部の表現や値に、厳密には正しくない部分が含まれていますが、理解をしやすくするために用いているということでご容赦願います。また、本書の内容により生じた結果について一切の責任を筆者は負いませんのでご了承ください。

　最後に、許可無く本書の全部および一部について、一切の複製を禁じます。

し お り

問題はすべて見開きページの右下にありますので、右の斜線部分に
下のようなＡ４サイズの紙を１枚用意して貼り付けると、しおり兼
目隠しとして使えます。良かったらやってみて下さい。

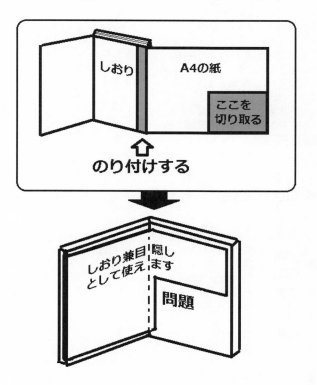

目　次

0.　はじめに

　公害防止管理者試験は時代とともにデータが更新されることや、出題範囲が多岐にわたることなどから、隅々まで学習するのはとても大変です。私だけかも知れませんが、この試験は満点が取れないように作っているような気がしています。だから、準備として過去の問題をすべて学習しても良いのですが、本番の試験では1割は見たことも聞いたこともないものが含まれていると考えて、手を付ける問題を全体の9割とし、その中から7割の正解をあげることで $0.9 \times 0.7 = 0.63$ となって6割以上に達し、合格を手にすることができると考えます。

　さて、第 1 種を受験する場合はすべてを学習する必要がありますが、第 2 種と第 4 種の場合は、不要な範囲を扱わなくて良いように、第 8 章を第 1 種と第 3 種の人だけが学習するように配置しています。
　また、科目免除がある方については、P 303 の過去問題の出題分野分析の表を見て、必要な単元を集中的に学習するようにしましょう。

　第1種から第4種に共通な**「大気特論」**と**「ばいじん・粉じん特論」**は他の科目に比べて計算問題が多く、計算を避けては通れないと思います。また、そこには円周率の π と同種の無理数 e を含む式の扱いがあり、多少高度な数学力が要求されます。でも、このテキストでは試験に必要な範囲に限定して学習し、答が出せるようにしていますので、しっかり練習をして試験本番までに自信をもって解けるようになることを切に望みます。

　さあ、いよいよ学習を進めていくのですが、皆さんに次のお願いがあります。まず、問題文は読みながら本書にあるような図をかきましょう。次に、そこから式をサクサクとかけるようになって欲しいのですが、そのためには解答を目で追うだけではなく、ペンと紙を使って一つ一つしっかりと真似をして身に付けていくようにして下さい。そして、正解できたときは大いに喜んで、次も出来るか**ゲーム感覚で楽しんでやってください**。

　それでは、どうぞ最後まで出来ると信じて頑張りましょう。

1. 体積と流量

　長さの単位では、1 [m] の 1 000 倍が 1 [km] 、逆に $\frac{1}{1\,000}$ 倍が 1 [mm] ですね。また、重さの単位では、 1 [g] の 1 000 倍が 1 [kg] 、逆に $\frac{1}{1\,000}$ 倍が 1 [mg] ですね。この「キロ」や「ミリ」のように、「メートル」や「グラム」という**基本単位**の前に付ける文字を**補助単位**または**接頭語**と言い、10^3 ごとに 次のように決まっています。

$$1\underbrace{000} = 10 \times 10 \times 10 = 10^3 \qquad \frac{1}{1\,000} = \frac{1}{10^3} = 10^{-3}$$

0 の個数は ────── **ここと一致**　　　　　　**マイナスで表せる**

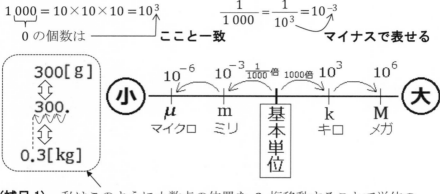

（補足 1）　私はこのように小数点の位置を 3 桁移動することで単位の換算をしています。

（例）

$$2\,000 \text{ [mg]}$$
$$\Updownarrow$$
$$2 \text{ [g]}$$
$$\Updownarrow$$
$$0.002 \text{ [kg]}$$

$$50 \text{ [mL]}$$
$$\Updownarrow$$
$$0.05 \text{ [L]}$$
$$\Updownarrow$$
$$0.000\,05 \text{ [kL]}$$

（補足 2）　cm（センチメートル）の c も補助単位です。

$$\begin{cases} 1\text{ m} = 100\text{ cm} \\ 1\text{ cm} = 10\text{ mm} \end{cases}$$

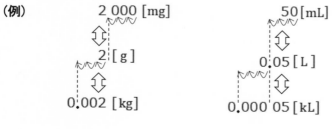

右のような直方体の容器の中に深さ 1 [cm] まで水を入れたとき、<u>水の体積（容積）</u>は

$$1 \text{ [cm]} \times 1 \text{ [cm]} \times 1 \text{ [cm]} = 1 \text{ [cm}^3\text{]}$$

となります。そして、<u>1 [cm³] の体積は 1 [mL]</u> とも表すことができます。

つまり、

$$1 \text{ [cm}^3\text{]} = 1 \text{ [mL]}$$

が成り立ちます。

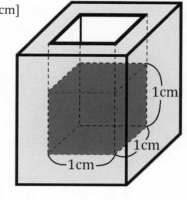

そして、これを基準にそれぞれの 1 辺の 長さを 10 倍にしたものを順に考えていくと、体積は次のようになります。

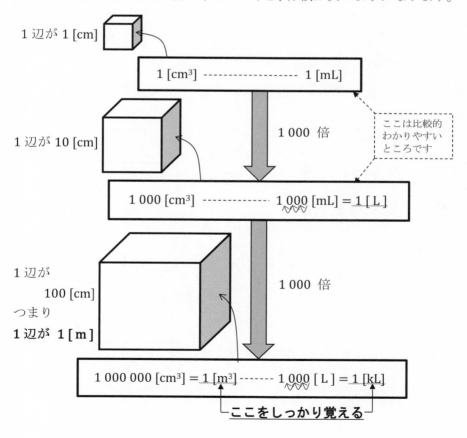

1 辺が 1 [cm]

1 [cm³] -------------------- 1 [mL]

1 辺が 10 [cm]

1 000 倍

ここは比較的 わかりやすい ところです

1 000 [cm³] -------------- 1 000 [mL] = 1 [L]

1 辺が 100 [cm] つまり **1 辺が 1 [m]**

1 000 倍

1 000 000 [cm³] = 1 [m³] ------- 1 000 [L] = 1 [kL]

└ここをしっかり覚える┘

さて、右の写真は 1 000 [mL] 入りの牛乳パックです
が、中に水が入っているとして、何 [cm] の高さまで入っ
ているかを計算してみたいと思います。

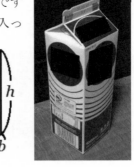

まず、底面積を表す記号はふつう
S ですが、本書では他の意味で使われ
ているので、ここでは A とします。
そして、底面の2辺の長さを a 、b 、
高さを h 、体積を V とおくと、

$$A = ab \ \cdots\cdots\ ① \ 、 V = Ah = abh \ \cdots\cdots\ ②$$

と書けます。いま、a = 7 [cm]、b = 7 [cm]、V = 1 000 [mL] とすると、
V = 1 000 [mL] = 1 000 [cm³] と単位を揃えてから ② に代入することで

$$1 000 = 7 \times 7 \times h \ \text{より}$$

$$\therefore \ h = \frac{1 000}{7 \times 7} \fallingdotseq 20.4 \ [\text{cm}] \ \text{と、高さ} \ h \ \text{が求められます。}$$

（例題） 右の図は、ある部屋の大きさを
表しています。この部屋の空気の
体積は何 [L] ですか。

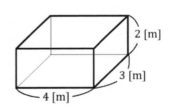

（解） 体積 V は $V = abh = 4 \times 3 \times 2$

$$= 24 \ [\text{m}^3] \ \text{となる。}$$

単位を L にするので $V = 24 \ [\text{m}^3] = 24 \ [\text{kL}]$

$$= 24 000 \ [\text{L}]$$

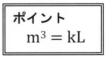

ポイント
$$\text{m}^3 = \text{kL}$$

（別解） まず、単位を cm にして図を描く。

体積 V は $V = abh = 400 \times 300 \times 200$

$$= 24 000 000 \ [\text{cm}^3] \ \text{となる。}$$

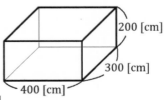

単位を L にするので $V = 24 000 000 \ [\text{cm}^3]$

$$= 24 000 000 \ [\text{mL}] = 24 000 \ [\text{L}]$$

　それでは、左頁の例題の部屋の空気をすべて入れ替えるのに 5 分かかったとして、<u>1 分間に出入りする空気の量</u>を求めてみましょう。つまり、24 000 [L] の空気を 5 分間で入れ替えるので、1 分あたりは 5 で割って 24 000 ÷ 5 = 4 800 より、<u>毎分 4 800 [L]</u> または <u>4 800 [L/分]</u> と書くことができます。そして、この量のことを 流量 と言い、文字 Q で表し、体積 V と時間 T と流量 Q の間には $V \div T = Q$ が成り立つので $V = QT$ ぶくっと と書くこともできます。

（ 式の覚え方です ）

　また、この計算は次のように<u>比例を使って求める</u>こともできます。

<u>1 分間に出入りする空気の量</u>を x [L] とおくと

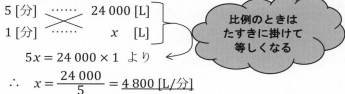

$$5x = 24\,000 \times 1 \ \text{より}$$

比例のときは
たすきに掛けて
等しくなる

$$\therefore \quad x = \frac{24\,000}{5} = \underline{4\,800} \ [\text{L/分}]$$

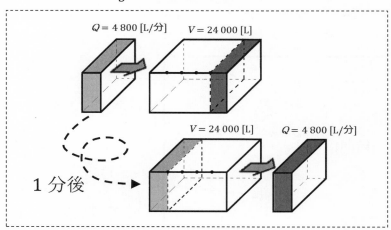

$Q = 4\,800$ [L/分]　　$V = 24\,000$ [L]

$V = 24\,000$ [L]　　$Q = 4\,800$ [L/分]

1 分後

（補足 1）　1 秒あたりでは 4 800 [L/分] ÷ 60 = 80 [L/秒] 、1 時間あたりでは 4 800 [L/分] × 60 = 288 000 [L/時] = 288 [kL/時] = 288 [m³/時] と書くこともできます。

（補足 2）　「秒」は s 、「分」は min 、「時」は h 、「日」は d と表すこともあります。毎分 4 800 [L] は 4 800 [L/min] とも書けます。

（例題） 毎秒 10 [L] の空気を排出できる換気扇があります。3 時間では
何 [m³] の空気を排出できますか。

（解） $Q = 10$ [L/**秒**] 、$T = 3$ [**時間**] である。ここで、単位を秒に揃えると
1 [時間] = 60 [分] 、1 [分] = 60 [秒] より $T = 3 \times 60 \times 60 = 10\,800$ [**秒**]
となるので $V = QT = 10 \times 10\,800 = 108\,000$ [L] = 108 [kL] = 108 [m³]

（別解） 流量を毎時に変えると、1 [時間] = 60 [分] 、1 [分] = 60 [秒] より
$Q = 10$ [L/**秒**] $\times 60 \times 60 = 36\,000$ [L/**時**] となる。よって、$T = 3$ [**時間**]
より $V = QT = 36\,000 \times 3 = 108\,000$ [L] = 108 [kL] = 108 [m³]

2. 石綿濃度

　下図のような筒状の装置の中にろ紙をセットし、この中を毎分 10 [L]
の流量で 4 時間通気して石綿を捕集します。そして、ろ紙上に付着した
石綿の繊維の総本数をすべて数えるのは大変なので、顕微鏡で異なる場
所を複数回覗いて、繊維の本数の合計が 200 本以上、もしくは 50 視野
以上になるまで繰り返します。

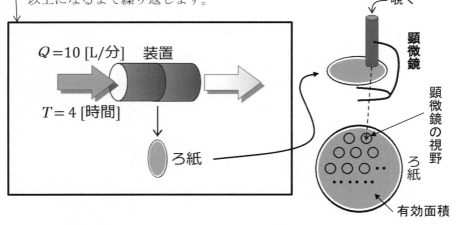

　覗いた面積の合計と、ろ紙の有効面積の値を使って、比例でろ紙上に
捕集した石綿の繊維の総本数を算出し、さらに、大気 1 [L] 中に何 [本]
含まれていたかを求めます。すると、これは石綿の繊維の本数の濃度を
表すことになるので 石綿濃度 と呼んで F [本/L] と書きます。

6 　**（参考）** 石綿繊維を英語で asbestos fiber と言います

$$\boxed{\text{石綿濃度} \quad F = \frac{x}{V}}$$ ← 石綿繊維の総本数 [本]
← 採気量 [L]

（例題） 石綿濃度の測定を行い、以下の条件で <u>180 本</u>の石綿繊維が計数された。このときの石綿濃度 [本/L] はいくらか。

捕集用ろ紙の有効ろ過面の面積 10 [cm²]

顕微鏡の視野の面積 0.001 [cm²]

計数を行った視野の数 50 [視野]

採気量 2 400 [L]

$V = 2\,400$ [L]

$0.001 [\text{cm}^2] \times 50$
180 [本]

10 [cm²]
x [本]

（解） 図を描くと右のとおり。

<u>石綿繊維の総数を x [本] とおく。</u>

<u>面積と繊維の本数は比例するので</u>

$0.001 \times 50 [\text{cm}^2] \quad \cdots\cdots \quad 180$ [本]

$10 [\text{cm}^2] \quad \cdots\cdots \quad x$ [本]

比例のときは
たすきに掛けて
等しくなる

ここを必ず
x にする

$0.001 \times 50x = 180 \times 10$ より

$\therefore \quad x = \dfrac{180 \times 10}{0.001 \times 50} = 36\,000$ [本]

ここで、採気量は $V = 2\,400$ [L] なので、求める石綿濃度 F は

$$F = \frac{x}{V} = \frac{36\,000}{2\,400} = \underline{15\,[\text{本/L}]}$$

---

*1 石綿濃度の測定を、流量 10 [L/min] で 4 時間通気して、以下の結果を得た。このとき、次の値を求めよ。

捕集用ろ紙の有効ろ過面の面積 1 000 [mm²]

顕微鏡で計数した一視野の面積 0.1 [mm²]

計数を行った視野の数 35 [視野]

計数繊維の本数 210 [本]

(1) 採気量 [L]

(2) 石綿濃度 [本/L]

Check!

□ □ □ □ □

＊1 石綿濃度の測定を、流量 10 [L/min] で 4 時間通気して、以下の結果を得た。このとき、次の値を求めよ。

捕集用ろ紙の有効ろ過面の面積	1 000 [mm²]
顕微鏡で計数した一視野の面積	0.1 [mm²]
計数を行った視野の数	35 [視野]
計数繊維の本数	210 [本]

(1) 採気量 [L]

(2) 石綿濃度 [本/L]

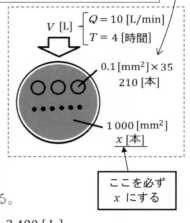

解 (1) $Q = 10$ [L/**分**]、$T = 4$ [**時間**] なので、単位を分に揃えると

1 [時間] = 60 [分] より 60 倍して

$T = 4 \times 60 = 240$ [**分**] となるから

$V = QT = 10 \times 240 = 2\,400$ [L]

別解 流量を毎時に変えると、

1 [時間] = 60 [分] より 60 倍 して

$Q = 10$ [L/**分**] $\times 60 = 600$ [L/**時**] となる。

$T = 4$ [**時間**] より $V = QT = 600 \times 4 = 2\,400$ [L]

(2) 石綿繊維の総数を x [本] とおいて図を描くと上のとおり。

面積と繊維の本数は比例するので

0.1 × 35 [mm²] ⋯⋯ 210 [本]
1 000 [mm²] ⋯⋯ x [本]

比例のときは
たすきに掛けて
等しくなる

$0.1 \times 35x = 210 \times 1\,000$ より

$\therefore \quad x = \dfrac{210 \times 1\,000}{0.1 \times 35} = 60\,000$ [本]

(1) より採気量は $V = 2\,400$ [L] なので、求める石綿濃度 F は

$$F = \frac{x}{V} = \frac{60\,000}{2\,400} = 25 \text{ [本/L]}$$

（例題） 石綿粒子濃度を以下の条件で測定したとき、9.0 [本/L] であった。このとき、次の値を求めよ。

ろ紙有効ろ過面積	10 [cm²]
顕微鏡視野の面積	10^{-3} [cm²]
計数視野数	75
採気量	2 400 [L]

(1) ろ紙上の石綿繊維数 [本]　　(2) 計数繊維数の合計 [本]

（解） (1) x 、y を用いて右のように図が描ける。石綿濃度は

$$F = \frac{x}{V}$$

と表せるので、代入して

$$9.0 = \frac{x}{2\,400} \text{ より}$$

$$x = 9.0 \times 2\,400 = \underline{21\,600} \text{ [本]}$$

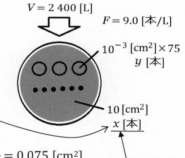

ここを必ず x にする

(2)　まず、$10^{-3} \times 75 = \dfrac{1}{10^3} \times 75 = \dfrac{75}{1\,000} = 0.075$ [cm²]

面積と繊維の本数は比例するので、(1) より

0.075 [cm²]　⋯⋯　y　[本]

10 [cm²]　⋯⋯　21 600 [本]

0.075 × 21 600 = y × 10　を解く。

比例のときは
たすきに掛けて
等しくなる

$$\therefore \quad y = \frac{0.075 \times 21\,600}{10} = \underline{162} \text{ [本]}$$

2　石綿繊維数濃度を以下の条件で測定したとき、15 [本/L] であった。この際の計数繊維数の合計はいくらか。

捕集用ろ紙の有効ろ過面の面積	10 [cm²]
顕微鏡の視野の面積	10^{-3} [cm²]
計数を行った視野の数	70
採気量	2 400 [L]

Check!
□
□
□
□
□

2 石綿繊維数濃度を以下の条件で測定したとき、15 [本/L] であった。この際の計数繊維数の合計はいくらか。

捕集用ろ紙の有効ろ過面の面積	10 [cm²]
顕微鏡の視野の面積	10^{-3} [cm²]
計数を行った視野の数	70
採気量	2 400 [L]

解 <u>x、y を用いて右のように図が描ける。</u>

石綿濃度は $F = \dfrac{x}{V}$ だから、代入して

$$15 = \frac{x}{2\,400} \text{ より}$$

$$x = 15 \times 2\,400 = 36\,000 \text{ [本]}$$

とわかる。

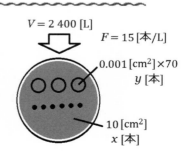

$V = 2\,400$ [L]

$F = 15$ [本/L]

10^{-3} [cm²]×70
y [本]

10 [cm²]
x [本]

ここを必ず x にする

また、$10^{-3} \times 70 = \dfrac{1}{10^3} \times 70 = \dfrac{70}{1\,000} = 0.07$ [cm²]

<u>面積と繊維の本数は比例するので</u>

0.07 [cm²] $\cdots\cdots$ y [本]

10 [cm²] $\cdots\cdots$ 36 000 [本]

比例のときは たすきに掛けて 等しくなる

$$0.07 \times 36\,000 = y \times 10 \text{ より}$$

$$\therefore \quad y = \frac{0.07 \times 36\,000}{10} = \underline{252 \text{ [本]}}$$

（補足） $10^{-3} = \dfrac{1}{10^3} = \dfrac{1}{1\,000} = 0.001$

なので、最初から図を右のように
描いて

$$0.001 \times 70 = 0.07 \text{ [cm²]}$$

としても良い。

$V = 2\,400$ [L]

$F = 15$ [本/L]

0.001 [cm²]×70
y [本]

10 [cm²]
x [本]

（参考） 1 [cm] = 10 [mm] なので

1 [cm²] = 1 [cm] × 1 [cm] = 10 [mm] × 10 [mm] = 100 [mm²] です。

（補足） 右の図のようなとき、
同様にして次の公式が導けます。

$$F = \frac{NA}{naV} \quad [本/L]$$

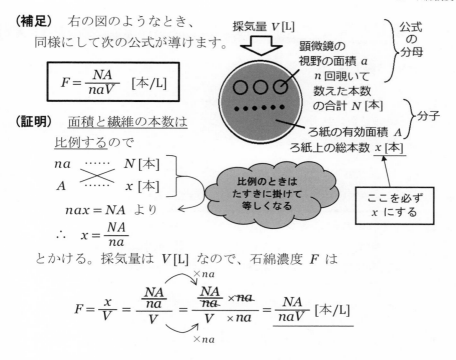

採気量 V[L]

公式の分母

顕微鏡の視野の面積 a
n 回覗いて数えた本数の合計 N [本]

ろ紙の有効面積 A
ろ紙上の総本数 x [本]

分子

（証明） 面積と繊維の本数は
比例するので

$$na \ \cdots\cdots \ N\,[本]$$
$$A \ \cdots\cdots \ x\,[本]$$

比例のときはたすきに掛けて等しくなる

ここを必ず x にする

$$nax = NA \quad より$$

$$\therefore \quad x = \frac{NA}{na}$$

とかける。採気量は V[L] なので、石綿濃度 F は

$$F = \frac{x}{V} = \frac{\dfrac{NA}{na}}{V} = \frac{\dfrac{NA}{na} \times na}{V \times na} = \frac{NA}{naV} \ [本/L]$$

この公式を使うと、ここまでの答は以下のように求めることができます。

まずは図を描いて公式にあてはめられるかを試してみて、P10 までのやり方でやるか、それともこの公式を利用するか、判断してみてください。

P7 **（例題）** は $F = \dfrac{180 \times 10}{50 \times 0.001 \times 2\,400} = \underline{15\,[本/L]}$

1 (2) は $F = \dfrac{210 \times 1\,000}{35 \times 0.1 \times 2\,400} = \underline{25\,[本/L]}$

P9 **（例題）** は $9.0 = \dfrac{y \times 10}{75 \times 0.001 \times 2\,400}$ を解いて

$$y = \frac{9.0 \times 75 \times 0.001 \times 2\,400}{10} = \underline{162\,[本]}$$

2 は $15 = \dfrac{y \times 10}{70 \times 0.001 \times 2\,400}$ を解いて

$$y = \frac{15 \times 70 \times 0.001 \times 2\,400}{10} = \underline{252\,[本]}$$

3. 集じん率とダスト濃度

(ア) 集じん率

右の図のように、ダストを含むガスからダストを分離して除去できた比率を 集じん率 と言い、除去できずに残った比率を 未集率 と呼ぶことにします。

あわせて100%

そして、下の例題のように複数の装置を経て最後に出てきたガスについて、最終的な集じん率(総合集じん率)は面積を考えて次のように求めます。

> 手順
> ① それぞれの未集率を求める（100から引く）
> ② 小数で表し、すべてを掛けた値が 最終的な未集率
> ③ 百分率で表し、集じん率にする （100から引く）

（例題） 集じん率が下図のようなとき、総合集じん率 [%] はいくらか。

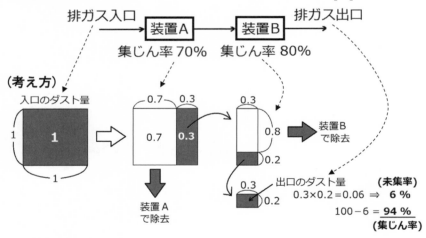

（解）

小数では

装置 A の集じん率が 70 [%] より、未集率は 100－70 = 30 [%] ⇒ 0.30

装置 B の集じん率が 80 [%] より、未集率は 100－80 = 20 [%] ⇒ 0.20

未集率をすべて掛けると 0.30 × 0.20 = 0.06 ⇒ つまり 6 [%]

最初からの未集率が 6 [%] より、総合集じん率は 100－6 = 94 [%]

（補足） 実際に問題を解くときは下のような図を描きましょう。

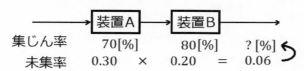

（例題） 集じん装置を 2 基直列に接続したとき、総合集じん率は 93 [%] であった。一次側集じん装置の集じん率が 80 [%] であるとき、二次側の集じん率 [%] はいくらか。

（解） 図を描くと下のとおり。

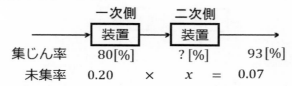

　一次側の集じん率が 80 [%] なので未集率は 100−80 = 20 [%] 、総合集じん率が 93 [%] なので未集率は 100−93 = 7 [%] とわかる。

　よって、これらを小数で表して、さらに、二次側の未集率を小数で x とおくと

$$0.20 \times x = 0.07 \quad \text{が成り立つので}$$

$$x = \frac{0.07}{0.20} = 0.35 \quad \text{とわかる。}$$

これより、未集率が 35 [%] とわかるので、求める集じん率は

$$100 - 35 = \underline{65 \ [\%]}$$

＊3 単体の集じん率は、直列につないでも変化しないものとして、次の問に答えよ。

(1)　集じん率 85 [%] と 74 [%] の集じん装置を直列に接続した。このときの総合集じん率 [%] はいくらか。

(2)　同一性能のサイクロンを 2 段直列に配置したところ、全体の集じん率が 92.16 [%] となった。サイクロン単体の集じん率 [%] はいくらか。

Check!
□
□
□
□
□

＊3 単体の集じん率は、直列につないでも変化しないものと
して、次の問に答えよ。

(1) 集じん率 85 [%] と 74 [%] の集じん装置を直列に接続
した。このときの総合集じん率 [%] はいくらか。

(2) 同一性能のサイクロンを 2 段直列に配置したところ、
全体の集じん率が 92.16 [%] となった。サイクロン単体の
集じん率 [%] はいくらか。

解 (1) 図を描くと下のとおり。

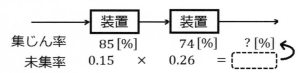

集じん率が 85 [%] と 74 [%] なので、それぞれの未集率は
100－85 ＝ 15 [%] と 100－74 ＝ 26 [%] とわかる。よって、
これらを小数で表して総合の未集率を求めると

$$0.15 \times 0.26 = 0.039$$

よって、未集率が 3.9 [%] なので、求める総合集じん率は

$$100 － 3.9 = 96.1 \text{ [%]}$$

(2) 図を描くと下のとおり。

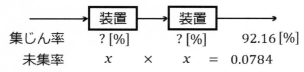

全体の集じん率が 92.16 [%] なので未集率は 100－92.16 ＝ 7.84 [%]。
これを小数で表して、さらに、サイクロン単体の未集率を小数で x と
おくと総合の未集率について

$$x \times x = 0.0784$$

が成り立つ。よって、$x^2 = 0.0784$ で $x > 0$ だから

$$x = \sqrt{0.0784} = 0.28$$

これより、未集率が 28 [%] なので、集じん率は 100－28 ＝ 72 [%]

集じん率を $\overset{\text{イータ}}{\eta}$ [%] と書くことがあります。このときの未集率は

$100-\eta$ [%] と書けるので、これを小数で表すと

$$\frac{100-\eta}{100} = \frac{100}{100} - \frac{\eta}{100} = 1 - \frac{\eta}{100}$$

となります。そして、集じん率が η [%] の装置を 2 段直列に配置した図は下のようになります。

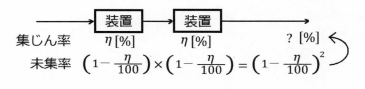

このとき、総合の未集率は $\left(1 - \dfrac{\eta}{100}\right)^2$ と書けるので、

<u>総合集じん率</u>は小数で $1 - \left(1 - \dfrac{\eta}{100}\right)^2$ となって、これを百分率で

$$\underline{\left\{1 - \left(1 - \frac{\eta}{100}\right)^2\right\} \times 100\ [\%]}$$

と書くことができます。

---

4 次の空欄を埋めよ。

　　3 個の集じん装置を直列に連結して使用する場合の総合集じん率は $\eta = \boxed{}$ [%] と表すことができる。

ただし、各集じん装置の集じん率 η_0 [%] は、同一とする。

Check!

□

□

□

□

□

4 次の空欄を埋めよ。

　　3 個の集じん装置を直列に連結して使用する場合の総合集じん率は $\eta = \boxed{}$ [%] と表すことができる。

　　ただし、各集じん装置の集じん率 η_0 [%] は、同一とする。

解　集じん率が η_0 [%] のときの未集率は $100 - \eta_0$ [%] と書けるので、これを小数で表すと

$$\frac{100 - \eta_0}{100} = \frac{100}{100} - \frac{\eta_0}{100} = 1 - \frac{\eta_0}{100}$$

と書ける。これを 3 段直列に配置した図は下のとおり。

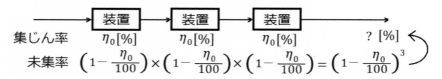

集じん率

未集率 $\left(1 - \dfrac{\eta_0}{100}\right) \times \left(1 - \dfrac{\eta_0}{100}\right) \times \left(1 - \dfrac{\eta_0}{100}\right) = \left(1 - \dfrac{\eta_0}{100}\right)^3$

よって、総合の未集率は $\left(1 - \dfrac{\eta_0}{100}\right)^3$ とかけるので、

総合集じん率は小数で $1 - \left(1 - \dfrac{\eta_0}{100}\right)^3$、百分率では

$\eta = \left\{ 1 - \left(1 - \dfrac{\eta_0}{100}\right)^3 \right\} \times 100$ [%] と表すことができる。

　集じん率については次のような解き方もできます。**3** (1) と同じ問題で説明をします。

（例題）　集じん率 85 [%] と 74 [%] の集じん装置を直列に接続した。
　　　　単体の集じん率は、直列につないでも変化しないものとして、
　　　　このときの総合集じん率 [%] はいくらか。

（解）　集じん装置の入り口で 10 000 [粒] のダストが入ったとして、
　　　　（　　）内にダストの粒数を順に書いて行くと下図のようになる。

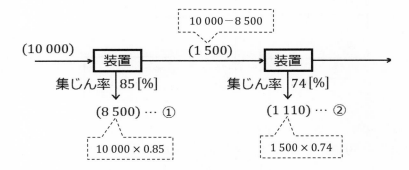

　これより、除去できた量は ① ＋ ② で 8 500 ＋ 1 110 ＝ 9 610 [粒]
となるので、集じん率は $\dfrac{9\,610}{10\,000} \times 100 = \underline{96.1\,[\%]}$

（補足）　集じん装置の入り口で 10 000 [粒] のダストが入ったとして
　　　　求めていますが、これは計算しやすい値にしているだけなので
　　　　適当な値でかまいません。同じようにやれば集じん率の答は同
　　　　じになります。

（例題）　集じん率 70 [%] のサイクロンで排ガスの全量を処理したのち、ガス流を分岐し、集じん率 92 [%] のバグフィルターで全ガス量の 80 [%] を処理し、残りの 20 [%] のガス量を集じん率 86 [%] の電気集じん装置で処理するという下記のシステムを構成した。この場合の総合集じん率 [%] はいくらになるか。

　　なお、ガス流を分岐する際には、ダストもガス量も同じ比率で分離され、各装置の集じん率は設置位置によって変わらないものとする。

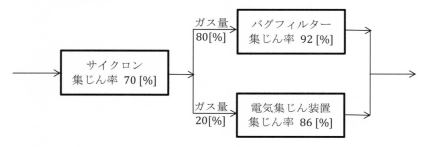

（解）　集じん率 70 [%]、92 [%]、86 [%] のそれぞれの<u>未集率</u>は
100−70 = <u>30</u> [%]、100−92 = <u>8</u> [%]、100−86 = <u>14</u> [%] とわかる。
よって、<u>これらを小数で表して図を描く</u>と下のとおり。

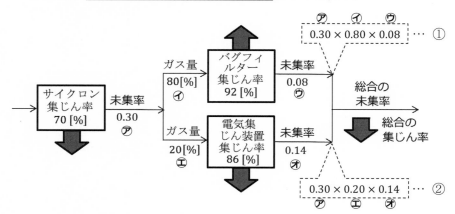

　　バグフィルターの方の未集率は ① より 0.30 × 0.80 × 0.08 = 0.0192、電気集じん装置の方の未集率は ② より 0.30 × 0.20 × 0.14 = 0.0084 となるので、総合の未集率はこれらを合わせて

$$0.0192 + 0.0084 = 0.0276 \quad \rightarrow \quad 2.76 \text{ [%]}$$

とわかる。よって、求める総合集じん率は

$$100 - 2.76 = \underline{97.24}\ [\%]$$

（別解） 集じん装置の入り口で 10 000 [粒] のダストが入ったとして
各集じん装置で集じんできた量を順に調べて行くと下図のとおり。

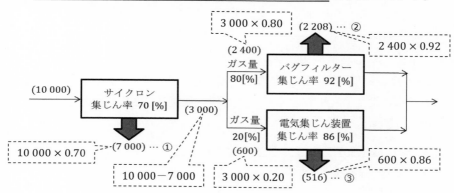

集じん量の合計は ① ＋ ② ＋ ③ で 7 000 ＋ 2 208 ＋ 516 ＝ 9 724 [粒]
とわかるので、求める総合集じん率は $\dfrac{9\,724}{10\,000} \times 100 = \underline{97.24}\ [\%]$

（補足） この問題では、途中でガスを 80 [%] と 20 [%] に分岐して
いますが、80 : 20 ＝ 4 : 1 になるので 4 ＋ 1 ＝ 5 より、バグフィル
ターには全体の $\dfrac{4}{5}$、電気集じん装置には全体の $\dfrac{1}{5}$ が流れると言
うことができます。

5 次の空欄を埋めよ。

A 、B 二つの集じん装置を並列に接続した系において、
全体の集じん率は 87 [%] であった。装置 A の集じん率が
91 [%] のとき、B の集じん率は ☐ [%] である。
ただし、装置 A 、B の処理ガス流量比は 5 : 1 とする。

Check!
☐
☐
☐
☐
☐

5 次の空欄を埋めよ。

　　A 、B 二つの集じん装置を並列に接続した系において、全体の集じん率は 87 [%] であった。装置 A の集じん率が 91 [%] のとき、B の集じん率は □ [%] である。ただし、装置 A 、B の処理ガス流量比は 5 : 1 とする。

解　全体の集じん率が 87 [%] なので未集率は 100−87 = 13 [%] 、装置 A の集じん率が 91 [%] なので未集率は 100−91 = 9 [%] とわかる。よって、これらを小数で表してさらに、装置 B の未集率を小数で x とおいて図を描くと下のとおり。

　　なお、装置 A 、B の処理ガス流量比が 5 : 1 なので、5 + 1 = 6 より A には全体の $\dfrac{5}{6}$ 、B には $\dfrac{1}{6}$ が流れることがわかる。

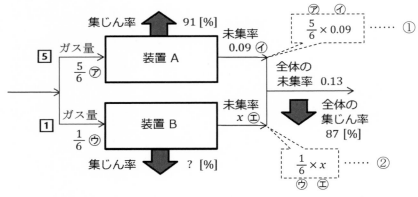

　　装置 A の方の未集率は ① より $\dfrac{5}{6} \times 0.09$ 、装置 B の方の未集率は ② より $\dfrac{1}{6} \times x$ と書けて、この合計が全体の未集率 0.13 に等しいので

$$\frac{5}{6} \times 0.09 + \frac{1}{6} \times x = 0.13 \ \text{を解く。}$$

両辺を 6 倍して　　$5 \times 0.09 + x = 0.13 \times 6$

$$x = 0.78 - 0.45$$

$$\therefore \quad x = 0.33$$

よって、未集率が 33 [%] なので、求める集じん率は 100−33 = 67 [%]

別解 1 装置 A 、B の処理ガス流量比は 5：1 より、<u>それぞれの入口で</u> <u>5 000[粒] と 1 000[粒] のダスト</u>が入ったとする。(→ここより**別解2**あり) そして、<u>装置 B の集じん率を小数で x とおいて図を描く</u>と下のとおり。

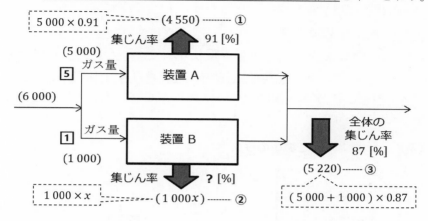

①＋② ＝ ③ より 4 550＋1 000x ＝ 5 220 が成り立つから

$$1\,000x = 5\,220 - 4\,550$$

$$\therefore\ x = \frac{5220 - 4\,550}{1\,000} = 0.67 \ \rightarrow \underline{\ 67\ }[\%]$$

別解 2 <u>図を描く</u>と下のとおり。

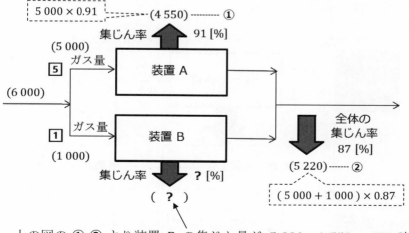

上の図の ① ② より<u>装置 B の集じん量</u>が 5 220－4 550 ＝ 670 [粒] と わかる。これより装置 B の集じん率は $\dfrac{670}{1\,000} = 0.67 \ \rightarrow \underline{\ 67\ }[\%]$

(イ) ダスト濃度

　空気は気体なので、温度や圧力によって体積が大きく変わります。そこで、気体の体積を考えるときは、<u>0 [℃]、1 [気圧] (海面上での大気圧の標準値) の状態</u>を 標準状態 と言い、<u>このときに換算して考える</u>ことにしています。また、<u>水分を含む気体</u>を 湿りガス 、<u>含まない気体</u>を 乾きガス と言います。そして、<u>標準状態に換算した**乾きガス** 1 [m³] 中に含まれるダストの重さ</u>を ダスト濃度 と言い、文字は C で表し、単位は [g/m³] のような形になります。

(例)

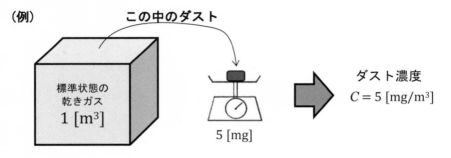

　集じん装置の前後で、ダスト濃度が下図のようなときの集じん率 η は、次のように求められます。

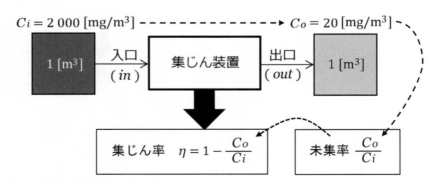

この場合、**未集率**が　　　$\dfrac{C_o}{C_i} = \dfrac{20}{2\,000} = 0.01$ より　<u>1 [%]</u> 、

　　集じん率は　　$\eta = 1 - \dfrac{C_o}{C_i} = 1 - 0.01 = 0.99$ より　<u>99 [%]</u> となります。

また、左頁の下の図で<u>ダスト 1 [粒] の</u><u>重さを 1 [mg] と考えれば</u>、右のように描けるので次のようにも求められます。

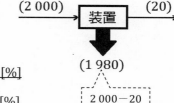

$$集じん率 \quad \eta = \frac{1\,980}{2\,000} = 0.99 \quad より \quad \underline{99\,[\%]}$$

$$未集率 \quad \frac{20}{2\,000} = 0.01 \quad より \quad \underline{1\,[\%]}$$

(例題)　集じん率が 95 [%] の集じん装置がある。標準状態に換算した乾きガス中のダスト濃度が、この集じん装置の入口で 6.0 [g/m³] のとき、出口でのダスト濃度 [mg/m³] はいくらか。
(注) 単位が違う

(解)　<u>単位を [mg/m³] にそろえて図を描く</u>と、下のとおり。

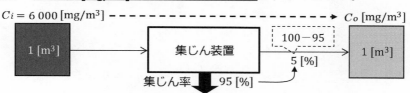

　集じん率が 95 [%] より、<u>未集率は</u> 100−95 = <u>5 [%]</u> つまり 0.05 とわかる。よって、$\dfrac{C_o}{C_i} = 0.05$ に $C_i = 6\,000$ を代入して $\dfrac{C_o}{6\,000} = 0.05$ を解くと $C_o = 0.05 \times 6\,000 = \underline{300\,[mg/m^3]}$

(別解)　<u>ダスト 1 [粒] の重さを</u><u>1 [mg] と考えて図を描く</u>と右のとおり。よって、求めるダスト濃度は <u>300 [mg/m³]</u>

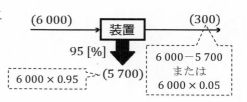

---

*6　サイクロンとバグフィルターを直列につないだ集じん装置で排ガスを処理したとき、標準状態に換算した乾きガス中のダスト濃度が、入口で 4.5 [g/m³] 、出口で 9.0 [mg/m³] であった。サイクロンの集じん率が 92 [%] のとき、バグフィルターの集じん率 [%] はいくらか。

Check!

□

□

□

□

□

> **＊6** サイクロンとバグフィルターを直列につないだ集じん装置
> で排ガスを処理したとき、標準状態に換算した乾きガス中の
> ダスト濃度が、入口で 4.5 [g/m³] 、出口で 9.0 [mg/m³] で
> あった。サイクロンの集じん率が 92 [%] のとき、バグフィ
> ルターの集じん率 [%] はいくらか。

解 単位を [mg/m³] にそろえて図を描くと、下のとおり。

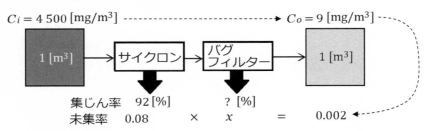

まず、総合の未集率を求めると $\dfrac{C_o}{C_i} = \dfrac{9}{4\,500} = 0.002$ とわかる。
ここで、サイクロンの未集率が $100 - 92 = 8$ [%] つまり 0.08 なので、
バグフィルターの未集率を小数で x とおくと、上の図より

$$0.08 \times x = 0.002$$

が成り立つ。よって、$x = \dfrac{0.002}{0.08} = 0.025$ つまり 2.5 [%] とわかるので
求めるバグフィルターの集じん率は $100 - 2.5 = \underline{97.5}$ [%]

別解 ダスト 1 [粒] の重さを 1 [mg] と考えて図を描くと下のとおり。

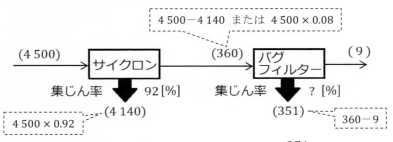

よって、求めるバグフィルターの集じん率は $\dfrac{351}{360} \times 100 = \underline{97.5}$ [%]

（補足） 平均ダスト濃度の求め方を以下のホームページで紹介しています。
http://3939tokeru.starfree.jp/taiki/

～ 粒子径とふるい上分布曲線 ～

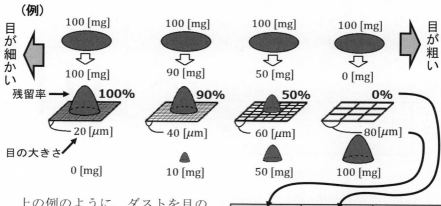

（例）

上の例のように、ダストを目の大きさの異なるふるいにかけることで、粒子の大きさ(粒径 または 粒子径 と言う)毎に、どれだけの量がふるいの上に残るかを調べることができます。

そして、ふるいの上に残った量(重さ)が全体のどれだけの割合にあたるかを ふるい上 R [%] または 残留率 と言い、右上の表のようにまとめられます。この一番右側の列はそれぞれの差で、粒径毎の、全体からの占める割合(これを 頻度 と言う)を表します。

そして、これをもとに

ふるい上分布曲線

と 頻度分布

を右のように描くことができます。

ふるいの目の 大きさ[μm]	残留率 ふるい上R[%]	頻度[%]
0	100	0
20	100	10
40	90	40
60	50	50
80	0	0
100	0	0
合計		100

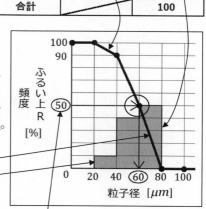

また、粒子を大きさの順に並べたときに、ちょうど真ん中になる粒径を 中位径（※） と言い d_{p50} と書くので、この例では $d_{p50} = 60$ [μm] となります。

（※） 50%粒子径、メディアン径という別名があります。

25

(例題)　粒子径が異なる 3 種類の粒子が以下の重量割合で混合して含まれる排ガスがある。その際の粒子径、重量割合と、粒子に対する部分集じん率が下表のように、頻度分布は右のようにかけるものとする。

このとき、次の問に答えよ。

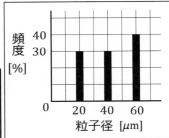

粒子	粒子径[μm]	重量割合[%]	部分集じん率[%]
A	20	30	80
B	40	30	90
C	60	40	95

(1)　ふるい上分布曲線の概形を描け。

(2)　中位径 [μm] はいくらか。

(3)　全集じん率 [%] はいくらか。

(解) (1)　最小の粒子径が 20 [μm] なので、ふるいの目の大きさがこれより小さい、例えば 10 [μm] のときは 100 [%] がふるいの上に残る。

そして、ふるいの目の大きさが 20 [μm] になって初めて 30 [%] が下に落ちるので、ふるいの上には 100 − 30 = 70 [%] が残る。（ ㋐ ）

次は、ふるいの目の大きさが 40 [μm] になると、さらに 30 [%] が下に落ちるので、ふるいの上には 70 − 30 = 40 [%] が残る。（ ㋑ ）

そして、60 [μm] になるとすべてが下に落ちてふるいの上には残らないので、グラフは右上のとおり。

(2)　ふるい上 R [%] で 50 [%] になる所だから、右のグラフより中位径は

$$d_{p50} = 40 \ [\mu\text{m}]$$

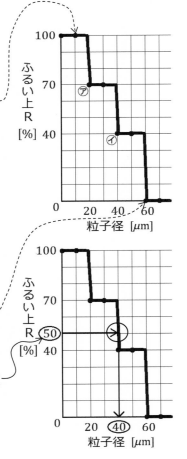

(3) 粒子径ごとに専用の集じん装置 A 、B 、C があると考えて下図のように並列に並べ、さらに考えやすいように排ガスの入口で 1 000 [g] のダストが入ったとすると次のとおり。

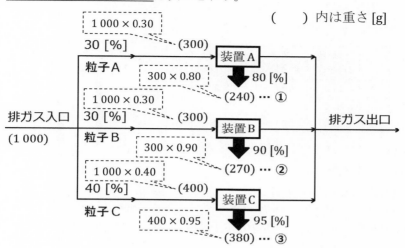

( ) 内は重さ [g]

これより、集じん量の合計は ① ＋ ② ＋ ③ で

$240 + 270 + 380 = 890$ [g] とわかるので、求める全集じん率は

$$\eta = \frac{890}{1\,000} = 0.89 \rightarrow \underline{89\,[\%]}$$

＊7 粒子径が異なる 3 種類の粒子が以下の重量割合で混合して含まれる排ガスがある。その際の粒子径、重量割合と、粒子に対する部分集じん率が表のように、頻度分布は下のようにかけるものとする。このとき、次の問に答えよ。

粒子	粒子径 [μm]	重量割合[%]	部分集じん率[%]
A	20.0	60.0	88.0
B	40.0	10.0	93.0
C	50.0	30.0	96.0

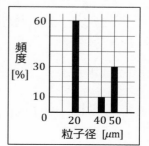

(1) ふるい上分布曲線の概形を描け。

(2) 中位径 [μm] はいくらか。

(3) 全集じん率 [%] はいくらか。

Check!

□
□
□
□
□

(解答用紙は、http://3939tokeru.starfree.jp/taiki/ より印刷可能です)

*7 粒子径が異なる 3 種類の粒子が以下の重量割合で混合して含まれる排ガスがある。その際の粒子径、重量割合と、粒子に対する部分集じん率が表のように、頻度分布は下のようにかけるものとする。このとき、次の問に答えよ。

粒子	粒子径 [μm]	重量割合[%]	部分集じん率[%]
A	20.0	60.0	88.0
B	40.0	10.0	93.0
C	50.0	30.0	96.0

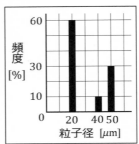

(1) ふるい上分布曲線の概形を描け。

(2) 中位径 [μm] はいくらか。

(3) 全集じん率 [%] はいくらか。

解 (1) 最小の粒子径が 20 [μm] なので、ふるいの目の大きさがこれより小さい、例えば 10 [μm] のときは 100 [%] がふるいの上に残る。

そして、ふるいの目の大きさが 20 [μm] になって初めて 60 [%] が下に落ちるので、ふるいの上には 100－60 = 40 [%] が残る。

次は、ふるいの目の大きさが 40 [μm] になると、さらに 10 [%] が下に落ちるので、ふるいの上には 40－10 = 30 [%] が残る。

そして、50 [μm] になるとすべてが下に落ちてふるいの上には残らないので、グラフは右上のとおり。

(2) ふるい上 R [%] で 50 [%] になるところだから、右のグラフより中位径は

$$d_{p50} = 20 \ [\mu m]$$

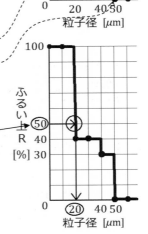

(3)　粒子径ごとに専用の集じん装置 A 、B 、C があると考えて下図の
　　ように並列に並べ、さらに考えやすいように排ガスの入口で 1 000 [g]
　　のダストが入ったとすると次のとおり。

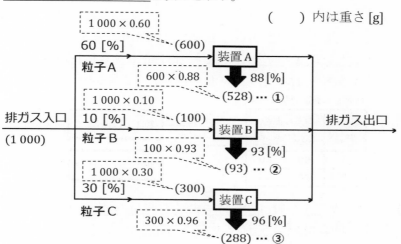

　　　これより、集じん量の合計は ① + ② + ③ で

$$528 + 93 + 288 = 909 \ [g]$$ とわかるので、求める全集じん率は

$$\eta = \frac{909}{1\,000} = 0.909 \ \rightarrow \ \underline{90.9 \ [\%]}$$

(補足)　ダストの粒径の特徴を表す言葉として、すでに中位径を
　　　紹介しましたが、その他に頻度分布の
　　　グラフから 最大頻度径 (モード径)
　　　を答えることができます。

　　　　7 の問題でモード径は、右のグラフを
　　　見て、頻度が最大になっているところの
　　　20 [μm] が答になります。

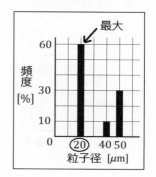

<補充問題>
　　P 26 の**(例題)**について、モード径 [μm] はいくらか。(答は P 41 へ)

（例題） 2 種類の粒子（ A 、B ）からなるダストを、並列に配置した 2 基の集じん装置により集じんする。入口ガス中の A 粒子と B 粒子のダスト濃度比（ A : B ）は 3 : 1 で、各集じん装置の A 粒子、B 粒子に対する集じん率は表の通りである。いま、ガスの流量を集じん装置 1 と集じん装置 2 に分割するとき、出口ダスト濃度を最も低くするためには<u>集じん装置 1 への割合を全体の何 [%]</u> にすれば良いか。ただし、ダストはガスの分割に伴いその比率に等しく分割されるものとする。

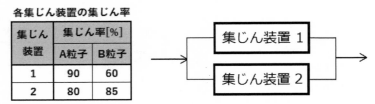

各集じん装置の集じん率

集じん装置	集じん率[%]	
	A粒子	B粒子
1	90	60
2	80	85

（解） まず、<u>集じん装置 1 内に粒子ごとに専用の 装置 1A と 装置 1B を考え</u>、同様に<u>集じん装置 2 内にも 装置 2A と 装置 2B を考える。</u>

そして、ここでは集じん装置 1 と 2 を並列に並べているので、<u>それぞれの能力を比較して**良い方にすべてを任せれば**</u>、結果的に出口濃度は最も低くなるはずである。

いま、粒子 A 、B のダスト濃度比が A : B ＝ 3 : 1 なので、<u>入口で計算しやすいように 3 000 ＋ 1 000 ＝ 4 000 [g] のダストが入った</u>として、それぞれの場合で計算をすると次のとおり。　（　　　）内は重さ [g]

◎ <u>集じん装置 1 だけを使った場合</u>

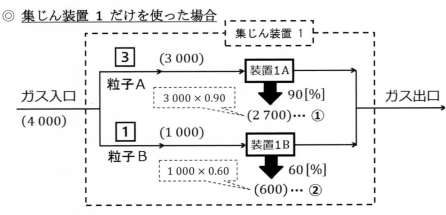

① ＋ ② で、集じん量の合計は 2 700 ＋ 600 ＝ <u>3 300 [g]</u> ……（1）

◎ <u>集じん装置 2 だけを使った場合</u>

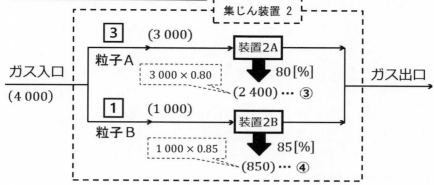

③ + ④ で、集じん量の合計は 2 400 + 850 = <u>3 250 [g]</u> …… (2)

(1) (2) より、(1) の方が集じんする能力が高くなっているので、<u>集じん装置 1 への割合を全体の 100 [%]</u> にする。

---

8 2 種類の粒子 (A 、B) からなるダストを、並列に配置した 2基の集じん装置により集じんする。入口ガス中の A 粒子と B 粒子のダスト濃度比 (A : B) は 2 : 3 で、各集じん装置の A 粒子、B 粒子に対する集じん率は表の通りである。いま、ガスの流量を集じん装置 1 と集じん装置 2 に分割するとき、出口ダスト濃度を最も低くするためには集じん装置 1 への割合を全体の何 [%] にすれば良いか。ただし、ダストはガスの分割に伴いその比率に等しく分割されるものとする。

Check!
□
□
□
□
□

各集じん装置の集じん率

集じん	集じん率[%]	
装置	A粒子	B粒子
1	70	80
2	95	65

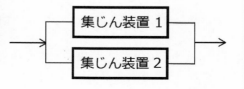

8 2 種類の粒子（A 、B）からなるダストを、並列に配置した 2 基の集じん装置により集じんする。入口ガス中の A 粒子と B 粒子のダスト濃度比（A：B）は 2：3 で、各集じん装置の A 粒子、B 粒子に対する集じん率は表の通りである。いま、ガスの流量を集じん装置 1 と集じん装置 2 に分割するとき、出口ダスト濃度を最も低くするためには集じん装置 1 への割合を全体の何 [%] にすれば良いか。ただし、ダストはガスの分割に伴いその比率に等しく分割されるものとする。

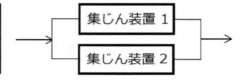

各集じん装置の集じん率

集じん	集じん率[%]	
装置	A粒子	B粒子
1	70	80
2	95	65

解 まず、集じん装置 1 内に粒子ごとに専用の 装置 1A と 装置 1B を考え、同様に集じん装置 2 内にも 装置 2A と 装置 2B を考える。

そして、ここでは集じん装置 1 と 2 を並列に並べているので、それぞれの能力を比較して**良い方にすべてを任せれば**、結果的に出口濃度は最も低くなるはずである。

いま、粒子 A 、B のダスト濃度比が A：B＝2：3 なので、入口で計算しやすいように 2 000 ＋ 3 000 ＝ 5 000 [g] のダストが入ったとして、それぞれの場合で計算をすると右頁のようになる。（　）内は重さ [g]

これより、集じん装置 1 だけを使った場合は

① ＋ ② で、集じん量の合計は 1 400 ＋ 2 400 ＝ 3 800 [g] …… (1)

また、集じん装置 2 だけを使った場合は

③ ＋ ④ で、集じん量の合計は 1 900 ＋ 1 950 ＝ 3 850 [g] …… (2)

(1) (2) より、(2) の方が集じんする能力が高くなっているので、集じん装置 1 への割合を全体の 0 [%] にする。

◎ 集じん装置 1 だけを使った場合

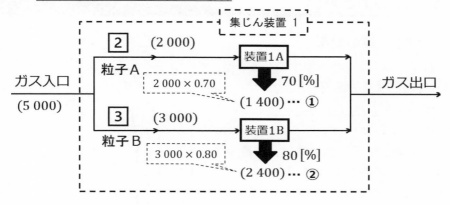

◎ 集じん装置 2 だけを使った場合

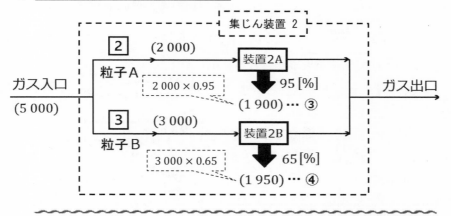

《チャレンジ問題》

　　8 の問題では、入口ガス中の A 粒子と B 粒子のダスト濃度
比（A：B）が 2：3 でした。

　　それでは、**8** の問題と同じ集じん装置で同様に集じんすること
として、次の文中の空欄をうめよ。

　　入口ガス中の A 粒子のダスト濃度の割合が、全体の
　[ ]％以上 [ ]％ 以下のときは、ガス流量のすべて
を集じん装置 1 に流すことで出口ダスト濃度が最も低く
なる。　　　　　　　　　　　　　　　　（ 答は P 63 へ ）

4. 遠心力と重力

(ア) 遠心効果

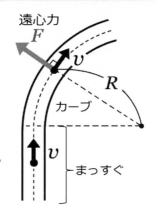

右の図のように、まっすぐな道を進んでいて、そのままの速度 v でカーブに入ると、外側の向きに力 (F) を感じると思います。これが 遠心力 です。

この遠心力 F の大きさは、質量 m と速度 v と円の半径 R によって決まります。例えば、重そうな車(質量 m が**大**) が高速 (速度 v が**大**) できついカーブ (円の半径 R が**小**) を曲がったら、外側に倒れて事故になると思いませんか。実は、遠心力は $\boxed{F = \dfrac{mv^2}{R}}$ と表され、v が 2 乗になっていることからもカーブの手前で減速が大事なことがわかります。

さて、サイクロンと呼ばれる集じん装置内のダストは、右図のようにカーブによって生じる**遠心力**の他に、下向きの 重力 の影響もあって、らせん状に進みます。このとき、遠心力が、重力の何倍の値になるかを 遠心効果 と言い、文字は Z で表し、次の式で求められます。

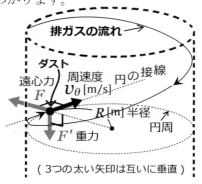

(3つの太い矢印は互いに垂直)

$$\boxed{\text{遠心効果} \quad Z = \frac{v_\theta{}^{2\,(※)}}{R\,g}} \quad (v_\theta \text{ は円周方向の速さ、}\boxed{\text{周速度}})$$

$g = 9.8$ (重力加速度)　厳密には円の接線方向

(証明) 重力は $\boxed{F' = mg}$ と表されるので

$$Z = \frac{F}{F'} = \frac{\dfrac{mv_\theta{}^2}{R}}{mg} = \frac{\dfrac{mv_\theta{}^2}{R} \times R}{mg \ \times R} = \frac{mv_\theta{}^2}{mgR} = \frac{v_\theta{}^2}{Rg}$$

(この式の分母と分子に R を掛ける)

(※) θ は「シータ」と読みます。

（例題） 回転半径 20 [cm] 、円周方向粒子速度 15 [m/s] の遠心力集じん装置の遠心効果は、およそいくらか。

（解） まず、<u>長さの単位を [m] にする</u>と $\underset{\wedge\wedge}{20}$ [cm] = 0.20 [m] となるので、<u>図を描く</u>と下のとおり。

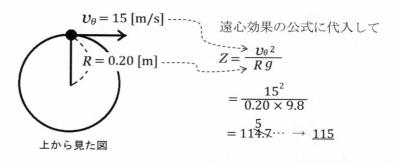

遠心効果の公式に代入して

$$Z = \frac{v_\theta{}^2}{R\,g}$$

$$= \frac{15^2}{0.20 \times 9.8}$$

$$= 114.7\cdots \rightarrow \underline{115}$$

$v_\theta = 15$ [m/s]

$R = 0.20$ [m]

上から見た図

（補足） <u>**長さの単位を [m] にそろえること**</u>と、重力加速度の値 <u>$g = 9.8$ [m/s²] の**暗記**</u>が必要です。

　　上の例題のような形で図を描くと、公式に代入しやすくなると思います。なお、v_θ の向きは<u>矢印を曲線で書くことができない</u>ため、円の接線方向を向きます。当然、実際のダストはこの方向に進むわけではなく、<u>サイクロンの側面に沿ってカーブして行きます</u>。しかし、このとき<u>外側の向きに遠心力が発生しているため徐々に外側に膨らんで行き、最後はサイクロンの側面に衝突して排ガスからダストが分離できる</u>という仕組みになっています。

Check!

＊9 遠心力集じん装置において、次の問に答えよ。

(1) 半径位置 15 [cm] での円周方向粒子速度を x [m/s] とおく。この位置での遠心効果 Z を x で表せ。

(2) 半径位置 15 [cm] での遠心効果が 180 であった。その位置での円周方向粒子速度 [m/s] は、およそいくらか。

□ □ □ □ □

＊9 遠心力集じん装置において、次の問に答えよ。

(1) 半径位置 15 [cm] での円周方向粒子速度を x [m/s] とおく。この位置での遠心効果 Z を x で表せ。

(2) 半径位置 15 [cm] での遠心効果が 180 であった。その位置での円周方向粒子速度 [m/s] は、およそいくらか。

解 (1) まず、長さの単位を [m] にすると 15 [cm] = 0.15 [m] となるので、図を描くと下のとおり。

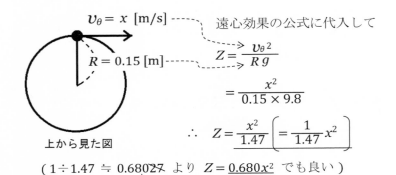

$$v_\theta = x \text{ [m/s]}$$ 遠心効果の公式に代入して

$$Z = \frac{v_\theta{}^2}{R\,g}$$

$R = 0.15$ [m]

$$= \frac{x^2}{0.15 \times 9.8}$$

上から見た図

$$\therefore\ Z = \frac{x^2}{1.47} \left(= \frac{1}{1.47}x^2 \right)$$

($1 \div 1.47 \fallingdotseq 0.68027$ より $Z = 0.680x^2$ でも良い)

(2) $Z = 180$ なので、(1) の結果に代入して

$$180 = \frac{x^2}{1.47} \text{ を解く。}$$
$$x^2 = 180 \times 1.47$$
$$x^2 = 264.6$$
$$x > 0 \text{ より } x = \sqrt{264.6}$$
$$= 16.\overset{3}{2}6\cdots \rightarrow \underline{16.3 \text{ [m/s]}}$$

$180 = 0.68027x^2$ を解く。
$$x^2 = \frac{180}{0.68027}$$
$$x^2 \fallingdotseq 264.60$$
$x > 0$ より
$$x = \sqrt{264.60} = 16.\overset{3}{2}6\cdots$$

(補足) (1) の設問が無い (2) からの出題でも、上の解答のように求める値を x とおいて同様に解けるように練習しましょう。

36

（イ）　終末沈降速度

　ダストは一般にいびつな形をしています。そこで、大気中で同じ動きをする球形の粒を考えて、その直径を 粒子径 と言い、d_p で表します。なお、P 25 でも同じ言葉が出てきましたが、前述の方はふるい目の大きさによるものなので ふるい径 と言い、この頁のものは ストークス径 と言う別名があります。

ダストの粒

粒子径
d_p

密度
ρ_p

　また、粒子を含む大気ではなく、粒子自身の 1 [m³] あたりの重さを 粒子密度 と言い、$\overset{(※)}{\rho_p}$ で表します。

（例 1）　1 [cm³] で 3 [g] になるダストの場合、体積と重さをそれぞれ 10^6 倍して 1 000 000 [cm³] = 1 [m³] で 3 000 000 [g] = 3 000 [kg] となるので、この粒子密度は $\rho_p = 3\,000$ [kg/m³] となります。

　さて、ダストの粒子は大気中で重力により下に落ちて行きますが、動き始めてから少し時間が経つと、速度の増加に伴い空気中で受ける抵抗が大きくなり、途中からは一定の速度になります。これを 終末沈降速度 と言い、ストークスの式 に従います。

$$\boxed{\text{終末沈降速度}\quad v_g = \frac{d_p{}^2 \rho_p g}{18\,\mu}\ \text{[m/s]}}$$

d_p：粒子径 [m]
ρ_p：粒子密度 [kg/m³]
g：重力加速度 [m/s²]
$\overset{\text{ミュー}}{\mu}$：ガスの粘度 [kg/(m·s)]

しかし、この式の暗記が難しいので、

$$\boxed{\textbf{速度 } v_g \textbf{ は、粒子径の 2 乗 } d_p{}^2 \textbf{ と、密度 } \rho_p \textbf{ に比例する}}$$

ことより、

$$\boxed{ⓥ = d_p{}^2 \times \rho_p}\ \text{とおいて、この値を比較}$$

します。

（例 2）　粒子径が 50 [μm] 、粒子密度が 1 000 [kg/m³] のダストの沈降速度を考えるときは、右のような図を描いて ⓥ の値が**大きいほど速く下に落ちて行く**と考えて下さい。

（※）　ρ は「ロー」と読みます。

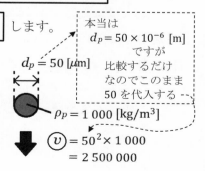

本当は
$d_p = 50 \times 10^{-6}$ [m]
ですが
比較するだけ
なのでこのまま
50 を代入する

$d_p = 50$ [μm]

$\rho_p = 1\,000$ [kg/m³]

$ⓥ = 50^2 \times 1\,000$
$= 2\,500\,000$

(例題) 同一の重力集じん装置において、次の粒子径と密度を持つ粒子の中で、集じん率が最も低くなる粒子はどれか。

ただし、いずれの粒子も球形とする。

重力集じん装置

	粒子径 [μm]	密度 [kg/m³]
(1)	40	3 000
(2)	30	9 000
(3)	25	6 400
(4)	20	4 000
(5)	18	12 500

(考え方) v の値を比べて、大きな値ほどダストの粒子は早く沈降して行くので、重力集じん装置における集じん率は高くなる。この問題では、集じん率が最も低くなる粒子を求めるので、この値が一番小さいものを答えればよい。

また、v の値は大きな数値になるので、下のように表の形にして 1 000 で割った値の方を計算して比較する。

(解)

	粒子径 [μm] d_p	密度 [kg/m³] ρ_p	v $\cdots\cdots$ $d_p{}^2 \times \rho_p$	$v \div 1\,000$ $\div 1\,000$	
(1)	40	3 000	$40^2 \times 3\,000$	$40^2 \times 3$	$= 4\,800$
(2)	30	9 000	$30^2 \times 9\,000$	$30^2 \times 9$	$= 8\,100$
(3)	25	6 400	$25^2 \times 6\,400$	$25^2 \times 6.4$	$= 4\,000$
(4)	20	4 000	$20^2 \times 4\,000$	$20^2 \times 4$	$= 1\,600$
(5)	18	12 500	$18^2 \times 12\,500$	$18^2 \times 12.5$	$= 4\,050$

よって、集じん率が最も低くなる粒子は、一番小さい値の (4)

(補足 1) 最初から $v \div 1\,000$ の値を立式して求めて良い。

(補足 2) (3) の 4 000 と (5) の 4 050 は、ほとんど同じ値と言えるので、この 2 つのダストは同じ沈降速度になる粒子であり、集じん率も同じになると言って良い。

（補足 3） v の値は、粒子径 d_p と粒子密度 ρ_p によって決まるので、<u>同じ粒子径でも密度が異なることで終末沈降速度が変わる</u>ことになります。そこで、<u>終末沈降速度を粒子径だけで比較できるように、密度を水の密度^(※)（1 000 [kg/m³]) に換算して求めた粒子径</u>を考えて、これを 空気力学的粒子径 と言い、d_{pa} で表します。そしてこれは

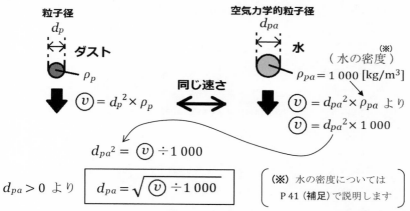

$$d_{pa}^2 = \,\textcircled{v}\, \div 1\,000$$

$d_{pa} > 0$ より $\boxed{d_{pa} = \sqrt{\textcircled{v} \div 1\,000}}$ $\left(\begin{array}{l}\text{（※）水の密度については}\\\text{P 41（補足）で説明します}\end{array}\right)$

と書くことができます。例えば、これを使って左頁の **（例題）** の (2) の
ダストの空気力学的粒子径を求めてみると、次のようになります。

$$d_{pa} = \sqrt{8\,100} = \underline{90\,[\mu m]} \cdots\cdots \text{水に換算した粒子径}$$

---

10 以下の (1)〜(5) の粒子について、次の問に答えよ。
ただし、いずれも球形の粒子とする。

	ストークス径 [μm]	密度 [kg/m³]
(1)	2.0	9 000
(2)	2.5	8 000
(3)	3.0	4 000
(4)	5.0	1 800
(5)	8.0	900

(a) 同一の重力集じん装置において、集じん率が最も高くなる粒子はどれか。

(b) ほぼ同じ空気力学的粒子径をもつ粒子の組を答え、この空気力学的粒子径の値 [μm] も求めよ。

Check!
☐
☐
☐
☐
☐

10 以下の (1)〜(5) の粒子について、次の問に答えよ。
ただし、いずれも球形の粒子とする。

	ストークス径 [μm]	密度 [kg/m³]
(1)	2.0	9 000
(2)	2.5	8 000
(3)	3.0	4 000
(4)	5.0	1 800
(5)	8.0	900

(a) 同一の重力集じん装置において、集じん率が最も高くなる粒子はどれか。

(b) ほぼ同じ空気力学的粒子径をもつ粒子の組を答え、この空気力学的粒子径の値 [μm] も求めよ。

解 (a) ストークス径と密度から<u>終末沈降速度の大小がわかる表を作る</u>と以下のとおり。

ストークス径 [μm] 密度 [kg/m³] $\textcircled{v}$ ------→ $\textcircled{v}$ ÷1 000

	d_p	ρ_p	$d_p{}^2 \times \rho_p$	÷1 000
(1)	2.0	9 000	$2.0^2 \times 9\,000$	$2.0^2 \times 9 \ \ = \underline{36}$
(2)	2.5	8 000	$2.5^2 \times 8\,000$	$2.5^2 \times 8 \ \ = \underline{50}$
(3)	3.0	4 000	$3.0^2 \times 4\,000$	$3.0^2 \times 4 \ \ = \underline{36}$
(4)	5.0	1 800	$5.0^2 \times 1\,800$	$5.0^2 \times 1.8 = \underline{45}$
(5)	8.0	900	$8.0^2 \times \ \ 900$	$8.0^2 \times 0.9 = \underline{\mathbf{57.6}}$

<u>重力集じん装置で集じん率が最も高くなる粒子の場合、終末沈降速度が一番速くなる</u>ので、表の中で一番大きな値 57.6 の **(5)** ←

(b) <u>空気力学的粒子径がほぼ同じ値になる場合、終末沈降速度もほぼ同じ値になる。</u>

よって、表の中で 36 で同じ値になっている **(1)** と **(3)** が求める組で、この粒子の空気力学的粒子径は

$$d_{pa} = \sqrt{\textcircled{v} \div 1\,000} = \sqrt{36} = \underline{6\,[\mu m]}$$

別解 公式 $d_{pa} = \sqrt{ⓥ \div 1\,000}$ に代入して (1) ～ (5) の空気力学的粒子径をそれぞれ求めると下のとおり。

(1) $d_{pa} = \sqrt{36} = \underline{6}\,[\mu m]$

(2) $d_{pa} = \sqrt{50} \fallingdotseq \underline{7.07}\,[\mu m]$

(3) $d_{pa} = \sqrt{36} = \underline{6}\,[\mu m]$

(4) $d_{pa} = \sqrt{45} \fallingdotseq \underline{6.71}\,[\mu m]$

(5) $d_{pa} = \sqrt{57.6} \fallingdotseq \underline{7.59}\,[\mu m]$

よって、同じ値になっている (1) と (3) が求める組で、この粒子の空気力学的粒子径は $\underline{6\,[\mu m]}$

(補足) 水 1 [cm³] の重さは 1 [g] なので、体積と重さをそれぞれ 10^6 倍して 1 000 000 [cm³] = 1 [m³] で 1 000 000 [g] = 1 000 [kg] となります。これより、水の密度は $\rho_{pa} = 1\,000\,[kg/m^3]$ になります。

(注意) 今後、ストークスの式 $v_g = \dfrac{d_p{}^2 \rho_p g}{18\,\mu}$ が与えられて、もしくは与えられないで、この式に代入するだけの出題があるかもしれません。このときは d_p の単位が [m] である点に注意してください。例えば、$d_p = 2\,[\mu m]$ のときは $d_p = 0.000\,002$ [m] ですが、$d_p{}^2$ を電卓で計算すると 0 になってしまう可能性があります。だから、掛けたり割ったりする順番を変えるか、または $d_p = 2 \times 10^{-6}$ [m] を代入するかしてください。(10^{-6} を使った計算の仕方は P 235 で説明します)

P 29 ＜補充問題＞の答

　P 26 の**(例題)**について、右のグラフよりモード径は、頻度が最大になっている所の $\underline{60\,[\mu m]}$

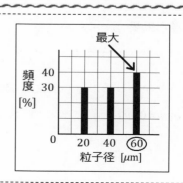

(ウ) 遠心沈降速度

　サイクロン内でダストは、排ガスの流れに沿ってらせん状に進みます。しかし、その流れ以外に遠心力と重力の影響を受けるので、遠心力では円の外側の向きに、重力では下側の向きにそれぞれ速度が増します。すると、前節と同様で空気の抵抗により、どちらの速度も途中からは一定の速度になります。これらの速度のうち、円の外側の向きの速度を 遠心沈降速度 （ 粒子分離速度 ）と言い v_c で表し、下側の向きの速度は前節と同じ速度になるので v_g で表し、これを特に 重力沈降速度 と言います。そして、この 2 つの速度の比 $\dfrac{v_c}{v_g}$ は遠心効果 Z に等しくなります。

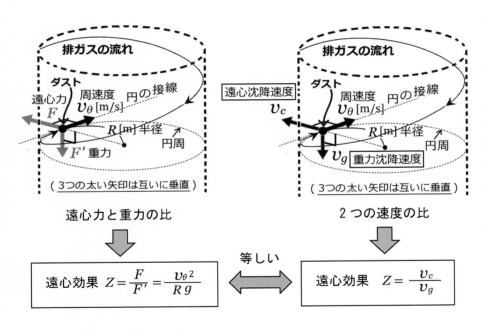

$$\text{遠心効果 } Z = \dfrac{F}{F'} = \dfrac{v_\theta{}^2}{R\,g}$$

等しい

$$\text{遠心効果 } Z = \dfrac{v_c}{v_g}$$

（**例**）　サイクロンの遠心効果が $Z = 100$ のときは、$\dfrac{v_c}{v_g} = 100$ より $v_c = 100 v_g$ と書けるので、v_c は v_g の 100 倍と言えます。

（例題） 回転半径が 18 [cm] 、円周方向粒子速度が 16 [m/s] の遠心力
集じん装置の遠心沈降速度(分離速度) は、重力沈降速度のおよそ
何倍になるか。 v_c v_g

（解） 求める値 $\dfrac{v_c}{v_g}$ は遠心効果 Z のことである。そこでまず、長さの

単位を [m] にすると 18 [cm] = 0.18 [m] より、図を描くと下のとおり。

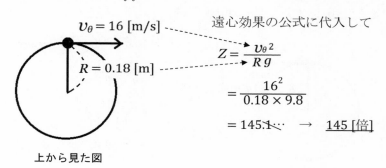

遠心効果の公式に代入して

$$Z = \frac{v_\theta{}^2}{R\,g}$$

$$= \frac{16^2}{0.18 \times 9.8}$$

$$= 145.1\cdots \quad \rightarrow \quad \underline{145\ [倍]}$$

$v_\theta = 16$ [m/s]

$R = 0.18$ [m]

上から見た図

---

11 回転半径が 14 [cm] 、円周方向粒子速度が 18 [m/s] の
遠心力集じん装置の遠心沈降速度(分離速度) は、重力沈降
速度のおよそ何倍になるか。

Check!
☐
☐
☐
☐
☐

11 回転半径が 14 [cm] 、円周方向粒子速度が 18 [m/s] の
遠心力集じん装置の遠心沈降速度(分離速度) は、<u>重力沈降
速度</u>のおよそ何倍になるか。

$\underset{v_c}{}$　$\underset{v_g}{}$

解　求める値 $\dfrac{v_c}{v_g}$ は遠心効果 Z のことである。そこでまず、<u>長さの

単位</u> を [m] にすると 14 [cm] = 0.14 [m] より、<u>図を描く</u>と下のとおり。

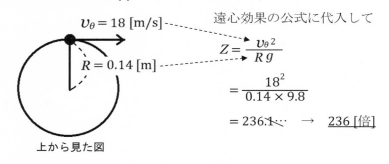

遠心効果の公式に代入して

$$Z = \frac{v_\theta{}^2}{Rg}$$

$$= \frac{18^2}{0.14 \times 9.8}$$

$$= 236.\cancel{\text{1} \cdots} \quad \rightarrow \quad \underline{236 \,[\text{倍}]}$$

上から見た図

5.　燃焼問題

(ア)　元素と化学式と反応式

　私たちは酸素を吸って二酸化炭素を吐いている
ことは知っていますね。この酸素は O_2 、二酸化炭
素は CO_2 と表すことも知っていますか？これらは
分子 と言い、O_2 は酸素原子(O) が 2 個結合した
もの、CO_2 は炭素原子(C) が 1 個と酸素原子(O)
が 2 個結合したものを表しています。そして、

元素記号	元素名
H	水素
C	炭素
N	窒素
O	酸素
S	いおう

ここで使われているアルファベットは 元素記号 と言い、大気関係で必要
なものは上表のとおりで、これらが結合してできる主な物質は右頁の表の
とおりです。

　なんと、これらを<u>全部暗記する</u>必要がありますが、覚え方については
あとで少しだけ説明がありますので、まずは焦らないでください。

さて、私は炭火で焼いた焼肉が好物ですが、この炭はほとんどが炭素でできています。この炭に火をつけると燃えますが、これは炭素(C) が空気中の酸素(O_2) と結びついて二酸化炭素(CO_2) に変化する 化学反応 で、**左から右に矢印で**次のように書きます。

$$C + O_2 \rightarrow CO_2$$

それでは次に、天然ガスに火をつけると、どうなるかを考えてみましょう。天然ガスの成分はほとんどがメタン(CH_4) です。これが燃えると酸素と結びついて

$$CH_4 + O_2 \rightarrow CO_2$$

となるのでしょうか。矢印の左側には水素(H) が 4 個ありますが、右側には 1 個も無いのでおかしいことに気付きます。実は、この反応では水蒸気(H_2O) も一緒に発生するのです。ということで

$$CH_4 + O_2 \rightarrow CO_2 + H_2O$$

となるのでしょうか。

左側	元素	右側
1	C	1
4	H	2
2	O	3

化学式	化学名
H_2	水素
N_2	窒素
O_2	酸素
H_2O	水 , 水蒸気
CH_4	メタン
C_2H_6	エタン
C_3H_8	プロパン
C_4H_{10}	ブタン
C_2H_4	エチレン
C_2H_2	アセチレン
CO	一酸化炭素
CO_2	二酸化炭素
NO	一酸化窒素
NO_2	二酸化窒素
H_2S	硫化水素
SO_2	二酸化いおう

実はこれも違います。矢印の左側と右側で、上表のとおり元素の個数が炭素(C) 以外は一致していません。

そこで、すべての元素の個数が一致するように係数をつけて式を完成させるのですが、大気関係で必要な反応式の場合は、一般的なやり方をするまでもなく簡単に求められます。

次の頁で説明しますので、やり方をしっかりマスターしてください。

（例1） <u>メタン（CH_4）の場合</u>

手順1 **すき間を開けて**式を書く

$$CH_4 + \bigcirc O_2 \rightarrow \bigcirc CO_2 + \bigcirc H_2O$$

手順2 <u>C</u> について、数をそろえる

1 は省略

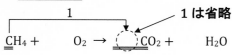

$$\underline{C}H_4 + \quad O_2 \rightarrow \bigcirc CO_2 + \quad H_2O$$

手順3 <u>H</u> について、数をそろえる

$4 \div 2 = 2$

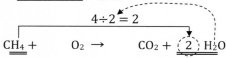

$$\underline{CH_4} + \quad O_2 \rightarrow \quad CO_2 + \boxed{2} H_2O$$

手順4 <u>O</u> について、数をそろえる

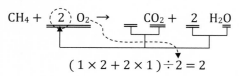

$$CH_4 + \boxed{2} O_2 \rightarrow \quad CO_2 + \quad 2 \ H_2O$$

$$(1 \times 2 + 2 \times 1) \div 2 = 2$$

完成　　$CH_4 + 2O_2 \rightarrow CO_2 + 2H_2O$

念のためチェック

左側	元素	右側
1	C	1
4	H	4
4	O	4

（例2） <u>エタン（C_2H_6）の場合</u>

手順1 **すき間を開けて**式を書く

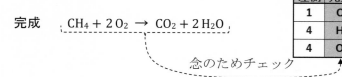

$$C_2H_6 + \bigcirc O_2 \rightarrow \bigcirc CO_2 + \bigcirc H_2O$$

手順2 <u>C</u> について、数をそろえる

$2 \div 1 = 2$

$$\underline{C_2}H_6 + \quad O_2 \rightarrow \boxed{2} CO_2 + \quad H_2O$$

手順3　Hについて、数をそろえる

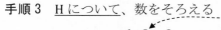

$$6 \div 2 = 3$$

$$C_2H_6 + \quad O_2 \rightarrow \quad 2 \ CO_2 + \textcircled{3} \ H_2O$$

手順4　Oについて、数をそろえる

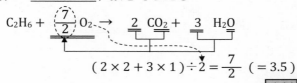

$$C_2H_6 + \frac{\textcircled{7}}{2} O_2 \rightarrow \quad 2 \ CO_2 + \quad 3 \ H_2O$$

$$(2 \times 2 + 3 \times 1) \div 2 = \frac{7}{2} \ (= 3.5)$$

完成　　$C_2H_6 + \dfrac{7}{2} O_2 \rightarrow 2\,CO_2 + 3\,H_2O$

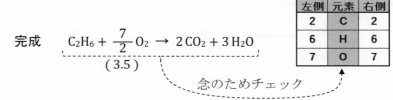

（3.5）

念のためチェック

左側	元素	右側
2	C	2
6	H	6
7	O	7

それではまず、下の空欄を埋めることができるか確認してみて下さい。そのあとに、次の問で同じようにできるか、やってみて下さい。

（例1）　$CH_4 + \bigcirc O_2 \rightarrow \bigcirc CO_2 + \bigcirc H_2O$

（例2）　$C_2H_6 + \bigcirc O_2 \rightarrow \bigcirc CO_2 + \bigcirc H_2O$

＊12　次の空欄をうめよ。

(1)　$C_3H_8 + \boxed{\text{ア}} \ O_2 \rightarrow \boxed{\text{イ}} \ CO_2 + \boxed{\text{ウ}} \ H_2O$

(2)　$C_4H_{10} + \boxed{\text{エ}} \ O_2 \rightarrow \boxed{\text{オ}} \ CO_2 + \boxed{\text{カ}} \ H_2O$

Check!

☐
☐
☐
☐
☐

＊12 次の空欄をうめよ。

(1) $C_3H_8 +$ ［ア］$O_2 \rightarrow$ ［イ］$CO_2 +$ ［ウ］H_2O

(2) $C_4H_{10} +$ ［エ］$O_2 \rightarrow$ ［オ］$CO_2 +$ ［カ］H_2O

解 (1) $\underline{C_3H_8} +$ ［ア］$O_2 \rightarrow$ ［イ］$CO_2 +$ ［ウ］H_2O

C について ［イ］ $= \underline{3}$

H について ［ウ］ $= 8 \div 2 = \underline{4}$

$C_3H_8 +$ ［ア］$O_2 \rightarrow 3\,CO_2 + 4\,H_2O$　となったので

O について ［ア］ $= (3 \times 2 + 4 \times 1) \div 2 = \underline{5}$

(2) $\underline{C_4H_{10}} +$ ［エ］$O_2 \rightarrow$ ［オ］$CO_2 +$ ［カ］H_2O

C について ［オ］ $= \underline{4}$

H について ［カ］ $= 10 \div 2 = \underline{5}$

$C_4H_{10} +$ ［エ］$O_2 \rightarrow 4\,CO_2 + 5\,H_2O$　となったので

O について ［エ］ $= (4 \times 2 + 5 \times 1) \div 2 = \underline{\dfrac{13}{2}}$ $(= 6.5)$

ここまでに出てきた<u>炭素(C)と水素(H)でできた物質</u>（ 炭化水素 ）
は、右頁の各図のような構造になっています。<u>C を書いたあと、その</u>
<u>周りに H が付くので、図を描けば H が何個必要かがわかります。</u>
　　だから、C の個数順に<u>**「メタン、エタン、プロパン、ブタン」**</u>を
<u>何回か復唱して暗記すれば</u>、例えば「プロパンは C が 3 個だから、
その周りに H は $3 + 3 + 2 = 8$ 個」とわかって、C_3H_8 と書くことが
できます。　　　　　上側　下側　両端

～ 大気関係で出てくる炭化水素の構造式 ～

<u>C は 4 個、H は 1 個の手があって、これで結合している</u>と考えます。

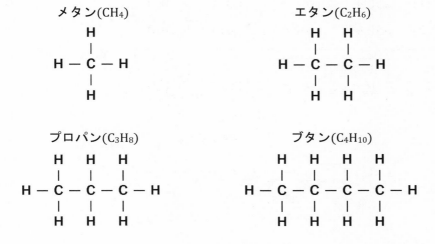

エチレンとアセチレンは、次のように炭素間に重結合があります。

　上のような形の<u>構造式の書き方を知っている</u>ことで、<u>無理なく炭素と水素の個数を答えられるようになる</u>と思います。

---

*13　次の空欄をうめよ。ただし、表記で通常は省略する 1 を書くこととする。

(1)　$C_2H_4 + \boxed{ア} O_2 \rightarrow \boxed{イ} CO_2 + \boxed{ウ} H_2O$

(2)　$C_2H_2 + \boxed{エ} O_2 \rightarrow \boxed{オ} CO_2 + \boxed{カ} H_2O$

Check!

☐
☐
☐
☐
☐

49

*13 次の空欄をうめよ。ただし、表記で通常は省略する 1 を
書くこととする。

(1) $C_2H_4 + \boxed{ア} O_2 \rightarrow \boxed{イ} CO_2 + \boxed{ウ} H_2O$

(2) $C_2H_2 + \boxed{エ} O_2 \rightarrow \boxed{オ} CO_2 + \boxed{カ} H_2O$

解 (1) $C_2H_4 + \boxed{ア} O_2 \rightarrow \boxed{イ} CO_2 + \boxed{ウ} H_2O$

C について $\boxed{イ} = \underline{2}$

H について $\boxed{ウ} = 4 \div 2 = \underline{2}$

$C_2H_4 + \boxed{ア} O_2 \rightarrow 2\,CO_2 + 2\,H_2O$　となったので

O について $\boxed{ア} = (\,2 \times 2 + 2 \times 1\,) \div 2 = \underline{3}$

(2) $C_2H_2 + \boxed{エ} O_2 \rightarrow \boxed{オ} CO_2 + \boxed{カ} H_2O$

C について $\boxed{オ} = \underline{2}$

H について $\boxed{カ} = 2 \div 2 = \underline{1}$

$C_2H_2 + \boxed{エ} O_2 \rightarrow 2\,CO_2 + 1\,H_2O$　となったので

O について $\boxed{エ} = (\,2 \times 2 + 1 \times 1\,) \div 2 = \underline{\dfrac{5}{2}}\ (\,= 2.5\,)$

　　メタノールは、右のような構造式に
なるので CH_3OH と書きます。
　　アルコール類の一つで、常温で液体
ですが、ここまでの炭化水素と同様に
燃焼することができます。

```
      H
      |
 H -- C -- O -- H
      |
      H
```

（例題） 次の空欄をうめよ。ただし、表記で通常は省略する 1 を
書くこととする。

$$CH_3OH + \boxed{ア} O_2 \rightarrow \boxed{イ} CO_2 + \boxed{ウ} H_2O$$

（解）

$$\underline{CH_3OH} + \boxed{ア} O_2 \rightarrow \boxed{イ} CO_2 + \boxed{ウ} H_2O$$

C について $\boxed{イ} = \underline{1}$

H について $\boxed{ウ} = (3+1) \div 2 = \underline{2}$

$$CH_3OH + \boxed{ア} O_2 \rightarrow CO_2 + 2H_2O \quad となったので$$

O について $\boxed{ア} = (1 \times 2 + 2 \times 1 - 1) \div 2 = \underline{\dfrac{3}{2}} \ (= 1.5)$

O について、方程式 $1 + \boxed{ア} \times 2 = 1 \times 2 + 2 \times 1$ を作って
これを解いても良い

14 エタノールの燃焼について、次の空欄をうめよ。

$$C_2H_5OH + \boxed{ア} O_2 \rightarrow \boxed{イ} CO_2 + \boxed{ウ} H_2O$$

Check!
□ □ □ □ □

14 エタノールの燃焼について、次の空欄をうめよ。

$$C_2H_5OH + \boxed{ア}\, O_2 \rightarrow \boxed{イ}\, CO_2 + \boxed{ウ}\, H_2O$$

解

$$C_2H_5OH + \boxed{ア}\, O_2 \rightarrow \boxed{イ}\, CO_2 + \boxed{ウ}\, H_2O$$

C について $\boxed{イ}$ $=\underline{2}$

H について $\boxed{ウ}$ $=(5+1)\div 2=\underline{3}$

$$C_2H_5OH + \boxed{ア}\, O_2 \rightarrow 2\,CO_2 + 3\,H_2O \quad となったので$$

O について $\boxed{ア}$ $=(2\times 2+3\times 1-1)\div 2=\underline{3}$

O について、方程式 $1+\boxed{ア}\times 2=2\times 2+3\times 1$ を作って
これを解いても良い

───────────────────────

（補足） エタノールは、右のような構造式
　　　　　になるので C_2H_5OH と書きます。

$$
\begin{array}{ccccc}
 & H & & H & \\
 & | & & | & \\
H- & C & - C & - O & -H \\
 & | & & | & \\
 & H & & H &
\end{array}
$$

（例題） 「一酸化炭素の燃焼」について、下の式の x の値を求めよ。

$$2\,CO + x\,O_2 \rightarrow 2\,CO_2$$

（解） C の個数は矢印の左側と右側で、どちらも 2 個で等しい。
　　よって、O の個数で式を作ると

$$2\times 1 + x\times 2 = 2\times 2$$

　　が成り立つので、これを解く。

$$2x = 4-2$$

$$x = 2\div 2 = \underline{1}$$

　方程式を作らなくても暗算でわかった人がいるかもしれませんね。

さて、「一酸化炭素の燃焼」についてもう少し説明します。いま、ここで

$$2CO \quad + \quad O_2 \quad \rightarrow \quad 2CO_2$$

という式が作れましたが、**気体の場合は、化学式の前の係数がそのまま体積の比を表します**。つまり、図に描くと下のようになります。

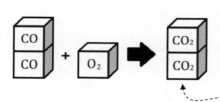

　そして、もしも<u>上の図の立方体 1 個の体積が 1 [m³] だとすると</u>、

『 <u>2 [m³] の一酸化炭素が燃えるときは、1 [m³] の酸素と反応して、その結果として、二酸化炭素が 2 [m³] できる</u>』ことになります。

　もしも、<u>一酸化炭素(CO) が前述の 2 倍の 4 [m³] だったら、</u>

<u>他も 2 倍して</u> O_2 は 1 <u>×2</u> = 2 [m³] 、CO_2 は 2 <u>×2</u> = 4 [m³] となります。

　さて、ここでひとつ注意があります。それは、<u>燃焼反応では**熱が発生するため**ふつう温度や圧力が上昇し、</u>気体の場合は特に**体積が変化します**。だから、燃焼の結果としてできた実際の二酸化炭素の体積は、同じ圧力で考えた場合もっと大きな値になります。それでは、この値は何かと言うことですが、<u>この図の体積は**燃焼反応前の温度と圧力に戻したときの二酸化炭素の体積を表している**</u>ことになります。

（イ）　発熱量

　まず、熱量の単位は $\boxed{\text{J（ジュール）}}$ です。そして、燃料の発熱量を考える場合、気体の場合は**標準状態**(0 [℃] 、 1 [気圧]) で 1 [m³] あたりの熱量を、**液体**や**固体**の場合は 1 [kg] あたりの熱量を考えます。

　また、燃焼問題についての反応式の場合は、簡単な整数比で表した式の

$$2CO + O_2 \rightarrow 2CO_2$$

を書くのではなく、最初の係数を 1 にするので、全体を 2 で割って

$$CO + \frac{1}{2}O_2 \rightarrow CO_2$$

と書きます。

　そして、標準状態の一酸化炭素 1 [m³] が完全燃焼したときの発熱量が、実験により 12.6 [MJ]（値の暗記はできる範囲で）とわかっていた場合、この発熱量は 12.6 [MJ/m³ₙ] または 12.6 [MJ/m³ₙCO] と書きます。なお、m³ₙ という単位は「ノルマル立方メートル」と読み、/m³ₙ と書くことで「標準状態の気体 1 [m³] あたり」と言う意味になり下のように書けます。

$$CO + \frac{1}{2}O_2 \rightarrow CO_2 + 12.6\ [MJ/m^3_NCO]$$

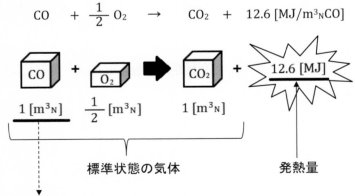

（例）　一酸化炭素 10 [m³ₙ] を燃焼させた場合の発熱量は
　　　　12.6 [MJ/m³ₙ] × 10 [m³ₙ] = 126 [MJ]
　　　となります。ちなみに 1 [MJ] = 1 000 000 [J] です。

それでは次に、メタンの場合を考えると次のようになります。

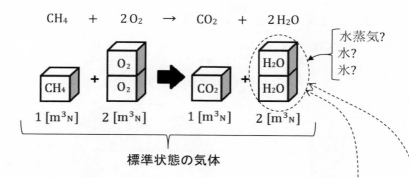

$$CH_4 + 2O_2 \rightarrow CO_2 + 2H_2O$$

水蒸気?
水?
氷?

1 [m³ₙ]　2 [m³ₙ]　1 [m³ₙ]　2 [m³ₙ]

標準状態の気体

ここで、一番右にある H_2O はふつう水を表しますが、<u>0 [℃]</u>、<u>1 [気圧]</u>では<u>**絶対に気体ではありません**</u>。でも、<u>考えやすいようにこのままで扱うことになっています</u>。そして、標準状態のメタン 1 [m³] が完全燃焼したときの発熱量が、実験により 39.8 [MJ](値の暗記はできる範囲で) とわかっていた場合、

$$CH_4 + 2O_2 \rightarrow CO_2 + 2H_2O(\underline{水}) + 39.8 \, [MJ/m^3{}_N CH_4]$$

と書けます。しかし、**実際の燃焼ではすべて水蒸気**となっています。

そこで、<u>水 1 [m³ₙ] を水蒸気にするための熱量 2 [MJ/m³ₙ]</u> (値の暗記はできる範囲で) を用いて実際の値を計算すると、<u>メタン 1 [m³ₙ] の燃焼では水が 2 [m³ₙ] 作られるので</u>、これをすべて水蒸気にするための熱量 2 [MJ/m³ₙ] × 2 [m³ₙ] = 4 [MJ] が勝手に使われてしまうのです。つまり、

H_2O
H_2O
水
2 [m³ₙ]

+ 4 [MJ] →

H_2O
H_2O
水蒸気
2 [m³ₙ]

ということで、**実際には** 39.8－4 = 35.8 より

$$CH_4 + 2O_2 \rightarrow CO_2 + 2H_2O(\underline{水蒸気}) + 35.8 \, [MJ/m^3{}_N CH_4]$$

と書けることになります。

前頁の結果をまとめると、次のようになります。

(例) メタン 1 [m³ₙ] が燃焼する場合

$$CH_4 \quad + \quad 2\,O_2 \quad \rightarrow \quad CO_2 \quad + \quad 2\,H_2O$$

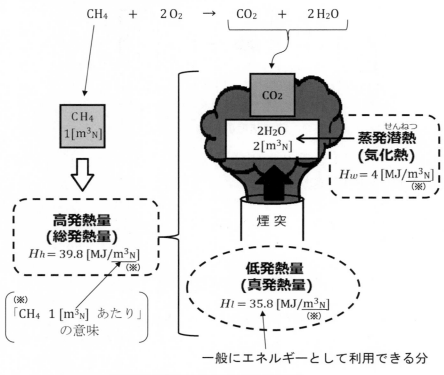

$$
\begin{array}{ll}
\text{高発熱量} & H_h = H_l + H_w \\
\text{低発熱量} & H_l = H_h - H_w
\end{array}
$$

このように、燃焼反応の結果で H_2O を含むと、水蒸気は通常その熱エネルギーを持ったまま大気中へ放出されてしまうため、エネルギーとして実際に利用できないことがほとんどです。そこで、上図のように 高発熱量（総発熱量）、蒸発潜熱（気化熱）、低発熱量（真発熱量）という用語があります。これらをしっかりと覚えて下さい。

それでは、次の例題を真似て問題をやってみてください。

（例題） プロパンの高発熱量を <u>101</u> [MJ/m³_N] とするとき、<u>低発熱量</u> H_h H_l
<u>[MJ/m³_N] はいくらか。</u>ただし、水の蒸発潜熱を 2 [MJ/m³_N] とする。

（解） プロパンの<u>反応式を書く</u>と次のとおり。(やり方は **12** (1) 参照)

$$C_3H_8 + 5\,O_2 \rightarrow 3\,CO_2 + 4\,H_2O + 101 \,[MJ/m^3_N]$$

$$1 \qquad ⑤ \qquad \boxed{3} \qquad \triangle{4}$$

<u>式の下にそれぞれの係数を書いて</u>、このように

- 酸素は $\overset{\text{オー}}{O}$ なので **〇** 印で、
- CO_2 は「**シーオーツー**」なので $\overset{\text{しかく}}{\square}$ 印で、
- H_2O は  （水）なので **△** 印で**数字を囲む**ことにします。

こう書くことで、プロパン 1 [m³_N] の燃焼には酸素が 5 [m³_N] 必要で、燃焼後に二酸化炭素が 3 [m³_N] と、水が 4 [m³_N] できることが一目瞭然となります。

これより C_3H_8 1 [m³_N] あたり水(△)は 4 [m³_N] できるので

$$H_w = 2 \times 4 = 8 \,[MJ/m^3_N]$$

とわかる。よって、

> C_3H_8　1 [m³_N]
> あたりの意味

$$\underline{H_l = H_h - H_w = 101 - 8 = 93 \,[MJ/m^3_N]}$$

---

15 次の空欄をうめよ。

(1) エタンの高発熱量が 70.7 [MJ/m³_N] のとき、低発熱量は $\boxed{\ \text{ア}\ }$ [MJ/m³_N] となる。ただし、水の蒸発潜熱を 2.0 [MJ/m³_N] とする。

(2) 「**水素の燃焼**」は、$H_2 + \boxed{\ \text{イ}\ } O_2 \rightarrow H_2O$ とかけるので水素の総発熱量と水の気化熱をそれぞれ 12.8 [MJ/m³_N] 、2.0 [MJ/m³_N] とすると、真発熱量は $\boxed{\ \text{ウ}\ }$ [MJ/m³_N] とわかる。

Check!
□
□
□
□
□

15 次の空欄をうめよ。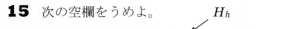

(1) エタンの高発熱量が 70.7 [MJ/m³ₙ] のとき、低発熱量は $\boxed{\text{ア}}$ [MJ/m³ₙ] となる。ただし、水の蒸発潜熱を 2.0 [MJ/m³ₙ] とする。

(2) 「水素の燃焼」は、$H_2 + \boxed{\text{イ}}\ O_2 \rightarrow H_2O$ とかけるので水素の総発熱量と水の気化熱をそれぞれ 12.8 [MJ/m³ₙ] 、2.0 [MJ/m³ₙ] とすると、真発熱量は $\boxed{\text{ウ}}$ [MJ/m³ₙ] とわかる。

解 (1) エタンの反応式を書くと次のとおり。(∵ P 46 (**例 2**))

$$C_2H_6 + \frac{7}{2}\,O_2 \rightarrow 2\,CO_2 + 3\,H_2O + 70.7\ [MJ/m^3{}_N]$$

$$1 \quad ③.5 \quad \boxed{2} \quad \triangle{3}$$

これより C_2H_6 1 [m³ₙ] あたり水($\triangle$)は 3 [m³ₙ] できるので
$$H_w = 2.0 \times 3 = 6.0\ [MJ/m^3{}_N]$$
とわかる。よって、

$$\underline{H_l = H_h - H_w} = 70.7 - 6.0 = \underline{64.7}\ [MJ/m^3{}_N]\ \cdots\cdots\ (\text{ア})$$

(2) $H_2 + \boxed{\text{イ}}\ O_2 \rightarrow H_2O$ について、

H の個数は矢印の左側と右側で、どちらも 2 個で等しい。よって、O の個数で式を作ると

$$\boxed{\text{イ}} \times 2 = 1 \quad \text{より} \quad \boxed{\text{イ}} = 1 \div 2 = \underline{0.5} \quad \left(= \frac{1}{2} \right)$$

これより $H_2 + \frac{1}{2}\,O_2 \rightarrow H_2O\ (水) + 12.8\ [MJ/m^3{}_N]$ と書けて

$$1 \quad ⓪.5 \quad \triangle{1}$$

H_2　1 [m³ₙ] あたり水(Δ)は　1 [m³ₙ] できるので

$$H_w = 2.0 \times 1 = 2.0 \, [MJ/m^3{}_N]$$

とわかる。よって、

$$\underline{H_l = H_h - H_w} = 12.8 - 2.0 = \underline{10.8} \, [MJ/m^3{}_N] \cdots\cdots (ウ)$$

燃焼反応後に H_2O を含まない場合は、蒸発潜熱が発生しないので $H_w = 0$ より、高発熱量と低発熱量は等しくなります。($H_h = H_l$)

(例)　一酸化炭素 1 [m³ₙ] が燃焼する場合

$$CO \;+\; \frac{1}{2}O_2 \;\rightarrow\; CO_2 + 12.6 \, [MJ/m^3{}_N] \qquad (\because P\,54\,)$$

　　　1　　⟮0.5⟯　　　⎡1⎤

H_2O を含まないので、$H_w = 0$ より $H_h = H_l = 12.6 \, [MJ/m^3{}_N]$ です。

（「CO 1 [m³ₙ] あたり」の意味）

(例題)　水素 20 [vol%] 、エタン 80 [vol%] の混合気体 1 [m³ₙ] がある。それぞれの気体の標準状態での体積はいくらか。

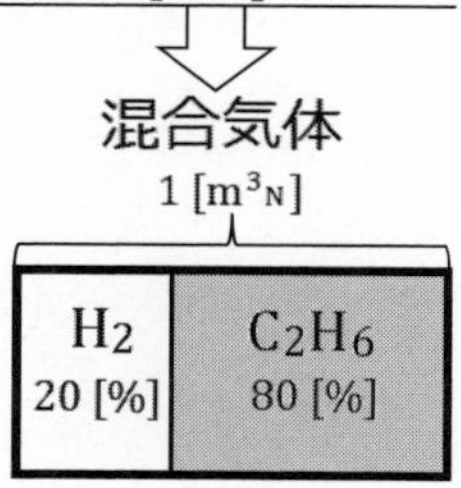

(考え方)　[vol %] とは 体積パーセント のことです。これに対して通常の [%] は 質量パーセント のことで、丁寧に書くと [wt %] という記号があります。

　　この問題では、右図のような体積の割合で、水素とエタンが含まれていることになります。

混合気体
1 [m³ₙ]

H_2 20 [%]	C_2H_6 80 [%]

(解)　20 [%] 、80 [%] を小数で書くと 0.20 と 0.80 なので、

水素の体積は　　1 [m³ₙ] × 0.20 = 0.20 [m³ₙ]

エタンの体積は　1 [m³ₙ] × 0.80 = 0.80 [m³ₙ] （1 − 0.20 = 0.80 でも可）

(補足)　百分率を小数で表すだけで、それぞれの体積の値に一致します。

（例題） 水素 20 [vol%] 、エタン 80 [vol%] の混合ガス燃料の低発熱量 [MJ/m³ₙ] はおよそいくらか。

　　　ただし、水素及びエタンの高発熱量は、それぞれ 12.8 [MJ/m³ₙ] 、70.7 [MJ/m³ₙ] 、水の蒸発潜熱は、発生する水蒸気 1 [m³ₙ] 当たり 2.0 [MJ] とする。

（解）　混合ガス燃料 1 [m³ₙ] 中に含まれる水素とエタンの体積は、<u>それぞれの百分率を小数で表す</u>ことで、水素 0.2 [m³ₙ] とエタン 0.8 [m³ₙ] とわかる。よって、<u>それぞれの反応式と体積と熱量を書く</u>と次のとおり。

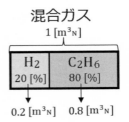

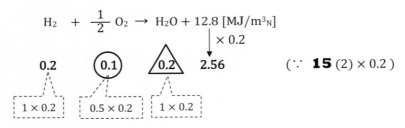

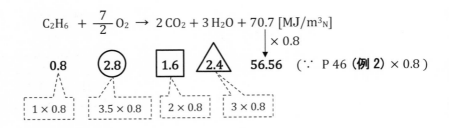

まず、高発熱量の合計は

$$H_h = 2.56 + 56.56 = 59.12 \ [\text{MJ/m}^3_\text{N}] \ \cdots\cdots ①$$

とわかる。

　　次に、水（△）は全部で 0.2 + 2.4 = 2.6 [m³ₙ] できているので蒸発潜熱の合計は $H_w = 2.0 \times 2.6 = 5.2 \ [\text{MJ/m}^3_\text{N}] \ \cdots\cdots ②$
とわかる。

よって、① ② より求める低発熱量は

$$\underline{H_l = H_h - H_w = 59.12 - 5.2 = 53.9\cancel{2}} \;\rightarrow\; \underline{53.9\,[\mathrm{MJ/m^3_N}]}$$

(補足)　ここでは、水($\triangle$)と熱量だけを調べれば良いので、反応式の下の値で、水と熱量以外の部分の計算をする必要はありません。しかし、P 81 からの問題ではこの例題のようにそれぞれの値をすべて書くことになります。

Check!

16　水素 30 [vol%] 、メタン 70 [vol%] の混合ガス燃料の低発熱量 [MJ/m³$_\mathrm{N}$] はおよそいくらか。

　　ただし、水素及びメタンの高発熱量は、それぞれ 12.8 [MJ/m³$_\mathrm{N}$] 、39.8 [MJ/m³$_\mathrm{N}$] 、水の蒸発潜熱は、発生する水蒸気 1 [m³$_\mathrm{N}$] 当たり 2.0 [MJ] とする。

☐
☐
☐
☐
☐

16 水素 30 [vol%] 、メタン 70 [vol%] の混合ガス燃料の低発熱量 [MJ/m³ₙ] はおよそいくらか。

　　ただし、水素及びメタンの高発熱量は、それぞれ 12.8 [MJ/m³ₙ] 、39.8 [MJ/m³ₙ] 、水の蒸発潜熱は、発生する水蒸気 1 [m³ₙ] 当たり 2.0 [MJ] とする。

解　混合ガス燃料 1 [m³ₙ] 中に含まれる水素とメタンの体積は、<u>それぞれの百分率を小数で表すこと</u>で、水素 0.3 [m³ₙ] とメタン 0.7 [m³ₙ] とわかる。よって、<u>それぞれの反応式と体積と熱量を書く</u>と次のとおり。

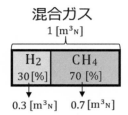

混合ガス

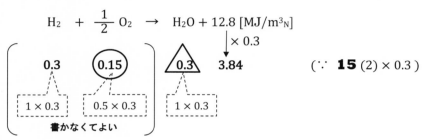

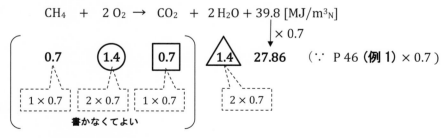

　　まず、高発熱量の合計は

$$H_h = 3.84 + 27.86 = 31.7 \text{ [MJ/m}^3{}_N] \cdots\cdots ①$$

とわかる。

　　次に、水(△)は全部で 0.3 + 1.4 = 1.7 [m³ₙ] できているので蒸発潜熱の合計は $H_w = 2.0 \times 1.7 = 3.4$ [MJ/m³ₙ] …… ②

とわかる。

よって、① ② より求める低発熱量は

$$H_l = H_h - H_w = 31.7 - 3.4 = 28.3 \ [\text{MJ/m}^3{}_\text{N}]$$

ここまで気体燃料を扱ってきましたが、発熱量の問題で重さの計算が必要となる液体燃料や固体燃料の場合では、分子量の計算が必要になるので P 164 からで扱うことになります。

P 33 《チャレンジ問題》の答

　入口ガス中の　A 粒子のダスト濃度の割合を全体の　x [%]　とおく。

　いま、入口で計算しやすいように 100 [g] のダストが入ったとして、それぞれの場合で計算をすると次のとおり。　　（　　）内は重さ [g]

集じん装置 1 だけを使った場合　　　**集じん装置 2 だけを使った場合**

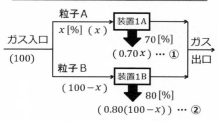 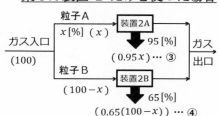

　ガス流量のすべてを集じん装置 1 に流すことで出口ダスト濃度が最も低くなるときは、① ＋ ② ≧ ③ ＋ ④ となれば良いから

$$0.70x + 0.80(100 - x) \geqq 0.95x + 0.65(100 - x) \text{ を解く。}$$

$$0.70x + 80 - 0.80x \geqq 0.95x + 65 - 0.65x$$

$$0.70x - 0.80x - 0.95x + 0.65x \geqq 65 - 80$$

$$-0.4x \geqq -15$$

　両辺を　-0.4　で割って ⬇

> 負の数で割ったので
> 不等号の向きが変わる

$$x \leqq \frac{15}{0.4}$$

$$\therefore \quad x \leqq 37.5$$

　よって、全体の　□ 0 □ [%] 以上　□ 37.5 □ [%] 以下のとき

(ウ)　燃焼室熱負荷

　右の図のような容積 5 [m³] の燃焼室で、天然ガスを 10 [時間] 燃焼させ、ガスの使用量が全部で 720 [m³ₙ] だったとします。天然ガスの低発熱量を 40 [MJ/m³ₙ] とするとき、この燃焼室で発生した熱量は、のべで

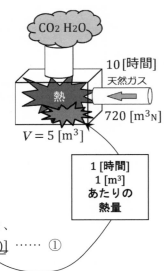

$$40 \,[\text{MJ/m}^3_\text{N}] \times 720 \,[\text{m}^3_\text{N}] = 28\,800 \,[\text{MJ}]$$

ということになります。

　これを 1 [時間] あたりにすると

$$28\,800 \,[\text{MJ}] \div 10 \,[\text{h}] = 2\,880 \,[\text{MJ/h}]^{※)}$$

となります。

　さらに燃焼室の容積 1 [m³] あたりにすると、

$$2\,880 \,[\text{MJ/h}] \div 5 \,[\text{m}^3] = 576 \,[\text{MJ/(m}^3 \cdot \text{h)}] \ \cdots\cdots \ ①$$

となります。

　この値のことを 燃焼室熱負荷 （ 燃焼室熱発生率 ） と言い、これは単位の分母の形から、1 [m³] × 1 [時間] あたりの熱量を表すことがわかります。

　そして、さらに ① の値を 1 [秒] あたりにして表すこともあります。

つまり、1 [時間] = 60 [分] 、1 [分] = 60 [秒] ですから

1 [時間] = 60 × 60 = 3 600 [秒] となるので 3 600 で割って

$$576 \,[\text{MJ/(m}^3 \cdot \text{h)}] \div 3\,600 = 0.16 \,[\text{MJ/(m}^3 \cdot \text{s)}] = 160 \,[\text{kJ/(m}^3 \cdot \text{s)}]$$

となります。さらに、単位の [J] については $\boxed{[\text{J}] = [\overset{\text{ワット秒}}{\text{W} \cdot \text{s}}]}$ の関係がある

ので、この単位は $\boxed{[\text{kJ/(m}^3 \cdot \text{s)}] = \left[\dfrac{\text{kJ}}{\text{m}^3 \cdot \text{s}} \right] = \left[\dfrac{\text{kW} \cdot \text{s}}{\text{m}^3 \cdot \text{s}} \right] = [\text{kW/m}^3]}$ とかけ

ることより、この燃焼室の燃焼室熱負荷は 160 [kW/m³] とも表せます。

※)
$$
\begin{cases}
1 \,[\text{時間}] \text{ あたりのガス使用量が } 720 \,[\text{m}^3_\text{N}] \div 10 \,[\text{h}] = 72 \,[\text{m}^3_\text{N}/\text{h}] \text{ より} \\
40 \,[\text{MJ/m}^3_\text{N}] \times 72 \,[\text{m}^3_\text{N}/\text{h}] = 2\,880 \,[\text{MJ/h}] \text{ と求めることもできます}
\end{cases}
$$

（例題） 縦、横、高さが 5 [m] 、2 [m] 、1.5 [m] の天然ガス焚きの燃焼室がある。燃焼室熱発生率を 720 [MJ/(m³·h)] にするには、1 [時間] に燃焼させる天然ガス量 [m³ₙ] はいくらか。

ただし、天然ガスの低発熱量を 40 [MJ/m³ₙ] とする。

（解） 図を描くと右のとおり。

1 [m³] あたり 1 [時間] で発生する熱量を 720 [MJ] にしたい。

そこでまず、体積を求めると

$$V = 5 \times 2 \times 1.5 = 15 \ [\text{m}^3]$$

になるから、この燃焼室で

1 [時間] に発生する熱量は全部で

$$720 \ [\text{MJ/(m}^3 \cdot \text{h)}] \times 15 \ [\text{m}^3] \times 1 \ [\text{h}] = 10\,800 \ [\text{MJ}]$$

になることがわかる。

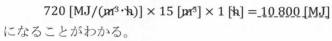

この発熱量を、低発熱量が 40 [MJ/m³ₙ] の天然ガスで発生させるわけだから、その使用量を x [m³ₙ] とおくと、

$$40 \ [\text{MJ/m}^3{}_\text{N}] \times x \ [\text{m}^3{}_\text{N}] = 10\,800 \ [\text{MJ}]$$

が成り立つ。よって

$$x = \frac{10\,800}{40} = \underline{270} \ [\text{m}^3{}_\text{N}]$$

---

17 縦、横、高さが 4 [m] 、1 [m] 、1.5 [m] の天然ガス焚きの燃焼室について、燃焼室熱負荷を 540 [MJ/(m³·h)] とする。次の問に答えよ。

(1) 天然ガスの低発熱量を 40 [MJ/m³ₙ] とするとき、1 [時間] に燃焼させる天然ガス量 [m³ₙ] はいくらか。

(2) この燃焼室の燃焼室熱負荷の値を [kW/m³] で表せ。

Check!

□

□

□

□

□

17 縦、横、高さが 4 [m] 、1 [m] 、1.5 [m] の天然ガス焚き
の燃焼室について、燃焼室熱負荷を 540 [MJ/(m³·h)] とする。
次の問に答えよ。

(1) 天然ガスの低発熱量を 40 [MJ/m³$_N$] とするとき、
1 [時間] に燃焼させる天然ガス量 [m³$_N$] はいくらか。

(2) この燃焼室の燃焼室熱負荷の値を [kW/m³] で表せ。

解 (1) 図を描くと右のとおり。
1 [m³] あたり 1 [時間] で発生
する熱量が 540 [MJ] である。

1 [m]
4 [m]
1.5 [m]
V
540
40 [MJ/m³$_N$]
x [m³$_N$]

そこでまず、体積を求めると、
$$V = 4 \times 1 \times 1.5 = 6 \ [m^3]$$
になるから、この燃焼室で
1 [時間] に発生する熱量は全部で
$$540 \ [MJ/(m^3 \cdot h)] \times 6 \ [m^3] \times 1 \ [h] = 3\,240 \ [MJ] \ とわかる。$$

この発熱量を、低発熱量が 40 [MJ/m³$_N$] の天然ガスで発生させる
わけだから、その使用量を x [m³$_N$] とおくと、
$$40 \ [MJ/m^3{}_N] \times x \ [m^3{}_N] = 3\,240 \ [MJ]$$
が成り立つ。よって
$$x = \frac{3\,240}{40} = 81 \ [m^3{}_N]$$

(2) 1 [秒] あたりにすればよい。

1 [時間] = 60 [分] 、1 [分] = 60 [秒] より 1 [時間] = 60 × 60 = 3\,600 [秒]
なので 3\,600 で割って

$$540 \ [MJ/(m^3 \cdot h)] \div 3\,600 = 0.15 \ [MJ/(m^3 \cdot s)] = 150 \ [kJ/(m^3 \cdot s)]$$

となる。さらに [J] = [W·s] の関係があるので単位にこれを代入すると

$$[kJ/(m^3 \cdot s)] = \left[\frac{kJ}{m^3 \cdot s} \right] = \left[\frac{kW \cdot s}{m^3 \cdot s} \right] = [kW/m^3] \ とかける。$$

よって、この燃焼室の燃焼室熱負荷の値は 150 [kW/m³]

(エ)　燃焼計算

　ここからは、燃焼に必要な空気の体積や、燃焼後にできる様々な気体の体積を調べて、設問に答える問題が続きます。この単元は出題頻度が高いのでしっかりと身につけて欲しいところですが、本書では解きやすい問題から順に並べているので、各節の最後の方は立式や計算が面倒なものとなっています。ですから、初めから無理をせずに適当なところで次の節に行くというやり方も、一つの学習方法と考えて進めるようにして下さい。

①　気体燃料

　プロパンの反応式を書くと、次のようになります。(**12** (1) 参照)

$$C_3H_8 + 5\,O_2 \rightarrow 3\,CO_2 + 4\,H_2O$$

$$1 \quad ⑤ \quad \boxed{3} \quad \triangle{4} \quad \longleftarrow$$

そして、式の下にそれぞれの係数を書いて、このように

> 酸素は $\overset{\text{オー}}{O}$ なので 〇 印で、
>
> CO_2 は「シーオーツー」なので □ 印で、
>
> H_2O は 💧 (水)なので △ 印で**数字を囲む**ことにします。

　こう書くことで、プロパン 1 [m³ₙ] の燃焼には酸素が 5 [m³ₙ] 必要で、燃焼後に二酸化炭素が 3 [m³ₙ] と、水が 4 [m³ₙ] できることが一目瞭然となります。

　また、それぞれの体積がプロパン 1 [m³ₙ] あたりの量のことなので

　　酸素は　　　　　5 [m³ₙ/m³ₙ] または 5 [m³ₙO₂/m³ₙC₃H₈] 、
　　二酸化炭素は　　3 [m³ₙ/m³ₙ] または 3 [m³ₙCO₂/m³ₙC₃H₈] 、
　　水蒸気(水)は　　4 [m³ₙ/m³ₙ] または 4 [m³ₙH₂O/m³ₙC₃H₈]

と書くことがあります。

(例)　プロパン 10 [m³ₙ] が完全燃焼して発生する二酸化炭素の量は
➡ 3 [m³ₙ/m³ₙ] × 10 [m³ₙ] = 30 [m³ₙ] となります。

67

大気関係の問題では、『空気中に酸素が 21 [%]、窒素が 79 [%] 含まれている』とするので、いま完全燃焼に必要となる最低限の空気量を A_0 とおくと、右図のような関係になります。そして、このとき

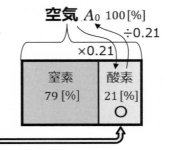

$$A_0 \times 0.21 = \bigcirc \;(酸素)$$

が成り立つので、

$$\boxed{A_0 = \bigcirc \div 0.21} \quad \cdots\cdots \;(ア)$$

と書けて、この最低限の空気量 A_0 のことを 理論空気量 と言います。

　また、実際の燃焼には A_0 より多くの空気が必要となるので、この実際の空気量を 所要空気量 と言い、文字 A で表し、また、A と A_0 の比を 空気比 と言い、文字 m で表します。つまり、次のように書けます。

$$\boxed{\begin{array}{l} m = \dfrac{A}{A_0} \quad \cdots\cdots \;(イ) \\[2mm] A = mA_0 \quad \cdots\cdots \;(ウ) \end{array}}$$

（例） プロパン 1 [m³_N] を空気比 1.26 で完全燃焼したときの所要空気量は、

$$C_3H_8 + 5\,O_2 \;\rightarrow\; 3\,CO_2 + 4\,H_2O \quad (\because\ 前頁)$$

$$1 \quad \boxed{\enclose{circle}{5}} \quad \boxed{3} \quad \triangle 4$$

まず、上の反応式で酸素が $\bigcirc = 5$ [m³_N] 必要とわかり、これを（**ア**）に代入して理論空気量 A_0 が

$$A_0 = \bigcirc \div 0.21 = 5 \div 0.21 = \frac{5}{0.21}$$

と書けます。そして、これと $m = 1.26$ を（**ウ**）に代入することで所要空気量 A が

$$A = mA_0 = 1.26 \times \frac{5}{0.21} = \underline{30}\ [m³_N]$$

とわかります。

前頁の **(例)** の燃焼前と燃焼後の気体の様子は、次のようになります。

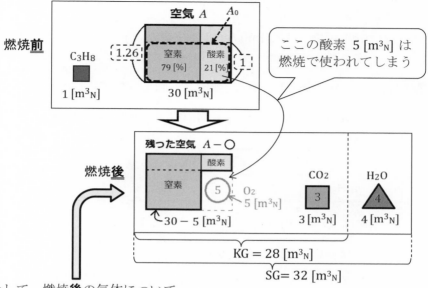

そして、<u>燃焼**後**の気体</u>について、

> **水蒸気を含まない**ガス量を　乾き燃焼ガス量　と言い、文字 KG で、
> **水蒸気を含む**ガス量を　　　　湿り燃焼ガス量　と言い、文字 SG で

表すこととし、上の図でこの値を求めてみると、次のようになります。

$$
\boxed{\substack{\textbf{重}\\\textbf{要}}}\quad
\begin{aligned}
KG &= A - \bigcirc + \square &&= 30 - 5 + 3 &&= \underline{28\ [\mathrm{m^3_N}]}\\
SG &= A - \bigcirc + \square + \triangle &&= 30 - 5 + 3 + 4 &&= \underline{32\ [\mathrm{m^3_N}]}\\
SG &= KG + \triangle &&= \quad\ 28 \quad\ + 4 &&= \underline{32\ [\mathrm{m^3_N}]}
\end{aligned}
$$

また、<u>乾き燃焼ガス中の二酸化炭素濃度 [%]</u> は $(CO_2)_{KG\%}$ と書いて

$$
\boxed{(CO_2)_{KG\%} = \dfrac{\square}{KG} \times 100} = \dfrac{3}{28} \times 100 \fallingdotseq \underline{10.7\ [\%]}
$$

のように求めることができます。

(例) <u>湿り燃焼ガス中の H_2O 濃度 [%]</u> は $(H_2O)_{SG\%}$ と書いて

$$
\boxed{(H_2O)_{SG\%} = \dfrac{\triangle}{SG} \times 100} = \dfrac{4}{32} \times 100 = \underline{12.5\ [\%]}
$$

（例題） エタンを空気比 1.1 で完全燃焼させたとき、次の値を求めよ。

(1) 所要空気量 $[m^3_N/m^3_N]$

(2) 湿り燃焼ガス量 $[m^3_N/m^3_N]$

(3) 乾き燃焼ガス中の CO_2 濃度 $[\%]$

（解） (1) エタン 1 $[m^3_N]$ の燃焼を考えて、反応式を書くと次のとおり。

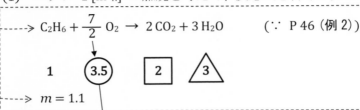

$$C_2H_6 + \frac{7}{2}\,O_2 \rightarrow 2\,CO_2 + 3\,H_2O \qquad (\because \text{P 46 （例 2）})$$

$$1 \qquad \enclose{circle}{3.5} \qquad \boxed{2} \qquad \triangle{3}$$

$$m = 1.1$$

酸素は $\bigcirc = 3.5$ $[m^3_N]$ 必要なので、理論空気量 A_0 は

$$A_0 = \bigcirc \div 0.21 = 3.5 \div 0.21 = \frac{3.5}{0.21}$$

とかける。よって、所要空気量 A は $m = 1.1$ より

$$A = mA_0 = 1.1 \times \frac{3.5}{0.21} \fallingdotseq 18.3\cancel{33} \rightarrow \underline{18.3\ [m^3_N/m^3_N]}$$

(2) (1) より、湿り燃焼ガス量 SG は

$$SG = A - \bigcirc + \square + \triangle = 18.333 - 3.5 + 2 + 3 = 19.8\cancel{33}$$
$$\rightarrow \underline{19.8\ [m^3_N/m^3_N]}$$

(3) (1) より、乾き燃焼ガス量 KG は

$$KG = A - \bigcirc + \square = 18.333 - 3.5 + 2 = 16.833$$

（(2) を用いて $KG = SG - \triangle = 19.833 - 3 = 16.833$ でも良い）

よって、乾き燃焼ガス中の CO_2 濃度 $[\%]$ は

$$(CO_2)_{KG\%} = \frac{\square}{KG} \times 100 = \frac{2}{16.833} \times 100 = 11.8\overset{9}{\cancel{8}}\cdots$$
$$\rightarrow \underline{11.9\ [\%]}$$

（ポイント） 上の **（例題）** のように、問題文を読みながら、すぐに式と $\bigcirc$ 、$\square$ 、$\triangle$ を書いて行くようにしましょう。

前頁の **（例題）** の燃焼前と燃焼後の気体の様子は、次のようになります。これを見て、やっていることをよく理解してください。

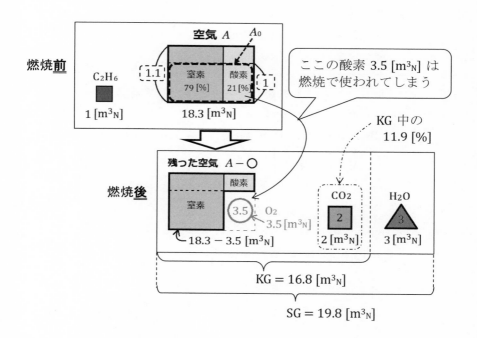

*18 プロパンを空気比 1.19 で完全燃焼しているボイラーがある。このとき、次の値を求めよ。

(1) 所要空気量 $[m^3{}_N/m^3{}_N]$

(2) 乾き燃焼ガス量 $[m^3{}_N/m^3{}_N]$

(3) 湿り燃焼ガス中の CO_2 濃度 [%]

*18 プロパンを<u>空気比 1.19</u> で完全燃焼しているボイラーが
ある。このとき、次の値を求めよ。

(1) 所要空気量 $[m^3_N/m^3_N]$

(2) 乾き燃焼ガス量 $[m^3_N/m^3_N]$

(3) 湿り燃焼ガス中の CO_2 濃度 $[\%]$

解 (1) プロパン $1 [m^3_N]$ の燃焼を考えて、反応式を書くと次のとおり。

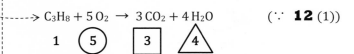

$$C_3H_8 + 5\,O_2 \rightarrow 3\,CO_2 + 4\,H_2O \qquad (\because \mathbf{12}\,(1))$$

1 ⑤ ▢3 △4

$m = 1.19$

酸素は $\bigcirc = 5 \ [m^3_N]$ 必要なので、理論空気量 A_0 は

$$A_0 = \bigcirc \div 0.21 = 5 \div 0.21 = \frac{5}{0.21}$$

とかける。よって、所要空気量 A は $m = 1.19$ より

$$A = mA_0 = 1.19 \times \frac{5}{0.21} \fallingdotseq 28.333 \rightarrow \underline{28.3 \ [m^3_N/m^3_N]}$$

(2) (1) より、乾き燃焼ガス量 KG は

$$KG = A - \bigcirc + \square = 28.333 - 5 + 3 = 26.333 \rightarrow \underline{26.3 \ [m^3_N/m^3_N]}$$

(3) (1) より、湿り燃焼ガス量 SG は

$$SG = A - \bigcirc + \square + \triangle = 28.333 - 5 + 3 + 4 = 30.333$$

((2) を用いて $SG = KG + \triangle = 26.333 + 4 = 30.333$ でも良い)

よって、湿り燃焼ガス中の CO_2 濃度 $[\%]$ は

$$(CO_2)_{SG\%} = \frac{\square}{SG} \times 100 = \frac{3}{30.333} \times 100 = 9.890 \rightarrow \underline{9.89 \ [\%]}$$

（例題）　プロパンを空気比 1.19 で完全燃焼しているボイラーがある。

　　　　NO$_X$ 対策のため二段燃焼を行う場合、全空気量に対する一次空気量

　　　　が 80 [%] であるとき、一次空気量 [m³$_N$/m³$_N$] はおよそいくらか。

（解）　**18** (1) より、$A \fallingdotseq 28.333$ [m³$_N$/m³$_N$] とわかる。

　　　　求める一次空気量は、<u>全空気量に対する 80 [%]</u> なので

$$A \times 0.80 = 28.333 \times 0.80 = 22.\overset{7}{66}\cdots \rightarrow \underline{22.7\ [m³_N/m³_N]}$$

Check!

19　メタンを空気比 1.12 で完全燃焼しているボイラーが

　　ある。このとき、次の値を求めよ。

(1)　乾き燃焼ガス量 [m³$_N$/m³$_N$]

(2)　NO$_X$ 対策のため二段燃焼を行っていて、一次空気量

　　が 7 [m³$_N$/m³$_N$] のとき、全空気量に対する一次空気量

　　の割合 [%]

□
□
□
□
□

19 メタンを空気比 1.12 で完全燃焼しているボイラーが

ある。このとき、次の値を求めよ。

(1) 乾き燃焼ガス量 $[m^3_N/m^3_N]$

(2) NO_X 対策のため二段燃焼を行っていて、一次空気量
が 7 $[m^3_N/m^3_N]$ のとき、全空気量に対する一次空気量
の割合 $[\%]$

解 (1) メタン 1 $[m^3_N]$ の燃焼を考えて、反応式を書くと次のとおり。

$CH_4 + 2O_2 \rightarrow CO_2 + 2H_2O$ 　　　($\because$ P 46 (例 1))

　1　②　　☐1　　△2

$m = 1.12$

酸素は $\bigcirc = 2$ $[m^3_N]$ 必要なので、理論空気量 A_0 は

$$A_0 = \bigcirc \div 0.21 = 2 \div 0.21 = \frac{2}{0.21} \qquad \cdots\cdots (**)$$

とかける。よって、所要空気量 A は $m = 1.12$ より

$$A = mA_0 = 1.12 \times \frac{2}{0.21} \fallingdotseq 10.667 \qquad \cdots\cdots (*)$$

これより、乾き燃焼ガス量 KG は

$$KG = A - \bigcirc + ☐ = 10.667 - 2 + 1 = 9.667 \rightarrow \underline{9.67 \ [m^3_N/m^3_N]}$$

(2) 一次空気量が 7 $[m^3_N/m^3_N]$ で、($*$)より全空気量 $A = 10.667$ に対
する割合 $[\%]$ を求めるので

$$\frac{7}{10.667} \times 100 = 65.62 \rightarrow \underline{65.6 \ [\%]}$$

別解 全空気量 A に対する一次空気量の割合を x $[\%]$ とおくと、

($*$)より　$10.667 \times \dfrac{x}{100} = 7$　が成り立つので、これを解く。

$$10.667x = 7 \times 100$$

$$\therefore \quad x = \frac{700}{10.667} = 65.62 \rightarrow \underline{65.6 \ [\%]}$$

（補足） 理論空気量を使って求めた乾き燃焼ガス量と湿り燃焼ガス量を、 ⬚理論乾き燃焼ガス量⬚ と ⬚理論湿り燃焼ガス量⬚ 言い、 KG_0 、 SG_0 と 表すこととします。**19** の問題で求めてみると、まず（＊＊）より

$$A_0 = \bigcirc \div 0.21 = 2 \div 0.21 = \frac{2}{0.21} \fallingdotseq 9.523\,8 \rightarrow \underline{9.52\ [m^3{}_N/m^3{}_N]}$$

となるので、

$$
\begin{aligned}
KG_0 = A_0 - \bigcirc + \square \quad &= 9.523\,8 - 2 + 1 \quad = 8.523\,8 \\
&\rightarrow \underline{8.52\ [m^3{}_N/m^3{}_N]} \\[4pt]
SG_0 = A_0 - \bigcirc + \square + \triangle \quad &= 9.523\,8 - 2 + 1 + 2 = 10.523\,8 \\
\text{または} \quad &\rightarrow \underline{10.5\ [m^3{}_N/m^3{}_N]} \\
SG_0 = KG_0 + \triangle \quad &= 8.523\,8 + 2 = 10.523\,8
\end{aligned}
$$

のようになります。

また、 KG 、 SG 、 KG_0 、 SG_0 の中で最も小さい値は KG_0 なので、 $\underline{KG_0\ を用いて二酸化炭素濃度を求めると最大の値になります。}$ そこで、これを ⬚最大二酸化炭素量⬚ と言い $(CO_2)_{max}$ と書きます。

（例） **19** の問題で求めてみると

$$\boxed{(CO_2)_{max} = \frac{\square}{KG_0} \times 100} = \frac{1}{8.523\,8} \times 100 \fallingdotseq \underline{11.7\ [\%]}$$

となります。

＊20 プロパンを完全燃焼させた場合、次の値を求めよ。

(1) 理論空気量 $[m^3{}_N/m^3{}_N]$

(2) 理論乾き燃焼ガス量 $[m^3{}_N/m^3{}_N]$

(3) 最大二酸化炭素量 $[\%]$

(4) 所要空気量が $27\ [m^3{}_N/m^3{}_N]$ のときの空気比

Check!
□
□
□
□
□

*20 プロパンを完全燃焼させた場合、次の値を求めよ。

(1) 理論空気量 $[m^3_N/m^3_N]$

(2) 理論乾き燃焼ガス量 $[m^3_N/m^3_N]$

(3) 最大二酸化炭素量 [%]

(4) 所要空気量が $27 [m^3_N/m^3_N]$ のときの空気比

解 (1) プロパン $1 [m^3_N]$ の燃焼を考えて、反応式を書くと次のとおり。

$$C_3H_8 + 5\,O_2 \rightarrow 3\,CO_2 + 4\,H_2O \qquad (\because \mathbf{12}\,(1))$$

$$1 \quad \textcircled{5} \quad \boxed{3} \quad \triangle{4}$$

酸素は $\bigcirc = 5 [m^3_N]$ 必要なので、理論空気量 A_0 は

$$A_0 = \bigcirc \div 0.21 = 5 \div 0.21 = \frac{5}{0.21} \fallingdotseq 23.8\cancel{10} \rightarrow \underline{23.8\ [m^3_N/m^3_N]}$$

(2) (1) より、理論乾き燃焼ガス量 KG_0 は

$$KG_0 = A_0 - \bigcirc + \square = 23.810 - 5 + 3 = 21.8\cancel{10} \rightarrow \underline{21.8\ [m^3_N/m^3_N]}$$

(3) (1)(2) より、最大二酸化炭素量 [%] は

$$(CO_2)_{max} = \frac{\square}{KG_0} \times 100 = \frac{3}{21.810} \times 100 = 13.7\overset{8}{\cancel{5}}\cdots \rightarrow \underline{13.8\ [\%]}$$

(4) $A = 27$ で、(1) より $A_0 = 23.810$ なので、求める空気比 m は

$$m = \frac{A}{A_0} = \frac{27}{23.810} = 1.133\cdots \rightarrow \underline{1.13}$$

理論空気 A_0
×0.79
窒素 79 [%]
O_2
残った空気 $A_0 - \bigcirc$
$= A_0 \times 0.79$

（補足） (2) で $A_0 - \bigcirc$ の部分は、右上の図のように理論空気量から燃焼で使われる酸素を引いているのですべて窒素です。そして、窒素は空気中の 79 [%] にあたるので $\boxed{A_0 - \bigcirc = A_0 \times 0.79}$ が成り立ちます。

つまり、理論乾き燃焼ガス量は、次のようにも求めることができます。

$$\boxed{KG_0 = A_0 \times 0.79 + \square} = 23.810 \times 0.79 + 3 = 21.80\cancel{99} \rightarrow \underline{21.8\ [m^3_N/m^3_N]}$$

(例題) メタンを完全燃焼させたとき、<u>乾き燃焼ガス中の CO_2 濃度は 8 [%]</u> であった。<u>所要空気量 [m³ₙ/m³ₙ]</u> はおよそいくらか。 ⑦

↑ *A* のこと

(解) メタン 1 [m³ₙ] の燃焼を考えて、反応式を書くと次のとおり。

$$CH_4 + 2\,O_2 \rightarrow CO_2 + 2\,H_2O \qquad (\because P\,46\,(例1))$$

1 ② ① △2

➝ $(CO_2)_{KG\%} = 8\ [\%]$

まず、□ = 1 で、<u>乾き燃焼ガス中の CO_2 濃度が 8 [%]</u> なので

$$(CO_2)_{KG\%} = \frac{□}{KG} \times 100 \ に代入して \quad ⬅ ⑦$$

$$8 = \frac{1}{KG} \times 100 \ を解くと$$

$$8\,KG = 100$$

$$\therefore \quad KG = \frac{100}{8} = 12.5 \quad ⬅ ⑦$$

とわかる。

（ポイント）
⑦ を見たら
⑦ の式を
すぐに書き、
⑦ の値を
求めること

一方、$KG = A - 〇 + □$ なので、これに代入して

$$12.5 = A - 2 + 1 \ を解く。$$

$$\therefore \quad A = 12.5 + 2 - 1 = \underline{13.5\ [m^3{}_N/m^3{}_N]}$$

＊21 ブタンを完全燃焼させ、乾き燃焼ガス中の CO_2 濃度を測定したところ、10 [%] であった。次の問に答えよ。

(1) 所要空気量 [m³ₙ/m³ₙ] はおよそいくらか。

(2) 湿り燃焼ガス中の H_2O 濃度 [%] はおよそいくらか。ただし、燃焼用空気に含まれる水蒸気は無視できるものとする。

Check!
□ □ □ □ □

＊21 ブタンを完全燃焼させ、乾き燃焼ガス中の CO_2 濃度を測定したところ、10 [%] であった。次の問に答えよ。

(1) 所要空気量 [m^3_N/m^3_N] はおよそいくらか。

(2) 湿り燃焼ガス中の H_2O 濃度 [%] はおよそいくらか。ただし、燃焼用空気に含まれる水蒸気は無視できるものとする。

解 (1) ブタン 1 [m^3_N] の燃焼を考えて、反応式を書くと次のとおり。

$$C_4H_{10} + \frac{13}{2}O_2 \rightarrow 4CO_2 + 5H_2O \qquad (\because \mathbf{12}\,(2))$$

$$1 \qquad \boxed{6.5}^{\bigcirc} \qquad \boxed{4} \qquad \triangle{5}$$

$$(CO_2)_{KG\%} = 10\,[\%]$$

まず、□ ＝ 4 で、乾き燃焼ガス中の CO_2 濃度が 10 [%] なので

$$\underline{(CO_2)_{KG\%} = \frac{\Box}{KG} \times 100 \ \text{に代入して}} \longleftarrow ⑦$$

$$10 = \frac{4}{KG} \times 100 \ \text{を解くと}$$

$$10\,KG = 400$$

$$\therefore \ KG = \frac{400}{10} = 40 \longleftarrow ⑨$$

とわかる。

┌─ **（ポイント）** ─┐
⑦ を見たら
⑨ の式を
　すぐに書き、
⑨ の値を
　求めること
└────────────┘

一方、乾き燃焼ガスは $KG = A - \bigcirc + \Box$ と表せるので、ここに代入して所要空気量 A を求めると

$$40 = A - 6.5 + 4$$

$$\therefore \quad A = 40 + 6.5 - 4 = \underline{42.5}\,[m^3_N/m^3_N]$$

(2)　$SG = KG + \triangle$　なので、代入して　$SG = 40 + 5 = 45$　とわかる。

$$\left[\begin{array}{l} SG = A - \bigcirc + \square + \triangle \text{ と表せるので、ここに代入して} \\ SG = 42.5 - 6.5 + 4 + 5 = 45 \text{ と求めても良い} \end{array} \right.$$

よって、湿り燃焼ガス中の H_2O 濃度は

$$(H_2O)_{SG\%} = \frac{\triangle}{SG} \times 100 = \frac{5}{45} \times 100 = 11.11\cdots \rightarrow \underline{11.1\ [\%]}$$

〜〜〜〜〜〜〜〜〜〜〜〜〜〜〜〜〜〜〜〜〜〜〜〜〜〜〜〜〜〜

(補足)　この問題で、理論空気量 A_0 は　$\bigcirc = 6.5\ [m^3{}_N]$　より

$$A_0 = \bigcirc \div 0.21 = 6.5 \div 0.21 = \frac{6.5}{0.21} \overset{1.0}{\doteqdot} 30.952 \rightarrow \underline{31.0\ [m^3{}_N/m^3{}_N]}$$

とわかります。

　　さらに、この値と (1) の $A = 42.5$ から、空気比 m の値を

$$m = \frac{A}{A_0} = \frac{42.5}{30.952} = 1.373\cdots \rightarrow \underline{1.37}$$

と求めることができます。

$$\left[\begin{array}{l} A = mA_0 \text{ に代入して} \\ 42.5 = m \times 30.952 \text{ を解いても良い} \end{array} \right.$$

22　エタンを完全燃焼させたところ、乾き燃焼ガス量が 18.0 $[m^3{}_N/m^3{}_N]$ になった。このとき、次の問に答えよ。

(1)　所要空気量 $[m^3{}_N/m^3{}_N]$ はおよそいくらか。

(2)　空気比はおよそいくらか。

Check!

☐

☐

☐

☐

☐

22 エタンを完全燃焼させたところ、乾き燃焼ガス量が 18.0 [m³$_N$/m³$_N$] になった。このとき、次の問に答えよ。

(1) 所要空気量 [m³$_N$/m³$_N$] はおよそいくらか。

(2) 空気比はおよそいくらか。

解 (1) エタン 1 [m³$_N$] の燃焼を考えて、反応式を書くと次のとおり。

$$C_2H_6 + \frac{7}{2}O_2 \rightarrow 2\,CO_2 + 3\,H_2O \qquad (\because\ P\,46\,(例\,2))$$

$$1 \qquad \textcircled{3.5} \qquad \boxed{2} \qquad \triangle{3}$$

$$KG = 18$$

乾き燃焼ガス量 KG と、所要空気量 A の間には

$$KG = A - \bigcirc + \square$$

が成り立つので、代入して

$$18 = A - 3.5 + 2$$

$$\therefore\quad A = 18 + 3.5 - 2 = \underline{19.5\ [m^3{}_N/m^3{}_N]}$$

(2) (1) より、酸素は $\bigcirc = 3.5$ [m³$_N$] 必要なので、理論空気量 A_0 が

$$A_0 = \bigcirc \div 0.21 = 3.5 \div 0.21 = \frac{3.5}{0.21} \fallingdotseq 16.667$$

とわかる。

よって、これと (1) の結果を用いて、空気比 m の値は

$$m = \frac{A}{A_0} = \frac{19.5}{16.667} = 1.1\overset{7}{6}9\cdots \rightarrow \underline{1.17}$$

$$\left(\begin{array}{l} A_0 = \dfrac{3.5}{0.21}\ と\ (1)\ の結果を\ A = mA_0\ に代入して \\[2mm] \qquad\qquad 19.5 = m \times \dfrac{3.5}{0.21}\ を解くと \\[2mm] \qquad 19.5 \times 0.21 = 3.5m \\[2mm] \qquad\qquad \therefore\quad m = \dfrac{19.5 \times 0.21}{3.5} = \underline{1.17}\ でも良い \end{array} \right)$$

（例題） 水素 40 [vol%]、エタン 60 [vol%] の混合ガスを空気比 1.2 で完全燃焼させたとき、湿り燃焼ガス中の CO_2 濃度 [%] はおよそいくらか。

（解） 百分率を小数で表すことで、水素 0.40 $[m^3_N]$、エタン 0.60 $[m^3_N]$ の混合ガス 1 $[m^3_N]$ の燃焼を考えて、反応式を書くと次のとおり。

$$H_2 \ + \ \frac{1}{2} O_2 \rightarrow H_2O$$

0.4　　(0.2)　　△0.4　　　　(∵ **15** (2) × 0.40)

$$C_2H_6 \ + \ \frac{7}{2} O_2 \rightarrow 2\,CO_2 + 3\,H_2O$$

0.6　　(2.1)　　□1.2　　△1.8　　(∵ 左頁 × 0.60)

$m = 1.2$

酸素は ○ $= 0.2 + 2.1 = 2.3$ $[m^3_N]$ 必要なので、理論空気量 A_0 は

$$A_0 = \bigcirc \div 0.21 = 2.3 \div 0.21 = \frac{2.3}{0.21}$$

とかける。よって、所要空気量 A は $m = 1.2$ より

$$A = mA_0 = 1.2 \times \frac{2.3}{0.21} \fallingdotseq 13.143$$

さらに、□ $= 1.2$ 、△ $= 0.4 + 1.8 = 2.2$ より、湿り燃焼ガス量は

$$SG = A - \bigcirc + \square + \triangle = 13.143 - 2.3 + 1.2 + 2.2 = 14.243$$

とわかる。よって、湿り燃焼ガス中の CO_2 濃度 [%] は

$$(CO_2)_{SG\%} = \frac{\square}{SG} \times 100 = \frac{1.2}{14.243} \times 100 = 8.42\overset{3}{5}\cdots \rightarrow \underline{8.43 \text{ [%]}}$$

Check!

＊23 エタン 20 [vol%]、プロパン 80 [vol%] の混合ガスを空気比 1.15 で完全燃焼させたとき、乾き燃焼ガス中の CO_2 濃度 [%] はおよそいくらか。

*23 エタン 20 [vol%] 、プロパン 80 [vol%] の混合ガスを空気比 1.15 で完全燃焼させたとき、乾き燃焼ガス中の CO_2 濃度 [%] はおよそいくらか。

解 百分率を小数で表すことで、エタン 0.20 [m³ₙ] 、プロパン 0.80 [m³ₙ] の混合ガス 1 [m³ₙ] の燃焼を考えて、反応式を書くと次のとおり。

$$C_2H_6 + \frac{7}{2} O_2 \rightarrow 2\,CO_2 + 3\,H_2O$$

0.2　　(0.7)　　[0.4]　　△0.6　　　　($\because$ P 46（例 2）× 0.20)

$$C_3H_8 + 5\,O_2 \rightarrow 3\,CO_2 + 4\,H_2O$$

0.8　　(4)　　[2.4]　　△3.2　　　　($\because$ **12**（1）× 0.80)

$m = 1.15$

酸素は 〇 = 0.7 + 4 = 4.7 [m³ₙ] 必要なので、理論空気量 A_0 は

$$A_0 = 〇 \div 0.21 = 4.7 \div 0.21 = \frac{4.7}{0.21}$$

とかける。よって、所要空気量 A は $m = 1.15$ より

$$A = mA_0 = 1.15 \times \frac{4.7}{0.21} \fallingdotseq 25.738$$

さらに、□ = 0.4 + 2.4 = 2.8 より、乾き燃焼ガス量 KG は

$$KG = A - 〇 + □ = 25.738 - 4.7 + 2.8 = 23.838$$

とわかる。よって、乾き燃焼ガス中の CO_2 濃度 [%] は

$$(CO_2)_{KG\%} = \frac{□}{KG} \times 100 = \frac{2.8}{23.838} \times 100 = 11.74\cdots \rightarrow \underline{11.7\ [\%]}$$

> **気体燃料**の中にあらかじめ**酸素**が含まれている場合、
>   完全燃焼に必要な空気中の酸素量を**その分少なくできます**。
>   ⇒ この酸素は他の酸素と区別するため ◎ で囲みます

> **気体燃料**の中に**二酸化炭素**や**窒素**が含まれている場合、
>   これらは燃焼しない（変化しない）ので、**酸素は不要**です。

(例題) メタン 8 [vol%] 、一酸化炭素 42 [vol%] 、酸素 5 [vol%] 、
窒素 45 [vol%] の気体燃料を完全燃焼させるために必要な理論
空気量 [m³N/m³N] はおよそいくらか。

(解)

CH₄	CO	O₂	N₂
8 [%]	42 [%]	5 [%]	45 [%]

それぞれの百分率を小数で表して、反応式を書くと次のとおり。

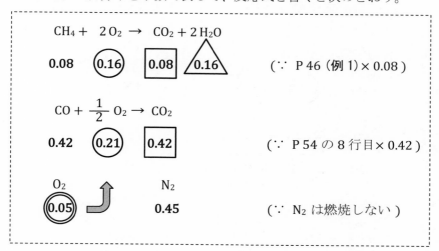

完全燃焼するために、<u>空気中の酸素から必要となる量</u>は

$$\text{○} - \text{◎} = 0.16 + 0.21 - 0.05 = \underline{0.32} \ [\text{m}^3\text{N}]$$

で良いので、求める理論空気量 A_0 は

$$A_0 = (\text{○} - \text{◎}) \div 0.21 = 0.32 \div 0.21 ≒ 1.523\cdots \ → \ \underline{1.52} \ [\text{m}^3\text{N}/\text{m}^3\text{N}]$$

---

24 水素 6 [vol%] 、一酸化炭素 50 [vol%] 、酸素 4 [vol%] 、
二酸化炭素 40 [vol%] の気体燃料を完全燃焼させるために
必要な理論空気量 [m³N/m³N] はおよそいくらか。

Check!
☐
☐
☐
☐
☐

24 水素 6 [vol%] 、一酸化炭素 50 [vol%] 、酸素 4 [vol%] 、二酸化炭素 40 [vol%] の気体燃料を完全燃焼させるために必要な理論空気量 $[m^3{}_N/m^3{}_N]$ はおよそいくらか。

解

H_2	CO	O_2	CO_2
6 [%]	50 [%]	4 [%]	40 [%]

それぞれの百分率を小数で表して、反応式を書くと次のとおり。

$$H_2 + \frac{1}{2} O_2 \rightarrow H_2O$$

0.06　　(0.03)　　△0.06　　　　　$(\because \mathbf{15}\ (2) \times 0.06\ )$

$$CO + \frac{1}{2} O_2 \rightarrow CO_2$$

0.50　　(0.25)　　□0.50　　　　　$(\because$ P 54 の 8 行目 $\times 0.50\ )$

O_2　　　　　　　　CO_2

◎0.04　　　　　　　□0.40　　　　　$(\because CO_2$ は燃焼しない $)$

完全燃焼するために、空気中の酸素から必要となる量は

$$\bigcirc - ◎ = 0.03 + 0.25 - 0.04 = \underline{0.24\ [m^3{}_N]}$$

で良いので、求める理論空気量 A_0 は

$$A_0 = (\bigcirc - ◎) \div 0.21 = 0.24 \div 0.21 \fallingdotseq 1.142 \cdots \rightarrow \underline{1.14\ [m^3{}_N/m^3{}_N]}$$

% は percent と書いて cent が百を意味するので、 $\boxed{百分率}$ です。

ppm は parts per million の頭文字で、$\boxed{百万分率}$ と言います。

ごくわずかに含まれるものの濃度を表すとき、この単位を良く使います。

```
小数で表すと
  1 [%]    = 0.01
  1 [ppm] = 0.000 001
となるので、
  1 [%]    =    10 000 [ppm]
と書くことができます
```

メタン（CH₄）ガスの中に、不純物として硫化水素（H₂S）が <u>100 [ppm]</u> 含まれる気体燃料 1 [m³ₙ] を考えるとき、

> H₂S の量は 1 [m³ₙ]×<u>0.000 100</u> = 0.000 1 [m³ₙ] となるので
>
> 純粋な CH₄ の量は 1 [m³ₙ]−0.000 1 [m³ₙ] = 0.999 9 ≒ 1 [m³ₙ]

と書くことが可能です。

（ポイント） このことから、**小さな値は**
<u>**とても大きな値と加減するときに限り**</u>
無視できます。

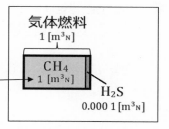

気体燃料の中に不純物として硫化水素(H₂S) が含まれていると、燃焼により二酸化硫黄(SO₂) と、水(H₂O) が発生します。

そして、<u>SO₂ の量は □ で囲む</u>ことにします。このように書くことで、乾き燃焼ガス中 および 湿り燃焼ガス中の SO₂ 濃度 [ppm] は

$$(SO_2)_{KGppm} = \frac{□}{KG} × 1\,000\,000$$

$$(SO_2)_{SGppm} = \frac{□}{SG} × 1\,000\,000$$

と表すことができます。

---

25 「硫化水素の燃焼」について、下の式の x の値を求めよ。

$$H_2S + x\,O_2 → SO_2 + H_2O$$

Check!

25 「硫化水素の燃焼」について、下の式の x の値を求めよ。

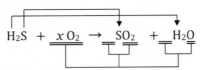

$$H_2S + x\,O_2 \rightarrow SO_2 + H_2O$$

解 HとSの個数は矢印の左側と右側で、どちらも等しい。

よって、Oの個数で式を作ると

$$x \times 2 = 1 \times 2 + 1 \times 1$$

が成り立つので、これを解く。

$$2x = 2 + 1$$

$$\therefore \quad x = 3 \div 2 = \underline{1.5} \quad \left(= \frac{3}{2} \right)$$

(補足) 下の反応式の矢印の右側の酸素の個数から調べて

$x = (1 \times 2 + 1 \times 1) \div 2 = \dfrac{3}{2} = 1.5$ と求めることもできます。

$$H_2S + x\,O_2 \rightarrow SO_2 + H_2O$$

| 1 | ⓵.5 | ☐ 1 | △ 1 |

また、この式から硫化水素 $1\,[\text{m}^3{}_N]$ の燃焼に必要となる酸素の量と、燃焼後に発生する SO_2 と H_2O の量を、上のように書くことができます。

(例題) 不純物として H_2S を $100\,[\text{ppm}]$(体積基準)含むメタンを、空気比 1.26 で完全燃焼させるとき、湿り燃焼ガス中の SO_2 濃度 $[\text{ppm}]$ はいくらか。ただし、H_2S 中の S はすべて SO_2 になるものとする。

(解) H_2S が $0.000\,100\,[\text{m}^3{}_N]$ と、メタンが $1\,[\text{m}^3{}_N]$ の混合気体 $1\,[\text{m}^3{}_N]$ の燃焼を考えて、反応式を書くと次のとおり。

$$H_2S \ + \ \frac{3}{2}O_2 \ \rightarrow \ SO_2 \ + \ H_2O$$

0.000 1 ⬭0.000 **15** ▭0.000 1 △0.000 1 (∵ 左頁（補足）× 0.000 1）

$$CH_4 \ + \ 2O_2 \ \rightarrow \ CO_2 \ + \ 2H_2O$$

1 ⬭2 ▭1 △2 (∵ P 46（例1））

$m = 1.26$

◯ の 0.000 15 は無視

酸素は ◯ $= 2$ [m³N] 必要なので、理論空気量 A_0 は

$$A_0 = ◯ \div 0.21 = 2 \div 0.21 = \frac{2}{0.21}$$

とかける。よって、所要空気量 A は $m = 1.26$ より

$$A = mA_0 = 1.26 \times \frac{2}{0.21} = 12$$

これより、湿り燃焼ガス量 SG は

$$SG = A - ◯ + ▭ + △ = 12 - 2 + 1 + 2 = 13$$

▭ と △ の 0.000 1 は無視

よって、湿り燃焼ガス中の SO_2 濃度 [ppm] は

$$(SO_2)_{SGppm} = \frac{▭}{SG} \times 1\,000\,000$$

$$= \frac{0.000\,1}{13} \times 1\,000\,000 = 7.692 \cdots \ \rightarrow \ \underline{7.69}\,[\text{ppm}]$$

Check!

26 メタン 60 [vol%]、エタン 40 [vol%] の混合ガス燃料に不純物として H_2S が 200 [volppm] 含まれている。この燃料を空気比 1.23 で完全燃焼させたとき、乾き燃焼ガス中の SO_2 濃度 [volppm] はおよそいくらか。

□
□
□
□
□
□

26 メタン 60 [vol%] 、エタン 40 [vol%] の混合ガス燃料に不純物として H_2S が 200 [volppm] 含まれている。この燃料を空気比 1.23 で完全燃焼させたとき、乾き燃焼ガス中の SO_2 濃度 [volppm] はおよそいくらか。

解 百分率を小数で表して、メタンが 0.60 [m³N] 、エタンが 0.40 [m³N] 、さらに H_2S が 0.000 200 [m³N] 混ざって燃焼したと考えて、反応式を書くと次のとおり。

$$CH_4 \; + \; 2\,O_2 \; \to \; CO_2 \; + \; 2\,H_2O$$

0.6　　(1.2)　　[0.6]　　△1.2　　　($\because$ P 46 (例 1)× 0.60)

$$C_2H_6 \; + \; \frac{7}{2}\,O_2 \; \to \; 2\,CO_2 \; + \; 3\,H_2O$$

0.4　　(1.4)　　[0.8]　　△1.2　　　($\because$ P 46 (例 2)× 0.40)

$$H_2S \; + \; \frac{3}{2}\,O_2 \; \to \; SO_2 \; + \; H_2O$$

　　　　　　　　　　　　　　　($\because$ P 86 (補足)× 0.000 2)

0.000 2　　(0.000 3)　　[0.000 2]　　△0.000 2

$m = 1.23$

> ○ の 0.000 3 は無視

酸素は ○ = 1.2 + 1.4 = 2.6 [m³N] 必要なので、理論空気量 A_0 は

$$A_0 = ○ \div 0.21 = 2.6 \div 0.21 = \frac{2.6}{0.21}$$

とかける。よって、所要空気量 A は $m = 1.23$ より

$$A = mA_0 = 1.23 \times \frac{2.6}{0.21} \fallingdotseq 15.229$$

となる。これと □ = 0.6 + 0.8 = 1.4 より、乾き燃焼ガス量 KG は

$$KG = A - ○ + □ = 15.229 - 2.6 + 1.4 = 14.029$$

> □ の 0.000 2 は無視

よって、乾き燃焼ガス中の SO_2 濃度 [ppm] は

$$(SO_2)_{KGppm} = \frac{\boxed{}}{KG} \times 1\,000\,000$$

$$= \frac{0.000\,2}{14.029} \times 1\,000\,000 = 14.25\overset{3}{\cdots} \rightarrow \underline{14.3 \text{ [ppm]}}$$

《 P 91 (**補足**)の続き 》

(※1)に代入した場合

$$\frac{1.5x + 0.5}{0.21} = 1.5x + 4.5 \quad を解く。\cdots\cdots(※1)$$

> 比べるときは
> 2桁で良い

$x = 0.28$ のとき、左辺 $= \dfrac{1.5 \times 0.28 + 0.5}{0.21} \fallingdotseq \underline{4.4}$

右辺 $= 1.5 \times 0.28 + 4.5 \fallingdotseq \underline{4.9}$ となって、不一致。

$x = 0.38$ のとき、左辺 $= \dfrac{1.5 \times 0.38 + 0.5}{0.21} \fallingdotseq \underline{5.1}$

右辺 $= 1.5 \times 0.38 + 4.5 \fallingdotseq \underline{5.1}$ となって、一致。

よって _(2)_

(※2)に代入した場合

$$5.0 = \frac{1.5x + 0.5}{0.21} \times 0.79 + 1 \quad を解く。\cdots\cdots(※2)$$

> 比べるときは
> 2桁で良い

左辺は常に $\underline{5.0}$ なので、右辺を調べると

$x = 0.28$ のとき、$\dfrac{1.5 \times 0.28 + 0.5}{0.21} \times 0.79 + 1 \fallingdotseq \underline{4.5}$

となって、不一致。

$x = 0.38$ のとき、$\dfrac{1.5 \times 0.38 + 0.5}{0.21} \times 0.79 + 1 \fallingdotseq \underline{5.0}$

となって、一致。

よって _(2)_

(例題) メタンと一酸化炭素の混合ガスの理論乾き燃焼ガス量が 5.0
$[m^3_N/m^3_N]$ のとき、<u>混合ガス中のメタンの割合 (体積%)</u> はおよそ
いくらか。次の中から選べ。

  (1) 28 (2) 38 (3) 48 (4) 58 (5) 68

(解) 混合ガス 1 $[m^3_N]$ のうち、<u>メタンを x $[m^3_N]$</u>
<u>とおく</u>と、一酸化炭素は $1-x$ $[m^3_N]$ と書ける。
それぞれの燃焼を考えると次のとおり。

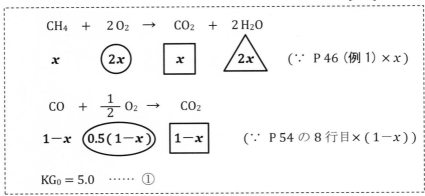

$$CH_4 \ + \ 2\,O_2 \ \rightarrow \ CO_2 \ + \ 2\,H_2O$$

x $\bigcirc{2x}$ $\boxed{x}$ $\triangle{2x}$ $(\because \text{P46 (例1)} \times x)$

$$CO \ + \ \frac{1}{2}\,O_2 \ \rightarrow \ CO_2$$

$1-x$ $\bigcirc{0.5(1-x)}$ $\boxed{1-x}$ $(\because \text{P54 の 8 行目} \times (1-x))$

$KG_0 = 5.0$ …… ①

燃焼に必要となる酸素の量は

  $\bigcirc = 2x + 0.5(1-x) = 2x + 0.5 - 0.5x = 1.5x + 0.5$ …… ②

と書けるので、理論空気量 A_0 は

  $A_0 = \bigcirc \div 0.21 = \dfrac{1.5x + 0.5}{0.21}$ …… ③

と書ける。(→ ここより**別解**あり)

> **(ポイント)**
> A_0 について
> ③ ④ のように
> 2 通りの表し方が
> できることより
> 等式を作る

 また、理論乾き燃焼ガス量 KG_0 については

  $KG_0 = A_0 - \bigcirc + \square$

が成り立つので、これを A_0 について解くことで

  $A_0 = KG_0 + \bigcirc - \square$

と表すことができ、これに ① ② と $\square = x + (1-x) = 1$ を代入して

  $A_0 = 5.0 + (1.5x + 0.5) - 1 = 1.5x + 4.5$ …… ④

と書ける。よって、③ ④ より

  $\dfrac{1.5x + 0.5}{0.21} = 1.5x + 4.5$ を解く。 …… （※1）

$$1.5x + 0.5 = 0.21(\,1.5x + 4.5\,)$$
$$1.5x + 0.5 = 0.315x + 0.945$$
$$1.5x - 0.315x = 0.945 - 0.5$$

$$1.185x = 0.445$$
$$\therefore \quad x = \frac{0.445}{1.185} = 0.375\overset{8}{\cdots}$$
$$\rightarrow \quad 0.38\,[\mathrm{m^3_N}]$$

　よって、混合ガス 1 $[\mathrm{m^3_N}]$ 中にメタンが 0.38 $[\mathrm{m^3_N}]$ あるので、混合ガス中のメタンの割合 (体積%) は 38 $[\%]$ で (2) 　　⎤(*)

（別解）　また、理論乾き燃焼ガス量 KG_0 については

$$KG_0 = A_0 \times 0.79 + \Box \qquad (\because \text{P76 で } A_0 - \bigcirc = A_0 \times 0.79)$$

が成り立つので、① ③ と $\Box = x + (1-x) = 1$ を代入して

$$5.0 = \frac{1.5x + 0.5}{0.21} \times 0.79 + 1 \text{ を解く。} \quad \cdots\cdots \quad （※2）$$

$$5.0 - 1 = \frac{1.5x + 0.5}{0.21} \times 0.79$$

$$4.0 = \frac{1.5x + 0.5}{0.21} \times 0.79$$

$$4.0 \times 0.21 = (\,1.5x + 0.5\,) \times 0.79$$

（わかりやすい方へ）

$$0.84 = 1.185x + 0.395$$

$$1.185x = 0.84 - 0.395$$

$$1.5x + 0.5 = \frac{4.0 \times 0.21}{0.79}$$

$$1.5x + 0.5 \fallingdotseq 1.0633$$

$$1.5x \fallingdotseq 1.0633 - 0.5$$

$$\therefore \quad x \fallingdotseq \frac{0.5633}{1.5}$$

$$\therefore \quad x = \frac{0.445}{1.185} = 0.375\overset{8}{\cdots} \rightarrow 0.38\,[\mathrm{m^3_N}] \quad (\text{以下は}(*)\text{に同じ})$$

（補足）　試験では五択で電卓が使えるため、（※1）または（※2）の、左辺と右辺のそれぞれに、選択肢の値の $x = 0.28$ 、0.38 、0.48 、0.58 、0.68 を順に代入してみて、等式が成り立つときを見つけるというやり方のほうが、速くて正確にできる場合があります。(P89 へ続く)

27　水素とメタンの混合ガスの理論湿り燃焼ガス量が 4.4 $[\mathrm{m^3_N/m^3_N}]$ であるとき、混合ガス中の水素濃度 $[\mathrm{vol\%}]$ はおよそいくらか。次の中から選べ。

(1)　20　　(2)　30　　(3)　40　　(4)　60　　(5)　80

Check!
□
□
□
□
□

27 水素とメタンの混合ガスの理論湿り燃焼ガス量が 4.4 $[m^3_N/m^3_N]$ であるとき、混合ガス中の水素濃度 [vol%] はおよそいくらか。次の中から選べ。

(1) 20 (2) 30 (3) 40 (4) 60 (5) 80

解 混合ガス 1 $[m^3_N]$ のうち、水素を x $[m^3_N]$ とおくと、メタンは $1-x$ $[m^3_N]$ と書ける。それぞれの燃焼を考えると次のとおり。

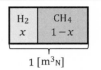

$$H_2 + \frac{1}{2}O_2 \rightarrow H_2O$$

x 　(0.5x)　△x 　　　　　$(\because \mathbf{15}\,(2) \times x)$

$$CH_4 + 2O_2 \rightarrow CO_2 + 2H_2O$$

$1-x$ 　(2($1-x$))　□$1-x$ 　△2($1-x$) 　$(\because \text{P 46 (例 1)} \times (1-x))$

$SG_0 = 4.4$ …… ①

燃焼に必要となる酸素の量は

$$\bigcirc = 0.5x + 2(1-x) = 0.5x + 2 - 2x = 2 - 1.5x \quad \cdots\cdots ②$$

と書けるので、理論空気量 A_0 は

$$A_0 = \bigcirc \div 0.21 = \frac{2 - 1.5x}{0.21} \quad \cdots\cdots ③$$

と書ける。(→ ここより**別解 1** あり)

また、理論湿り燃焼ガス量 SG_0 については

$$SG_0 = A_0 - \bigcirc + \square + \triangle$$

が成り立つので、これを A_0 について解くことで

$$A_0 = SG_0 + \bigcirc - \square - \triangle$$

と表すことができ、これに ① ② と □ $= 1-x$ と △ $= x + 2(1-x) = x + 2 - 2x = 2 - x$ を代入して

$$A_0 = 4.4 + (2 - 1.5x) - (1 - x) - (2 - x)$$
$$= 4.4 + 2 - 1.5x - 1 + x - 2 + x$$

$\therefore \quad A_0 = 0.5x + 3.4 \quad \cdots\cdots ④$

（ポイント）
A_0 について
③ ④ のように
2 通りの表し方が
できることより
等式を作る

と書ける。よって、③ ④ より

$$\frac{2-1.5x}{0.21} = 0.5x + 3.4 \quad を解く。\cdots (※1) \quad (\rightarrow \text{ここより} \textbf{別解 2} \text{あり})$$

$$2-1.5x = 0.21(0.5x + 3.4)$$
$$2-1.5x = 0.105x + 0.714$$
$$-1.5x - 0.105x = 0.714 - 2$$
$$-1.605x = -1.286$$

$$\therefore \quad x = \frac{1.286}{1.605}$$
$$= 0.801\cdots$$
$$\rightarrow 0.80 \, [\text{m}^3{}_\text{N}] \quad (*)$$

　よって、混合ガス $1 \, [\text{m}^3{}_\text{N}]$ 中に水素が $0.80 \, [\text{m}^3{}_\text{N}]$ あるので、混合ガス中の水素濃度 $[\text{vol\%}]$ は $80 \, [\%]$ で (5)

別解 1　また、理論湿り燃焼ガス量 SG_0 については

$$SG_0 = A_0 \times 0.79 + \square + \triangle \qquad (\because \text{P 76 で } A_0 - \bigcirc = A_0 \times 0.79)$$

が成り立つので、① ③ と $\square = 1 - x$ と

$$\triangle = x + 2(1-x) = x + 2 - 2x = 2 - x \quad を代入して$$

$$4.4 = \frac{2-1.5x}{0.21} \times 0.79 + 1 - x + 2 - x \quad を解く。\cdots\cdots (※2)$$

$$\downarrow$$
ここより
別解 3 あり
（ P 99 へ ）

$$4.4 - 1 + x - 2 + x = \frac{2-1.5x}{0.21} \times 0.79$$
$$2x + 1.4 = \frac{2-1.5x}{0.21} \times 0.79$$
$$0.21(2x + 1.4) = (2 - 1.5x) \times 0.79$$
$$0.42x + 0.294 = 1.58 - 1.185x$$
$$0.42x + 1.185x = 1.58 - 0.294$$
$$1.605x = 1.286 \qquad (\text{以下は}(*)\text{に同じ})$$

別解 2　（※1)に、$x = 0.2$ 、0.3 、0.4 、0.6 、0.8 を順に代入して行くと

$$x = 0.2 \text{ のとき、左辺} = \frac{2 - 1.5 \times 0.2}{0.21} \fallingdotseq 8.1$$

比べるときは
2桁で良い

$$右辺 = 0.5 \times 0.2 + 3.4 = 3.5 \text{ となって、不一致。}$$

同様にして、……(途中省略)……

$$x = 0.8 \text{ のとき、左辺} = \frac{2 - 1.5 \times 0.8}{0.21} \fallingdotseq 3.8$$

$$右辺 = 0.5 \times 0.8 + 3.4 = 3.8 \text{ となって、一致。}$$

よって (5)

（例題） メタンと一酸化炭素の混合ガスを燃焼させたとき、最大 CO_2 濃度が 20 [%] となるメタンの割合は、およそ何 [%]か。

    (1) 28   (2) 38   (3) 48   (4) 58   (5) 68

（解） 混合ガス 1 [m³N] のうち、メタンを x [m³N]
とおくと、一酸化炭素は $1-x$ [m³N] と書ける。
それぞれの燃焼を考えると次のとおり。

CH_4	CO
x	$1-x$

1 [m³N]

    CH_4 + $2O_2$ → CO_2 + $2H_2O$

    x (2x)   [x]   △2x   （∵ P 46（例1）× x）

    CO + $\dfrac{1}{2}O_2$ → CO_2

    $1-x$ (0.5(1-x))   [1-x]   （∵ P 54 の 8 行目×（ $1-x$ ））

    $(CO_2)_{max} = 20$ …… ①

まず、$(CO_2)_{max} = \dfrac{\square}{KG_0} \times 100$ （∵ P 75 ）← ④

と書けるので、① と $\square = x + (1-x) = 1$ を代入して

$$20 = \frac{1}{KG_0} \times 100 \text{ を解くと}$$

$$20\,KG_0 = 100$$

$$\therefore\ KG_0 = \frac{100}{20} = 5 \ \leftarrow\ ⑨$$

となる。

> 以下は P 90 **（例題）** と
> 同じなので途中省略

（ポイント）
⑦ を見たら
④ の式を
すぐに書き、
⑨ の値を
求めること

$$\therefore\ x = \frac{0.445}{1.185} \risingdotseq 0.375\,53 \rightarrow 0.38 \text{ [m³N]} \ \cdots\cdots \text{（※）}$$

（※の分子に 8 の書き込みあり）

よって、混合ガス 1 [m³N] 中にメタンが 0.38 [m³N] あるので、
混合ガス中のメタンの割合 (体積%) は 38 [%] で (2)

　左頁の例題では、<u>混合ガス中のメタンの割合</u>を聞いているので、まず<u>全体の量を 1 [m³ₙ] としてその中のメタンの量を x [m³ₙ] とおく</u>ことで、そのままメタンの割合を答えることができました。

　この他の出題として、<u>メタンと一酸化炭素の**体積比**</u>を聞かれることがあります。このときも、<u>全体の量を 1 [m³ₙ] としてその中のメタンの量を x [m³ₙ] とおいて</u>求めて行けば、一酸化炭素の量は $1-x$ [m³ₙ] の値としてわかるので、最後にこの 2 つの体積比 $\dfrac{CH_4}{CO} = \dfrac{x}{1-x}$ の値を計算して答えることができます。

　例えば、左の(**例題**)の場合では(**※**)より $x \fallingdotseq 0.375\,53$ だったので $1-x = 1 - 0.375\,53 = 0.624\,47$ となって、この 2 つの体積比の値は

$$\frac{CH_4}{CO} = \frac{x}{1-x} = \frac{0.375\,53}{0.624\,47} = 0.601 \rightarrow \underline{0.60} \left(= \frac{3}{5}\right)$$

となります。

　それではこれをヒントに次の問題をやってみてください。

28　メタンと一酸化炭素を混焼し完全燃焼させる燃焼炉で、空気比 1.17 のとき、乾き燃焼排ガス中の CO_2 濃度は 12.5 [%] だった。このときのメタンと一酸化炭素の体積比（CH_4/CO）は、およそいくらか。次の中から選べ。

(1)　1.2　　(2)　2.2　　(3)　3.2　　(4)　4.2　　(5)　5.2

28 メタンと一酸化炭素を混焼し完全燃焼させる燃焼炉で、空気比 1.17 のとき、<u>乾き燃焼排ガス中の CO_2 濃度は</u> <u>12.5 [%]</u> だった。このときのメタンと一酸化炭素の体積比（ CH_4/CO ）は、およそいくらか。次の中から選べ。

(1) 1.2　　(2) 2.2　　(3) 3.2　　(4) 4.2　　(5) 5.2

解　混合ガス 1 [m³$_N$] のうち、<u>メタンを x [m³$_N$]</u> <u>とおくと</u>、一酸化炭素は $1-x$ [m³$_N$] と書ける。それぞれの燃焼を考えると次のとおり。

CH₄	CO
x	$1-x$

1 [m³$_N$]

$$CH_4 \ + \ 2O_2 \ \rightarrow \ CO_2 \ + \ 2H_2O$$

$$x \qquad \boxed{2x} \qquad \fbox{x} \qquad \triangle{2x} \qquad (\because \text{P 46（例1）} \times x)$$

$$CO \ + \ \frac{1}{2}O_2 \ \rightarrow \ CO_2$$

$$1-x \quad (0.5(1-x)) \quad \fbox{$1-x$} \qquad (\because \text{P 54 の 8 行目} \times (1-x))$$

$$m = 1.17 \ \cdots\cdots \ ① \quad、\ (CO_2)_{KG\%} = 12.5 \ \cdots\cdots \ ②$$

まず、　$(CO_2)_{KG\%} = \dfrac{\square}{KG} \times 100$　　　（$\because$ P 69）　← ⓘ

と書けるので、② と $\square = x + (1-x) = 1 \ \cdots\cdots \ ③$ を代入して

$$12.5 = \frac{1}{KG} \times 100$$

$$12.5\,KG = 100$$

$$\therefore \ KG = \frac{100}{12.5} = 8 \ \cdots\cdots \ ④ \quad ← ⓦ$$

となる。

　ここで、乾き燃焼ガス量 KG については

$$KG = A - \bigcirc + \square$$

が成り立つので、これを A について解くことで

$$A = KG + \bigcirc - \square \ \cdots\cdots \ ⑤$$

と表すことができる。

（ポイント）
⑦ を見たら
ⓘ の式を
すぐに書き、
ⓦ の値を
求めること

このうち酸素の量は

$$○ = 2x + 0.5(1-x) = 2x + 0.5 - 0.5x = 1.5x + 0.5 \quad \cdots\cdots ⑥$$

とかけるので、⑤ に ④ ⑥ ③ を代入して

$$A = 8 + (1.5x + 0.5) - 1 = 1.5x + 7.5 \quad \cdots\cdots ⑦$$

と表せる。

一方、所要空気量 A については、⑥ より理論空気量 A_0 が

$$A_0 = ○ \div 0.21 = \frac{1.5x + 0.5}{0.21}$$

と書けるので、これと ① より

$$A = mA_0 = 1.17 \times \frac{1.5x + 0.5}{0.21} \quad \cdots\cdots ⑧$$

と書ける。

┌─── **（ポイント）** ───┐
A について
⑦ ⑧ のように
2 通りの表し方が
できることより
等式を作る
└─────────────┘

よって、⑦ ⑧ より

$$1.5x + 7.5 = 1.17 \times \frac{1.5x + 0.5}{0.21} \quad を解く。 \quad \cdots\cdots （＊）$$

$$0.21(1.5x + 7.5) = 1.17(1.5x + 0.5)$$

$$0.315x + 1.575 = 1.755x + 0.585$$

$$1.575 - 0.585 = 1.755x - 0.315x$$

$$0.99 = 1.44x$$

$$\therefore \quad x = \frac{0.99}{1.44} = 0.6875$$

これより、一酸化炭素の量は

$$1 - x = 1 - 0.6875$$
$$= 0.3125$$

とわかる。

よって、求める体積比は $\dfrac{CH_4}{CO} = \dfrac{x}{1-x} = \dfrac{0.6875}{0.3125} = 2.2 \quad \rightarrow \quad \underline{(2)}$

別解 と別解についての補足の説明を

　　http://3939tokeru.starfree.jp/taiki/ で紹介しています。

（注意） 　求める値を x とおいていないため、選択肢の値を（＊）に代入
　　　　するやり方ではこの方程式の解を求めることができません。

～～～～～～～～～～～～～～～～～～～～～～～～～～～～～～～～～

28 の問題では一酸化炭素を燃料として完全燃焼させていました。

さて、ここまで扱ってきた完全燃焼の場合では、炭化水素のすべてが
CO_2 と H_2O に変化していました。しかし、燃焼装置の不具合などで不完
全燃焼が起こると、一部に CO が発生することがあります。

次の頁では、この CO が発生する反応式を考えてみます。

（例題） 「メタンの不完全燃焼」について、下の式の x の値を求めよ。

$$CH_4 + x\ O_2 \rightarrow CO + 2\,H_2O$$

（解） <u>C の個数</u>は矢印の左側と右側で、どちらも 1 個で等しい。

<u>H の個数</u>も矢印の左側と右側で、どちらも 4 個で等しい。

よって、<u>O の個数</u>で式を作ると

$$x \times 2 = 1 \times 1 + 2 \times 1$$

が成り立つので、これを解く。

$$2x = 1 + 2$$

$$\therefore\quad x = 3 \div 2 = \underline{1.5}\quad \left(= \frac{3}{2} \right)$$

（補足） 下の反応式の<u>矢印の右側の酸素の個数</u>から調べて

$$x = (1 \times 1 + 2 \times 1) \div 2 = \frac{3}{2} = 1.5 \quad \text{と求めることもできます。}$$

$$CH_4 + x\ O_2 \rightarrow CO + 2\,H_2O$$

$$1 \qquad \boxed{1.5}\text{〇} \qquad \boxed{1}\text{(点線)} \qquad \triangle 2$$

点線で書く

また、この式からメタン 1 [m³N] の燃焼で使われる酸素の量と、燃焼後に発生する CO と H_2O の量を、上のように書くことにします。

メタン 1 [m³N] が<u>すべて燃焼反応をして</u>、その結果で<u>一酸化炭素になったメタンの量を x [m³N]</u> とおけば、残りの <u>$1-x$ [m³N] のメタ</u>ンはすべて二酸化炭素になったことになります。

それでは、これをヒントに次の気体燃料の最後の問題をやってみて下さい。

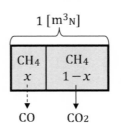

《 P 93 **27** の**別解 3** 》

$4.4 = \dfrac{2-1.5x}{0.21} \times 0.79 + 1 - x + 2 - x$ を解く。…… (※2)

(※2)に、$x = 0.2$ 、0.3 、0.4 、0.6 、0.8 を順に代入して行くことにすると、左辺は常に 4.4 なので、右辺を計算して行く。

$x = 0.2$ のとき、$\dfrac{2-1.5 \times 0.2}{0.21} \times 0.79 + 1 - 0.2 + 2 - 0.2 \fallingdotseq 9.0$
となって、不一致。

比べるときは
2 桁で良い

　　同様にして、……(途中省略)……

$x = 0.8$ のとき、$\dfrac{2-1.5 \times 0.8}{0.21} \times 0.79 + 1 - 0.8 + 2 - 0.8 \fallingdotseq 4.4$
となって、一致。

　　よって (5)

---

29 1 $[m^3_N]$ のメタンを 8.7 $[m^3_N]$ の空気で燃焼させたところ、乾き燃焼排ガス中に CO が 7.5 [%] 含まれる不完全燃焼を生じた。このとき湿り燃焼排ガス中の CO_2 濃度はおよそ何 [%] か。次の中から選べ。ただし、この不完全燃焼では、メタンはすべて反応し、生成物は CO_2 、CO 及び H_2O だけと仮定する。

　(1)　1　　(2)　2　　(3)　3　　(4)　4　　(5)　5

Check!
□
□
□
□
□

29 1 $[m^3_N]$ のメタンを 8.7 $[m^3_N]$ の空気で燃焼させたところ、乾き燃焼排ガス中に CO が 7.5 [%] 含まれる不完全燃焼を生じた。このとき湿り燃焼排ガス中の CO_2 濃度はおよそ何 [%] か。次の中から選べ。ただし、この不完全燃焼では、メタンはすべて反応し、生成物は CO_2 、CO 及び H_2O だけと仮定する。

(1) 1　　(2) 2　　(3) 3　　(4) 4　　(5) 5

解　1 $[m^3_N]$ のメタンのうち、$x\,[m^3_N]$ が不完全燃焼によって CO と H_2O になり、残りの $1-x\,[m^3_N]$ が完全燃焼によって CO_2 と H_2O になったとして、このときの燃焼を考えると次のとおり。

$$CH_4 \quad + \quad \frac{3}{2}\,O_2 \quad \rightarrow \quad CO \quad + \quad 2\,H_2O$$

x　　（1.5x）　　［x］　　△2x△　　（∵ P 98 (補足)×x）

$$CH_4 \quad + \quad 2\,O_2 \quad \rightarrow \quad CO_2 \quad + \quad 2\,H_2O$$

$1-x$　　（2(1−x)）　　□1−x□　　△2(1−x)△　　（∵ P 46 (例1)×(1−x)）

$$A = 8.7 \quad \cdots\cdots ①$$

$$(CO)_{KG\%} = 7.5 \quad \cdots\cdots ②$$

まず、　$(CO)_{KG\%} = \dfrac{[\,]}{KG} \times 100$　　　　（∵ P 69 と同様）

と書けるので、② と $[\,] = x$　$\cdots\cdots$ ③ を代入して

$$7.5 = \frac{x}{KG} \times 100 \quad \text{より}$$

$$7.5\,KG = 100x$$

$$\therefore \quad KG = \frac{100}{7.5}\,x \quad \cdots\cdots ④$$

となる。

また、乾き燃焼ガス量 KG については

$$KG = A - \bigcirc + \{\} + \Box \quad \cdots\cdots ⑤$$

が成り立つので、$\bigcirc$ と $\Box$ を求めると

$$\bigcirc = 1.5x + 2(1-x) = 1.5x + 2 - 2x = 2 - 0.5x \quad \cdots\cdots ⑥$$

$$\Box = 1 - x \quad \cdots\cdots ⑦$$

とわかる。よって、⑤ に ④ ① ⑥ ③ ⑦ を代入して

$$\frac{100}{7.5}x = 8.7 - (2 - 0.5x) + x + (1 - x) \quad \text{を解く。}$$

まず、右辺 $= 8.7 - 2 + 0.5x + \cancel{x} + 1 - \cancel{x} = 7.7 + 0.5x$ となるので

$$\frac{100}{7.5}x = 7.7 + 0.5x \quad \text{を解くと}$$

$$100x = 7.5(7.7 + 0.5x)$$

$$100x = 57.75 + 3.75x$$

$$100x - 3.75x = 57.75$$

$$96.25x = 57.75$$

$$\therefore \quad x = \frac{57.75}{96.25} = 0.6 \quad \cdots\cdots ⑧$$

とわかる。

いま求めるのは、湿り燃焼排ガス中の CO_2 濃度、つまり

$$(CO_2)_{SG\%} = \frac{\Box}{SG} \times 100 \quad \cdots\cdots ⑨ \quad (\because P69 \text{ と同様})$$

なので、$\Box$ と SG を求めると、まず ⑦ に ⑧ を代入して

$$\Box = 1 - 0.6 = 0.4 \quad \cdots\cdots ⑩$$

また、SG については $SG = KG + \triangle \quad \cdots\cdots ⑪$

が成り立つので KG と $\triangle$ を求めると、まず ④ に ⑧ を代入して

$$KG = \frac{100}{7.5} \times 0.6 = 8$$

また、$\triangle = 2x + 2(1-x) = \cancel{2x} + 2 - \cancel{2x} = 2$

となるので、これらを ⑪ に代入して

$$SG = 8 + 2 = 10 \quad \cdots\cdots ⑫$$

とわかる。以上のことから、⑨ に ⑩ ⑫ を代入して

$$(CO_2)_{SG\%} = \frac{0.4}{10} \times 100 = 4 \ [\%] \quad \rightarrow \quad \underline{(4)}$$

(補足) ⑪ は $SG = A - \bigcirc + \{\} + \Box + \triangle$ の式を用いても良いが、KG が ④ ですぐに求められるので、⑪ を使った方が速く正確に求められます。

② 液体燃料・固体燃料（前編）

気体燃料では 1 $[m^3_N]$ の燃料を燃焼するのに必要となる空気の体積や、燃焼後にできる様々な気体の体積を調べていました。

これに対して、液体や固体の燃料の場合は、1 [kg] の燃料を燃焼するのに必要となる空気の体積や、燃焼後にできる様々な気体の体積を調べます。

例えば、炭素が燃焼するときは、次のようになることがわかっています。

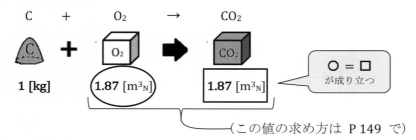

（この値の求め方は P 149 で）

つまり、1 [kg] の炭素の燃焼には、1.87 $[m^3_N]$ の酸素(〇) が必要となり、燃焼後には二酸化炭素(□) が 1.87 $[m^3_N]$ できます。

これより、燃焼に必要となる理論空気量 A_0 を求めてみると、酸素が 〇 = 1.87 で、これが A_0 の 21 [%] にあたるので 〇 = $A_0 \times 0.21$ より

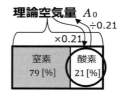

$$A_0 = 〇 \div 0.21 = \frac{1.87}{0.21} \fallingdotseq \underline{8.904\ 8\ [m^3_N]}$$

とわかります。

そして、理論乾き燃焼ガス量 KG_0 は、右頁上図のようになるので

$$KG_0 = A_0 - 〇 + □ = 8.904\ 8 - 1.87 + 1.87 = 8.904\ 8\ [m^3_N]$$

とわかります。なお、$A_0 - 〇 = A_0 \times 0.79$ が成り立つ（∵ P 76 ）ので

$$KG_0 = A_0 \times 0.79 + □ = 8.904\ 8 \times 0.79 + 1.87 \fallingdotseq \underline{8.904\ 8\ [m^3_N]}$$

と求めることもできます。

そして、これを用いて最大二酸化炭素量 $(CO_2)_{max}$ は

$$(CO_2)_{max} = \frac{□}{KG_0} \times 100 = \frac{1.87}{8.904\ 8} \times 100 \fallingdotseq \underline{21\ [\%]}$$

と求めることができます。

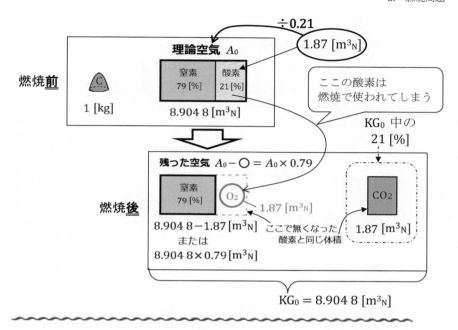

また、<u>水素と硫黄についても</u>同様に、次のように書けます。なお、水素は常温では気体ですが、重さは 0 ではないので元素 1 [kg] あたりとしてみて下さい。また、(※) の値については P 150 で説明します。

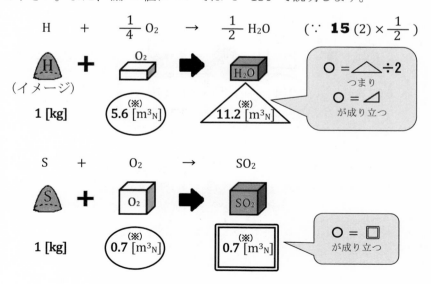

それでは、前頁までの C 、H 、S 各 1 [kg] の燃焼の結果を用いて、炭素 水素 硫黄
炭素 0.85 [kg] 、水素 0.13 [kg] 、硫黄 0.02 [kg] で構成される重油 1 [kg]
の完全燃焼を考えてみたいと思います。このときは、以下のように炭素の
式を 0.85 倍、水素の式を 0.13 倍、硫黄の式を 0.02 倍して書くことで、
燃焼に必要となる酸素の量の合計と、発生する各気体の体積がわかります。

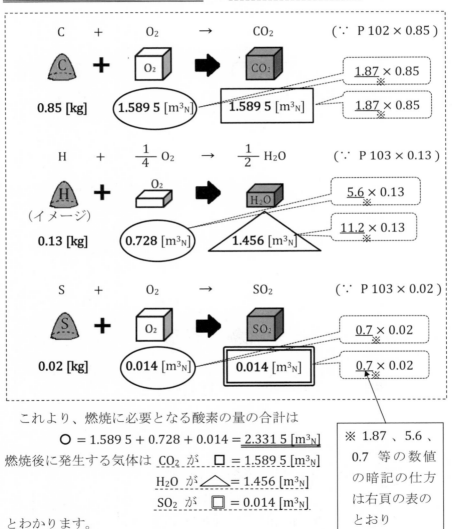

これより、燃焼に必要となる酸素の量の合計は

$\bigcirc$ = 1.589 5 + 0.728 + 0.014 = 2.331 5 [m³ₙ]

燃焼後に発生する気体は CO₂ が $\square$ = 1.589 5 [m³ₙ]

H₂O が $\triangle$ = 1.456 [m³ₙ]

SO₂ が $\square$ = 0.014 [m³ₙ]

とわかります。

※ 1.87 、5.6 、0.7 等の数値の暗記の仕方は右頁の表のとおり

104

しかし、毎回左頁のようにやるのは大変なので、下のような**(簡便法)**があります。なお、下表は P 102〜103 に出てきた値をまとめたものです。

元素 1 [kg]	必要となる 酸素(○)の体積 [m³ₙ]	燃焼後にできる 気体と体積 [m³ₙ]	○ との関係
C	1.87 (いやな)	CO_2 1.87	○ = □
H	5.6 (コロ)	H_2O 11.2	○ = ◿
S	0.7 (ナ)	SO_2 0.7	○ = □

まず、必要となる酸素の量を順に「いやなコロナ」と覚えましょう。そして、次の**手順 ❶** から **❹** に従って求めます。どうぞ、このやり方を覚えてから次の頁へ進んで下さい。

(簡便法) 重油 1 [kg] 中に含まれる炭素、水素、硫黄の重さはそれぞれ **0.85 [kg]** 、**0.13 [kg]** 、**0.02 [kg]** なので、次のように書ける。

手順❶ C、H、S の文字と、それぞれに必要な酸素の体積を書く

手順❷ それぞれの重さを書く

手順❸ 計算をして □、◿ 、□ で囲む

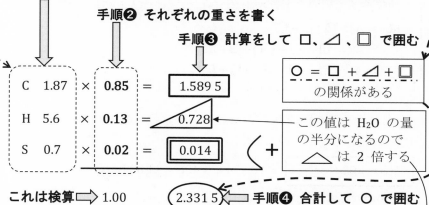

これより、燃焼に必要となる酸素の量は ○ = 2.331 5 [m³ₙ]
燃焼後に発生する気体は CO₂ が □ = 1.589 5 [m³ₙ]
　　　　　　　　　 H₂O が ◿ = 0.728 × 2 = 1.456 [m³ₙ]
　　　　　　　　　 SO₂ が □ = 0.014 [m³ₙ]
となって、左頁と同じ結果が得られます。

そして、これより燃焼に必要となる理論空気量 A_0 を求めると、A_0 の 21 [%] にあたる酸素が ○ = 2.331 5 なので

$$A_0 = ○ \div 0.21 = \frac{2.331\,5}{0.21} \fallingdotseq \underline{11.102}\ [\text{m}^3{}_\text{N}]$$

とわかり、さらに理論乾き燃焼ガス量 KG_0 については

$$\boxed{KG_0 = A_0 - ○ + □ + \square}\quad \cdots\cdots\ (*)\quad \text{と書けるので、代入して}$$

$$KG_0 = 11.102 - 2.331\,5 + 1.589\,5 + 0.014 = \underline{10.374}\ [\text{m}^3{}_\text{N}]$$

と求められます。

しかし、これについても簡単に答えられる次の**公式**があります。

$$\boxed{KG_0 = A_0 - △}\ = 11.102 - 0.728 = \underline{10.374}\ [\text{m}^3{}_\text{N}]$$

同じ

この公式の説明をします。

まず、酸素(○)については前頁の **手順❹** のように

$$\boxed{○ = □ + △ + \square}$$

の関係があるので、これを上の (*) の式に代入して

$$KG_0 = A_0 - ○ + □ + \square$$
$$= A_0 - (□ + △ + \square) + □ + \square$$
$$= A_0 - \cancel{□} - △ - \cancel{\square} + \cancel{□} + \cancel{\square}$$
$$= A_0 - △\quad \text{となります。}$$

また、理論湿り燃焼ガス量 SG_0 は、理論乾き燃焼ガス量 KG_0 に H_2O の量を足したものなので

$$\boxed{SG_0 = KG_0 + \triangle}\ = 10.374 + 1.456 = \underline{11.83}\ [\text{m}^3{}_\text{N}]$$

となります。しかし、これについてもこの式に

$$KG_0 = A_0 - △\quad \text{を代入することで}$$

$$SG_0 = (A_0 - △) + \triangle$$

$$(\triangle = △ + △\ \text{より})$$

$$\boxed{SG_0 = A_0 + △}\quad \text{と書けます。この**公式**を使うと}$$

$$SG_0 = 11.102 + 0.728 = \underline{11.83}\ [\text{m}^3{}_\text{N}]$$

同じ

と求めることができます。

そして、ここまでの結果は次のようにまとめられます。

重油 1[kg] (組成比 炭素 85 [%] 、水素 13 [%] 、硫黄 2 [%]) を

完全燃焼させるときの $\left\{\begin{array}{l} \text{理論空気量は } A_0 = 11.102 \ [m^3{}_N] \\ \text{理論乾き燃焼ガス量は } KG_0 = 10.374 \ [m^3{}_N] \\ \text{理論湿り燃焼ガス量は } SG_0 = 11.83 \ \ [m^3{}_N] \end{array}\right.$

となります。

また、このことを

「**炭素 85 [%] 、水素 13 [%] 、硫黄 2 [%] の<u>重油 1[kg] あたり</u>**」

と考えることにより

完全燃焼させるときの $\left\{\begin{array}{l} \text{理論空気量は } A_0 = 11.102 \ [m^3{}_N/\textbf{kg}] \\ \text{理論乾き燃焼ガス量は } KG_0 = 10.374 \ [m^3{}_N/\textbf{kg}] \\ \text{理論湿り燃焼ガス量は } SG_0 = 11.83 \ \ [m^3{}_N/\textbf{kg}] \end{array}\right.$

と書くことができます。

それでは、左頁の公式を覚えてから下の問題に
チャレンジしてください。

> 重油 1 [kg]
> あたりの意味

---

*30 炭素 88 [%] 、水素 11 [%] 、硫黄 1 [%] の重油を完全
燃焼させるとき、下表を完成させて次の各値を求めよ。

C ☐ × ☐ = ☐

H ☐ × ☐ = ☐

S ☐ × ☐ = ☐ ⟩ +

☐ ☐

(1) 理論乾き燃焼ガス量 [m³ₙ/kg]

(2) 最大二酸化炭素量 [%]

(3) 理論湿り燃焼ガス量 [m³ₙ/kg]

Check!
☐
☐
☐
☐
☐

(解答用紙は、http://3939tokeru.starfree.jp/taiki/ より印刷可能です)

*30 炭素 88 [%] 、水素 11 [%] 、硫黄 1 [%] の重油を完全燃焼させるとき、下表を完成させて次の各値を求めよ。

(1) 理論乾き燃焼ガス量 [m³N/kg]

(2) 最大二酸化炭素量 [%]

(3) 理論湿り燃焼ガス量 [m³N/kg]

重油 1 [kg] あたりの意味

解 重油 1 [kg] 中に含まれる炭素、水素、硫黄の重さはそれぞれ 0.88 [kg] 、0.11 [kg] 、0.01 [kg] で、各気体の体積は次のようになる。

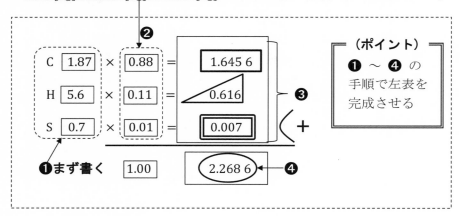

(1) まず、燃焼に必要となる理論空気量 A_0 を求めると、

A_0 の 21 [%] にあたる酸素が **◯** = 2.268 6 なので

$$A_0 = ◯ \div 0.21 = \frac{2.268\ 6}{0.21} ≒ 10.803$$

よって、求める理論乾き燃焼ガス量 KG_0 は

$KG_0 = A_0 - ◯ + □ + \boxed{} \quad$ に代入して

$$KG_0 = 10.803 - 2.268\ 6 + 1.645\ 6 + 0.007 = 10.187 \rightarrow \underline{10.2\ [m^3{}_N/kg]}$$

別解 $KG_0 = A_0 - \triangle \quad$ に代入して

$$KG_0 = 10.803 - 0.616 = 10.187 \rightarrow \underline{10.2\ [m^3{}_N/kg]}$$

(2) 最大二酸化炭素量 $(CO_2)_{max}$ は、(1) の結果を使って

$$(CO_2)_{max} = \frac{□}{KG_0} \times 100 = \frac{1.645\ 6}{10.187} \times 100 = 16.15\cdots \rightarrow \underline{16.2\ [\%]}$$

(3) 求める理論湿り燃焼ガス量 SG_0 は

$$\boxed{\;\text{△} \text{ を } 2 \text{ 倍する}\;}$$

$$\boxed{SG_0 = A_0 - \text{○} + \square + \square + \text{△}}\; \text{と書けるので、代入して}$$

$$SG_0 = 10.803 - 2.268\,6 + 1.645\,6 + 0.007 + 0.616 \times 2 \overset{\text{=}}{} 11.4\cancel{19}$$

$$\rightarrow \underline{11.4\ [\text{m}^3_\text{N}/\text{kg}]}$$

別解 1　$SG_0 = A_0 + \text{△}$ に代入して

$$SG_0 = 10.803 + 0.616 = 11.4\cancel{19}$$

別解 2　(1) の結果を用いると

$$SG_0 = KG_0 + \text{△△} = KG_0 + \text{△} \times 2 \text{ に代入して}$$

$$SG_0 = 10.187 + 0.616 \times 2 = 11.4\cancel{19}$$

〜〜〜〜〜〜〜〜〜〜〜〜〜〜〜〜〜〜〜〜〜〜〜〜〜〜〜〜〜〜〜〜〜〜〜〜

（補足） 空気比 m が与えられて所要空気量 A を求め、これより乾き燃焼ガス量 KG や、湿り燃焼ガス量 SG を求める問題でも考え方は同じなので、公式は次のようになります。

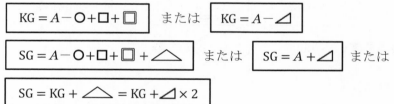

$$\boxed{KG = A - \text{○} + \square + \square} \quad \text{または} \quad \boxed{KG = A - \text{△}}$$

$$\boxed{SG = A - \text{○} + \square + \square + \text{△△}} \quad \text{または} \quad \boxed{SG = A + \text{△}} \quad \text{または}$$

$$\boxed{SG = KG + \text{△△} = KG + \text{△} \times 2}$$

---

*31　炭素 84.0 [%] 、水素 14.0 [%] 、硫黄 2.0 [%] の組成の液体燃料を空気比 1.20 で完全燃焼させるとき、次の値を求めよ。

(1) 所要空気量 [$\text{m}^3_\text{N}/\text{kg}$]

(2) 乾き燃焼ガス量 [$\text{m}^3_\text{N}/\text{kg}$]

(3) 乾き燃焼ガス中の CO_2 濃度 [%]

Check!
□
□
□
□
□

*31 炭素 84.0 [%] 、水素 14.0 [%] 、硫黄 2.0 [%] の組成の
液体燃料を空気比 1.20 で完全燃焼させるとき、次の値を
求めよ。

(1) 所要空気量 [m³ₙ/kg]　　　液体燃料 1 [kg]
　　　　　　　　　　　　　　　あたりの意味
(2) 乾き燃焼ガス量 [m³ₙ/kg]

(3) 乾き燃焼ガス中の CO_2 濃度 [%]

解 (1) 液体燃料 1 [kg] 中に含まれる炭素、水素、硫黄の重さはそれぞれ
0.84 [kg] 、0.14 [kg] 、0.02 [kg] で、各気体の体積は次のようになる。

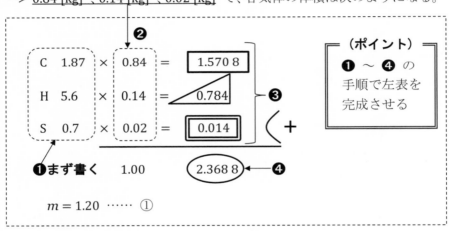

❷

C　1.87　× 0.84　=　1.570 8

H　5.6　× 0.14　=　0.784　　❸

S　0.7　× 0.02　=　0.014

❶まず書く　1.00　　　2.368 8　◀ ❹

$m = 1.20$ …… ①

（ポイント）
❶ 〜 ❹ の
手順で左表を
完成させる

　　　まず、燃焼に必要となる理論空気量 A_0 を求めると、
A_0 の 21 [%] にあたる酸素が ◯ = 2.368 8 なので
$$A_0 = ◯ \div 0.21 = \frac{2.368\,8}{0.21} = 11.28 \quad \cdots\cdots ②$$
と書ける。よって、求める所要空気量 A は ① ② より
$$A = mA_0 = 1.20 \times 11.28 = 13.5\cancel{36} \rightarrow \underline{13.5 \,[\text{m}^3\text{ₙ/kg}]}$$

(2) 乾き燃焼ガス量 KG は、(1) の結果などを
KG = A − ◯ + □ + ▢ に代入して
KG = $13.536 - 2.368\,8 + 1.570\,8 + 0.014 = 12.7\overset{8}{\cancel{52}} \rightarrow \underline{12.8\,[\text{m}^3\text{ₙ/kg}]}$

別解 KG = $A - \triangle$ に代入して
KG = $13.536 - 0.784 = 12.7\overset{8}{\cancel{52}} \rightarrow \underline{12.8\,[\text{m}^3\text{ₙ/kg}]}$

(3) 乾き燃焼ガス中の CO_2 濃度 $(CO_2)_{KG\%}$ は、(2) の結果などを用いて

$$(CO_2)_{KG\%} = \frac{\Box}{KG} \times 100 = \frac{1.570\,8}{12.752} \times 100 = 12.31 \rightarrow \underline{12.3\ [\%]}$$

気体燃料のときと同様に、乾き燃焼ガス中 および 湿り燃焼ガス中の SO_2 濃度 [ppm] は、次のように表すことができます。($\because$ P 85)

$$(SO_2)_{KGppm} = \frac{\Box}{KG} \times 1\,000\,000$$
$$(SO_2)_{SGppm} = \frac{\Box}{SG} \times 1\,000\,000$$

---

32 炭素 87 [%] 、水素 11 [%] 、硫黄 2 [%] の組成の重油を、12.9 [m³ₙ/kg] の空気で完全燃焼している加熱炉がある。重油中の硫黄分はすべて SO_2 になるものとして、次の値を求めよ。

(1) 乾き燃焼ガス量 [m³ₙ/kg]
(2) 湿り燃焼ガス中の SO_2 濃度 [ppm]

Check!
□ □ □ □ □

$A = 12.9$

32 炭素 87 [%]、水素 11 [%]、硫黄 2 [%] の組成の重油を、12.9 [m³ₙ/kg] の空気で完全燃焼している加熱炉がある。重油中の硫黄分はすべて SO_2 になるものとして、次の値を求めよ。

(1) 乾き燃焼ガス量 [m³ₙ/kg]

(2) 湿り燃焼ガス中の SO_2 濃度 [ppm]

解 (1) 重油 1 [kg] 中に含まれる炭素、水素、硫黄の重さはそれぞれ 0.87 [kg]、0.11 [kg]、0.02 [kg] で、各気体の体積は次のようになる。

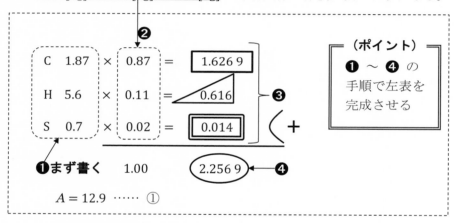

求める乾き燃焼ガス量 KG は、① などを

$$KG = A - \bigcirc + \square + \square \quad \text{に代入して}$$

$$KG = 12.9 - 2.256\,9 + 1.626\,9 + 0.014 = 12.\overset{3}{2}84 \rightarrow \underline{12.3\ [\text{m}^3{}_\text{N}/\text{kg}]}$$

別解 $KG = A - \triangle$ に代入して

$$KG = 12.9 - 0.616 = 12.\overset{3}{2}84 \rightarrow \underline{12.3\ [\text{m}^3{}_\text{N}/\text{kg}]}$$

(2) 湿り燃焼ガス量 SG は

$$SG = A - \bigcirc + \square + \square + \triangle \quad \text{に代入して} \qquad \boxed{\triangle \text{を 2 倍する}}$$

$$SG = 12.9 - 2.256\,9 + 1.626\,9 + 0.014 + 0.616 \times 2 = 13.516$$

となる。

よって、湿り燃焼ガス中の SO_2 濃度 [ppm] は

$$(SO_2)_{SGppm} = \frac{\boxed{}}{SG} \times 1\,000\,000$$

$$= \frac{0.014}{13.516} \times 1\,000\,000 = 1\,035.8\cdots \rightarrow \underline{1\,040\ [ppm]}$$

（※ $1\,035.8$ の上に 40 と書かれている）

別解 1　$SG = A + \triangle$ に代入して　$SG = 12.9 + 0.616 = 13.516$

別解 2　(1) の結果より　$SG = KG + \triangle\!\!\!\triangle = KG + \triangle \times 2$ に代入して

　　　　　　$SG = 12.284 + 0.616 \times 2 = 13.516$

排煙脱硫装置付きボイラーでは、排出される SO_2 濃度を減らすことができます。例えば、排出される SO_2 濃度が $2\,000$ [ppm] だったものが、この装置により 20 [ppm] まで減少した場合は、$C_i = 2\,000$ [ppm] 、$C_o = 20$ [ppm] と書けるので、P 22 のダスト濃度のときと同様に、

　　未集率は　　　$\dfrac{C_o}{C_i} = \dfrac{20}{2\,000} = 0.01$　より　$\underline{1\ [\%]}$

　　脱硫率は　$1 - \dfrac{C_o}{C_i} = 1 - 0.01 = 0.99$　より　$\underline{99\ [\%]}$

と計算します。

　なお、右のように図を描いて
次のように求めることもできます。

　　脱硫率　$\eta = \dfrac{1\,980}{2\,000} = 0.99 \rightarrow \underline{99\ [\%]}$

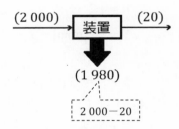

33　炭素 86.5 [%] 、水素 12.0 [%] 、硫黄 1.5 [%] の組成の重油を、排煙脱硫装置付きボイラーで、空気比 1.2 で完全燃焼している。乾き燃焼ガス中の SO_2 濃度が 70 [ppm] の場合、脱硫率 [%] はおよそいくらか。ただし、重油中の硫黄分はすべて SO_2 になるものとする。

Check!
□
□
□
□
□

33 炭素 86.5 [%] 、水素 12.0 [%] 、硫黄 1.5 [%] の組成の
重油を、排煙脱硫装置付きボイラーで、空気比 1.2 で完全
燃焼している。乾き燃焼ガス中の SO_2 濃度が 70 [ppm] の
場合、脱硫率 [%] はおよそいくらか。ただし、重油中の硫
黄分はすべて SO_2 になるものとする。

解 重油 1 [kg] 中に含まれる炭素、水素、硫黄の重さはそれぞれ
0.865 [kg] 、0.12 [kg] 、0.015 [kg] で、各気体の体積は次のようになる。

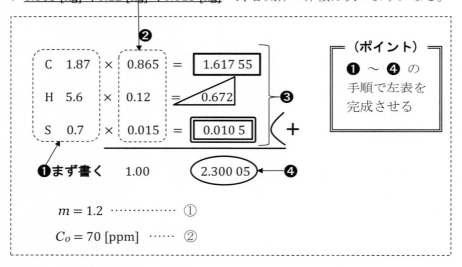

まず、燃焼に必要となる理論空気量 A_0 を求めると、
A_0 の 21 [%] にあたる酸素が ◯ = 2.300 05 なので

$$A_0 = ◯ \div 0.21 = \frac{2.300\,05}{0.21}$$

と書ける。よって、所要空気量 A はこれと ① より

$$A = mA_0 = 1.2 \times \frac{2.300\,05}{0.21} \fallingdotseq 13.143$$

とわかる。

これより、乾き燃焼ガス量 KG を求めると

KG $= A - ◯ + □ + □$ に代入して

KG $= 13.143 - 2.300\,05 + 1.617\,55 + 0.010\,5 = 12.471$

となる。

114

$$\left\{\begin{array}{l} KG = A - \triangle \text{ に代入して} \\ KG = 13.143 - 0.672 = 12.471 \text{ と求めても良い} \end{array}\right\}$$

これより、脱硫前の乾き燃焼ガス中の SO_2 濃度 [ppm] を求めると

$$(SO_2)_{KGppm} = \frac{\square}{KG} \times 1\,000\,000$$

$$= \frac{0.010\,5}{12.471} \times 1\,000\,000 \fallingdotseq 841.95 \text{ [ppm]}$$

となる。つまり、$C_i = 841.95$ [ppm] …… ③

とかける。(→ ここより**別解**あり)

よって、② ③ より

未集率が $\quad \dfrac{C_o}{C_i} = \dfrac{70}{841.95} \fallingdotseq 0.083\,140$ となるので

脱硫率は $\quad 1 - \dfrac{C_o}{C_i} = 1 - 0.083\,140 = 0.916\,\overset{7}{86} \rightarrow \underline{91.7 \text{ [\%]}}$

別解 右のように図が描けるので

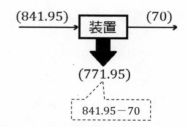

脱硫率は $\eta = \dfrac{771.95}{841.95} = 0.91\overset{7}{68} \cdots$

$\rightarrow \underline{91.7 \text{ [\%]}}$

(補足) 排煙脱硫装置のイメージは下のとおり。

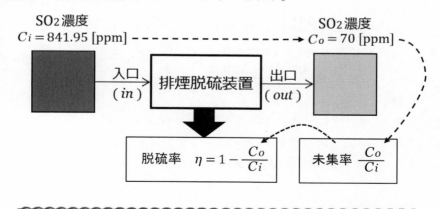

（例題） 炭素 89.0 [%] 、水素 10.0 [%] 、硫黄 1.0 [%] の組成の重油を完全燃焼させたとき、乾き燃焼ガス中の SO_2 濃度が 560 [ppm] であった。空気比はおよそいくらか。ただし、重油中の硫黄分はすべて SO_2 になるものとする。㋐

（解） 重油 1 [kg] 中に含まれる炭素、水素、硫黄の重さはそれぞれ 0.89 [kg] 、0.10 [kg] 、0.01 [kg] で、各気体の体積は次のようになる。

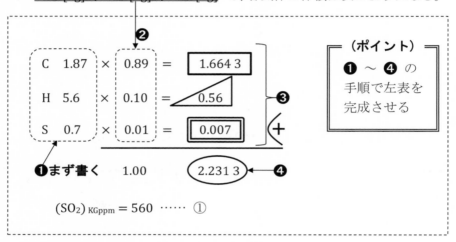

$$(SO_2)_{KGppm} = 560 \quad \cdots\cdots \quad ①$$

（ポイント）
❶ ～ ❹ の手順で左表を完成させる

まず、① と □ = 0.007 を

$$(SO_2)_{KGppm} = \frac{□}{KG} \times 1\,000\,000 \quad\longleftarrow \quad ㋑$$

に代入して

$$560 = \frac{0.007}{KG} \times 1\,000\,000 \quad を解くと$$

$$560KG = 0.007 \times 1\,000\,000$$

$$\therefore \quad KG = \frac{0.007 \times 1\,000\,000}{560} = 12.5 \quad \cdots\cdots \quad ②$$

とわかる。

（ポイント）
㋐ を見たら ㋑ の式をすぐに書き、㋒ の値を求めること

また、乾き燃焼ガス量 KG については $KG = A - \triangle$ が成り立つので、これを A について解くと $A = KG + \triangle$ と表すことができる。

よって、これに ② と $\triangle = 0.56$ を代入して

$$A = 12.5 + 0.56 = 13.06 \quad \cdots\cdots \quad ③$$

とわかる。

一方、燃焼に必要となる理論空気量 A_0 を求めると、
A_0 の 21 [%] にあたる酸素が $\bigcirc = 2.2313$ なので

$$A_0 = \bigcirc \div 0.21 = \frac{2.2313}{0.21} \fallingdotseq 10.625 \quad \cdots\cdots \quad ④$$

とわかる。

よって、③④ より求める空気比 m の値は

$$m = \frac{A}{A_0} = \frac{13.06}{10.625} = 1.229\overset{3}{\cdots} \rightarrow \underline{1.23}$$

$$\left[\quad A = mA_0 \text{ に代入して } 13.06 = m \times 10.625 \text{ を解いても良い} \quad \right]$$

（ポイント） $(CO_2)_{KG\%}$ や $(SO_2)_{KGppm}$ の値などが問題文の中で与えられた場合には、いずれも下のような定義の式にすぐに代入して KG や SG の値を求めましょう。

$$(CO_2)_{KG\%} = \frac{\square}{KG} \times 100$$

$$(SO_2)_{KGppm} = \frac{\square}{KG} \times 1\,000\,000$$

そして、ここまでの例題や問のように KG や SG の値から A の値を求めて行く流れをしっかりと身につけてください。

34 炭素 84.0 [%]、水素 15.0 [%]、硫黄 1.0 [%] の組成の重油を完全燃焼させたとき、乾き燃焼ガス中の SO_2 濃度は 510 [ppm] であった。空気比はおよそいくらか。ただし、重油中の硫黄分はすべて SO_2 になるものとする。

Check!
□ □ □ □ □

34 炭素 84.0 [%]、水素 15.0 [%]、硫黄 1.0 [%] の組成の重油を完全燃焼させたとき、乾き燃焼ガス中の SO_2 濃度は510 [ppm] であった。空気比はおよそいくらか。ただし、重油中の硫黄分はすべて SO_2 になるものとする。㋐

解 重油 1 [kg] 中に含まれる炭素、水素、硫黄の重さはそれぞれ0.84 [kg]、0.15 [kg]、0.01 [kg] で、各気体の体積は次のようになる。

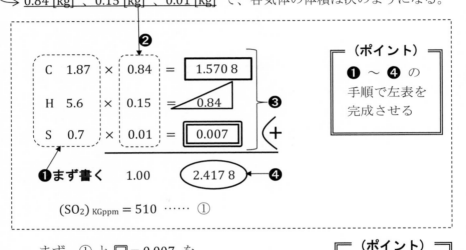

❷

C	1.87	×	0.84	=	1.570 8
H	5.6	×	0.15	=	0.84
S	0.7	×	0.01	=	0.007

❸

❶まず書く　1.00　　2.417 8　❹

（ポイント）
❶ ～ ❹ の手順で左表を完成させる

$(SO_2)_{KGppm} = 510$ …… ①

まず、① と $\square = 0.007$ を

$$(SO_2)_{KGppm} = \frac{\square}{KG} \times 1\,000\,000$$ ㋑

に代入して

$$510 = \frac{0.007}{KG} \times 1\,000\,000$$ を解くと

$$510KG = 0.007 \times 1\,000\,000$$

$$\therefore \quad KG = \frac{0.007 \times 1\,000\,000}{510} \fallingdotseq 13.725$$ …… ②　㋒

とわかる。

（ポイント）
㋐ を見たら㋑ の式をすぐに書き、㋒ の値を求めること

また、乾き燃焼ガス量 KG については $KG = A - \triangle$ が成り立つので、これを A について解くと $A = KG + \triangle$ と表すことができる。よって、これに ② と $\triangle = 0.84$ を代入して

$$A = 13.725 + 0.84 = 14.565$$ …… ③

とわかる。

118

一方、燃焼に必要となる理論空気量 A_0 を求めると、

A_0 の 21 [%] にあたる酸素が $\bigcirc = 2.417\,8$ なので

$$A_0 = \bigcirc \div 0.21 = \frac{2.417\,8}{0.21} \doteqdot 11.513 \quad \cdots\cdots \enspace ④$$

とわかる。

よって、③ ④ より求める空気比 m の値は

$$m = \frac{A}{A_0} = \frac{14.565}{11.513} = 1.2\overset{7}{65}\cdots \enspace \to \enspace \underline{1.27}$$

$$\left[\enspace A = mA_0 \text{ に代入して } 14.565 = m \times 11.513 \text{ を解いても良い} \enspace \right]$$

《 P 121 の解答の続き 》

$$15.569x + 0.672 = 1.2 \times \frac{2.317\,6 - 0.060\,7x}{0.21} \quad \text{を解く。} \cdots (\ast)$$

$$0.21\,(\,15.569x + 0.672\,) = 1.2\,(\,2.317\,6 - 0.060\,7x\,)$$

$$3.269\,49x + 0.141\,12 = 2.781\,12 - 0.072\,84x$$

$$3.269\,49x + 0.072\,84x = 2.781\,12 - 0.141\,12$$

$$3.342\,33x = 2.64$$

$$\therefore \quad x = \frac{2.64}{3.342\,33} = 0.78\overset{90}{9\,8}\cdots \enspace \to \enspace 0.790 \text{ [kg]}$$

よって、混合燃料 1 [kg] 中の液体燃料 A の重さが 0.790 [kg] になったので、求める液体燃料 A の割合 [質量%] は <u>79.0 [%]</u>

(**補足**) 実際の試験では五択なので、<u>選択肢の値を ($\ast$) の左辺と右辺の それぞれに代入して等しくなるときを探す</u>方が楽な場合があります。

例えば選択肢に 79 [%] がある場合、$x = 0.79$ を ($\ast$) に代入して

$$(\text{左辺}) = 15.569 \times 0.79 + 0.672 \doteqdot 13$$

比べるときは 2桁で良い

$$(\text{右辺}) = 1.2 \times \frac{2.317\,6 - 0.060\,7 \times 0.79}{0.21} \doteqdot 13$$

となって、一致。

よって、$x = 0.79$ が ($\ast$) の解なので <u>79 [%]</u>

と解答することができます。（P 91 (**補足**) 参照 ）

(例題)　炭素 87 [質量%] 、水素 11 [質量%] 、硫黄 2 [質量%] の組成の液体燃料 A と、炭素 88 [質量%] 、水素 12 [質量%] の組成の液体燃料 B を混合して、空気比 1.2 で完全燃焼させた。このとき、乾き燃焼ガス中の SO_2 が 896 [ppm] となる、液体燃料 A の割合 [質量%] を求めよ。ただし、硫黄分は燃焼によりすべて SO_2 になるとする。

(解)　液体燃料 A 、B のそれぞれ 1 [kg] が燃焼したときを考えると次のとおり。

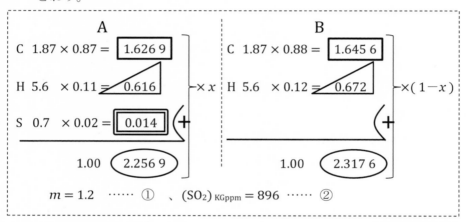

いま、混合燃料 1 [kg] のうち液体燃料 A を x [kg] とおくと、液体燃料 B は $1-x$ [kg] と書ける。そして、上表を A は x 倍、B は $1-x$ 倍して足すことで、必要となる酸素の量や、発生する気体の体積がわかる。……**(※)**

よって、まず SO_2 の量が $\square = 0.014x$ と書けることと ② を

$$(SO_2)_{KGppm} = \frac{\square}{KG} \times 1\,000\,000 \text{ に代入して}$$

$$896 = \frac{0.014x}{KG} \times 1\,000\,000 \text{ より } KG \text{ を } x \text{ で表すと}$$

$$896KG = 0.014x \times 1\,000\,000$$

$$\therefore \quad KG = \frac{0.014x \times 1\,000\,000}{896} = 15.625x \quad \cdots\cdots \text{ ③}$$

と書ける。

ここで、乾き燃焼ガス量 KG については $KG = A - \triangle$ が成り立つので、これを A について解くと $A = KG + \triangle$ …… ④ と表すことができる。

そこで、⊿ を求めると **(※)** より

$$⊿ = 0.616x + 0.672(1-x) = 0.616x + 0.672 - 0.672x$$

$$∴ \quad ⊿ = 0.672 - 0.056x \quad \cdots\cdots ⑤$$

と書けるので、④ に ③ ⑤ を代入して

$$A = 15.625x + (0.672 - 0.056x) = 15.569x + 0.672 \quad \cdots\cdots ⑥$$

となる。

一方、燃焼に必要となる理論空気量 A_0 を求めると、

A_0 の 21 [%] にあたる酸素が **(※)** より

$$○ = 2.2569x + 2.3176(1-x) = 2.2569x + 2.3176 - 2.3176x$$

$$∴ \quad ○ = 2.3176 - 0.0607x$$

と書けるので

$$A_0 = ○ ÷ 0.21 = \frac{2.3176 - 0.0607x}{0.21}$$

と書けて、これと ① より所要空気量 A は

$$A = mA_0 = 1.2 × \frac{2.3176 - 0.0607x}{0.21} \quad \cdots\cdots ⑦$$

と表せる。

よって、⑥ ⑦ より

$$15.569x + 0.672 = 1.2 × \frac{2.3176 - 0.0607x}{0.21}$$ を解く。

> **（ポイント）**
> A について ⑥ ⑦ のように 2 通りの表し方ができることより等式を作る

(この先は P 119 へ続く)

---

35 重油と灯油があり、これを混合して空気比 1.2 で燃焼し、乾き燃焼ガス中の SO_2 濃度が 0.066 [体積%] になった。
このときの質量混合比(重油：灯油) は、次のうちどれか。
ただし、重油と灯油の組成(質量%) は下記のとおりであり、重油中の硫黄分は燃焼によってすべて SO_2 になるものとする。

	(炭素)	(水素)	(硫黄)
重油	84	13	3
灯油	86	14	0

(1) 2 : 1　(2) 3 : 1　(3) 4 : 1　(4) 3 : 2　(5) 2 : 3

Check!
□
□
□
□
□

35 重油と灯油があり、これを混合して空気比 1.2 で燃焼し、乾き燃焼ガス中の SO_2 濃度が 0.066 [体積%] になった。このときの質量混合比(重油：灯油) は、次のうちどれか。ただし、重油と灯油の組成(質量%) は下記のとおりであり、重油中の硫黄分は燃焼によってすべて SO_2 になるものとする。

	(炭素)	(水素)	(硫黄)
重油	84	13	3
灯油	86	14	0

(1) 2：1　(2) 3：1　(3) 4：1　(4) 3：2　(5) 2：3

解 重油と灯油のそれぞれ 1 [kg] が燃焼したときを考えると次のとおり。

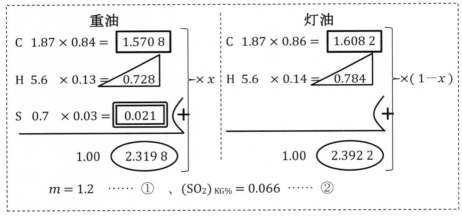

$m = 1.2$ ‥‥‥ ①　、$(SO_2)_{KG\%} = 0.066$ ‥‥‥ ②

いま、混合燃料 1 [kg] のうち重油を x [kg] とおくと、灯油は $1-x$ [kg] と書ける。そして、上表を重油は x 倍、灯油は $1-x$ 倍して足すことで、必要となる酸素の量や、発生する気体の体積がわかる。‥‥‥ **(※)**

よって、まず SO_2 の量が □ $= 0.021x$ と書けることと ② を

$(SO_2)_{KG\%} = \dfrac{□}{KG} \times 100$ に代入して

$0.066 = \dfrac{0.021x}{KG} \times 100$ より KG を x で表すと

$0.066 KG = 0.021x \times 100$

∴　$KG = \dfrac{0.021x \times 100}{0.066} ≒ 31.818x$ ‥‥‥ ③

と書ける。

ここで、乾き燃焼ガス量 KG については $KG = A - \triangle$ が成り立つので、これを A について解くと $A = KG + \triangle$ …… ④ と表すことができる。

そこで、$\triangle$ を求めると (※) より

$$\triangle = 0.728x + 0.784(1-x) = 0.728x + 0.784 - 0.784x$$

$\therefore \quad \triangle = 0.784 - 0.056x$ …… ⑤

と書けるので、④ に ③ ⑤ を代入して

$$A = 31.818x + (0.784 - 0.056x) = 31.762x + 0.784 \quad \cdots\cdots \quad ⑥$$

となる。

一方、燃焼に必要となる理論空気量 A_0 を求めると、
A_0 の 21 [%] にあたる酸素が (※) より

$$\bigcirc = 2.319\,8x + 2.392\,2(1-x) = 2.319\,8x + 2.392\,2 - 2.392\,2x$$

$\therefore \quad \bigcirc = 2.392\,2 - 0.072\,4x$

と書けるので

$$A_0 = \bigcirc \div 0.21 = \frac{2.392\,2 - 0.072\,4x}{0.21}$$

と書けて、これと ① より所要空気量 A は

$$A = mA_0 = 1.2 \times \frac{2.392\,2 - 0.072\,4x}{0.21} \quad \cdots\cdots \quad ⑦$$

と表せる。

よって、⑥ ⑦ より

$$31.762x + 0.784 = 1.2 \times \frac{2.392\,2 - 0.072\,4x}{0.21}$$

を解く。

$$0.21(31.762x + 0.784) = 1.2(2.392\,2 - 0.072\,4x)$$

$$6.670\,02x + 0.164\,64 = 2.870\,64 - 0.086\,88x$$

$$6.670\,02x + 0.086\,88x = 2.870\,64 - 0.164\,64$$

$$6.756\,9x = 2.706$$

$$\therefore \quad x = \frac{2.706}{6.756\,9} = 0.400\,4\cdots \to 0.400 \text{ [kg]}$$

> **（ポイント）**
> A について ⑥ ⑦ の ように 2 通り の表し方が できること より等式を 作る

これより、重油が 0.400 [kg] になったので、
灯油は $1 - x = 1 - 0.400 = 0.600$ [kg] となる。よって、求める質量
混合比(重油:灯油) は $0.400 : 0.600 = 4 : 6 = 2 : 3 \quad \to \quad \underline{(5)}$
$\times 10 \qquad \div 2$

123

③　単位時間のガス量

　この単元では、1 [時間] に使用する燃料について、燃焼に必要となる酸素の量や発生するガスの量などを調べて行くことになります。

（例題）　メタンとプロパンの 2 種類の燃料を完全燃焼させている燃焼炉がある。メタンとプロパンの供給量がそれぞれ 10 [m³ₙ/h]、2 [m³ₙ/h] で、燃焼用空気の供給量が 180 [m³ₙ/h] のとき、次の値を求めよ。

(1)　乾き燃焼ガス量 [m³ₙ/h]

(2)　乾き燃焼ガス中の酸素濃度 [%]

（解）　1 [時間] に使用する燃料がメタン 10 [m³ₙ] とプロパン 2 [m³ₙ] で、所要空気量が 1 [時間] あたり 180 [m³ₙ] なので、次のように書ける。

$$CH_4 + \ 2O_2 \ \rightarrow \ CO_2 + 2H_2O$$

　10　　⓴　　⬜10　　△20　　　　　（∵ P 46（例 1）× 10 ）

$$C_3H_8 + \ 5O_2 \rightarrow 3CO_2 + 4H_2O$$

　2　　⑩　　⬜6　　△8　　　　　（∵ **12**（1）× 2 ）

$A = 180$ …… ①

---

(1)　┌ 燃焼に必要となる酸素の量の合計が　◯ = 20 + 10 = 30 …… ②
　　　└ 発生する二酸化炭素の量の合計が　⬜ = 10 + 6 = 16 …… ③

とわかる。よって、求める乾き燃焼ガス量 KG は ① ② ③ より

$$KG = A - ◯ + ⬜ = 180 - 30 + 16 = 166 \ となるので \ \underline{166 \ [m^3_N/h]}$$

(2)　所要空気中の酸素の量は A の 21 [%] にあたるから、① より

$$A \times 0.21 = 180 \times 0.21 = 37.8$$

で、このうち燃焼により ② の量が使われるので、燃焼ガスの中に残る酸素(これを残留酸素と呼んで ● で表すこととする) の量は

$$● = 37.8 - 30 = 7.8 \ …… \ ④$$

とわかる。

よって、乾き燃焼ガス中の酸素濃度 [%] は (1) の結果と ④ より

$$(O_2)_{KG\%} = \frac{\bullet}{KG} \times 100 = \frac{7.8}{166} \times 100 = 4.\overset{70}{698}\cdots \rightarrow \underline{4.70 \ [\%]}$$

(補足) この**例題**ではメタンとプロパンでしたが、プロパンの代わりに、灯油(質量組成が炭素 88 [%] 、水素 12 [%]) を 3 [kg/h] 使ったとして同様に乾き燃焼ガス量を求めると、次のようになります。

まず、1 [時間] に使用する灯油 3 [kg] の中に含まれる炭素の重さは、$3 \times 0.88 = 2.64 \ [kg]$ 、水素の重さは $3 \times 0.12 = 0.36 \ [kg]$ ($3 - 2.64 = 0.36$ でも可) とわかるので、灯油については次のように書ける。

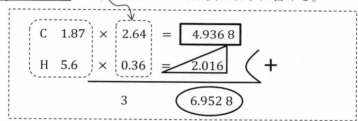

C	1.87	×	2.64	=	4.936 8
H	5.6	×	0.36	=	2.016
			3		6.952 8

よって、左頁のメタンと合わせて燃焼に必要な酸素の量の合計が

$$\bigcirc = 20 + 6.952\,8 = 26.952\,8 \ \cdots\cdots \ ⑤$$

とわかり、発生する二酸化炭素の量の合計が

$$\square = 10 + 4.936\,8 = 14.936\,8 \ \cdots\cdots \ ⑥$$

とわかる。よって、求める乾き燃焼ガス量 KG は ① ⑤ ⑥ より

$$KG = A - \bigcirc + \square = 180 - 26.952\,8 + 14.936\,8 = 16\overset{8}{7.984}$$

となるので $\underline{168 \ [m^3{}_N/h]}$

---

*36 炭素 84 [%] 、水素 16 [%] の組成の軽油とメタンを混燃する装置がある。軽油を 20 [kg/h] 、メタンを 60 [m³ₙ/h] の流量で供給し、空気比 1.2 で完全燃焼させたとき、次の値を求めよ。

    (1)   必要な空気量 [m³ₙ/h]

    (2)   湿り燃焼排ガスの流量 [m³ₙ/h]

    (3)   湿り燃焼排ガス中の O₂ 濃度 [%]

Check!

□

□

□

□

□

*36 炭素 84 [%] 、水素 16 [%] の組成の軽油とメタンを混
燃する装置がある。軽油を 20 [kg/h] 、メタンを 60 [m³N/h]
の流量で供給し、空気比 1.2 で完全燃焼させたとき、次の値
を求めよ。

    (1)   必要な空気量 [m³N/h]

    (2)   湿り燃焼排ガスの流量 [m³N/h]

    (3)   湿り燃焼排ガス中の O_2 濃度 [%]

解 (1)   1 [時間] に使用する燃料が、軽油 20 [kg] とメタン 60 [m³N]
である。そして、軽油 20 [kg] の中に含まれる炭素と水素の重さは
$20 \times 0.84 = 16.8$ [kg] と $20 \times 0.16 = 3.2$ [kg] ($20-16.8 = 3.2$ でも
可) とわかるので、軽油とメタンについて次のように書ける。

$$C \quad 1.87 \times 16.8 = \boxed{31.416}$$
$$H \quad 5.6 \times 3.2 = 17.92$$

$$20.0 \qquad \enclose{circle}{49.336}$$

$$CH_4 + 2\,O_2 \rightarrow CO_2 + 2\,H_2O$$

$$60 \quad \enclose{circle}{120} \quad \boxed{60} \quad 120 \qquad (\because P\,46\,(例\,1) \times 60\,)$$

$$m = 1.2 \quad \cdots\cdots ①$$

まず、燃焼に必要となる酸素の量の合計が

$$\bigcirc = 49.336 + 120 = 169.336 \quad \cdots\cdots ②$$

とわかる。これが理論空気量 A_0 の 21 [%] にあたるので A_0 は

$$A_0 = \bigcirc \div 0.21 = \frac{169.336}{0.21}$$

と書けて、これと ① より所要空気量 A は

$$A = mA_0 = 1.2 \times \frac{169.336}{0.21} \fallingdotseq 967.63 \quad \cdots\cdots ③$$

とわかる。よって、1 [時間] あたり必要となる空気量は <u>968 [m³N/h]</u>

(2)　発生する CO_2 の量の合計と、H_2O の量の合計をそれぞれ求めると

$\square = 31.416 + 60 = 91.416$ …… ④

$\triangle = 17.92 \times 2 + 120 = 155.84$ …… ⑤

とわかる。よって、求める湿り燃焼排ガス量 SG は ③ ② ④ ⑤ より

$SG = A - \bigcirc + \square + \triangle$

$= 967.63 - 169.336 + 91.416 + 155.84 =$ 1 0~~45.55~~ (50) …… ⑥

となるので、求める湿り燃焼排ガスの流量は 1 050 [$m^3{}_N$/h]

(3)　所要空気中の酸素の量は A の 21 [%] にあたるから ③ より

$A \times 0.21 = 967.63 \times 0.21 = 203.202\,3$

で、このうち燃焼により ② の量が使われるので、燃焼ガスの中に残る酸素(これを残留酸素と呼んで ● で表すこととする) の量は

$\bullet = 203.202\,3 - 169.336 = 33.866\,3$ …… ⑦

とわかる。

よって、湿り燃焼排ガス中の O_2 濃度 [%] は ⑥ ⑦ より

$(O_2)_{SG\%} = \dfrac{\bullet}{SG} \times 100 = \dfrac{33.866\,3}{1\,045.55} \times 100 =$ 3.2~~39~~(4)… → 3.24 [%]

(補足)　残留酸素の量(●)と、燃焼に必要となる酸素の量(○)の間には右図のような関係があるので

x …… 0.2
169.336 …… 1

$x \times 1 = 0.2 \times 169.336$

∴ $x = 33.867\,2$ のように ● の値を求めるやり方があります。

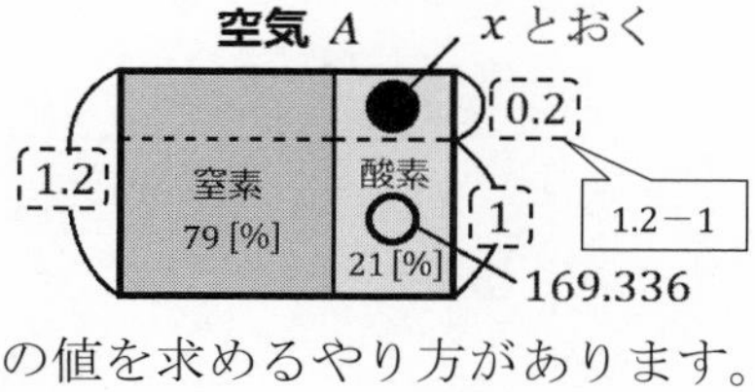

37　灯油とプロパンを同時に使用して、空気比 1.24 で完全燃焼させる燃焼装置がある。灯油の供給量が 60 [kg/h] 、空気の供給量が 1 126 [$m^3{}_N$/h] のとき、プロパンの供給量 [$m^3{}_N$/h] はおよそいくらか。ただし、灯油の質量組成を炭素 90 [%] 、水素 10 [%] とする。

Check!
□
□
□
□
□

37 灯油とプロパンを同時に使用して、空気比 1.24 で完全燃焼させる燃焼装置がある。灯油の供給量が 60 [kg/h] 、空気の供給量が 1 126 [m³ₙ/h] のとき、プロパンの供給量 [m³ₙ/h] はおよそいくらか。ただし、灯油の質量組成を炭素 90 [%] 、水素 10 [%] とする。

解 1 [時間] に使用する燃料を、灯油 60 [kg] とプロパン x [m³ₙ] とおく。この灯油 60 [kg] の中に含まれる炭素と水素の重さは $60 \times 0.90 = 54$ [kg] と $60 \times 0.10 = 6$ [kg] ($60 - 54 = 6$ でも可) となるので、灯油とプロパンについては次のように書ける。

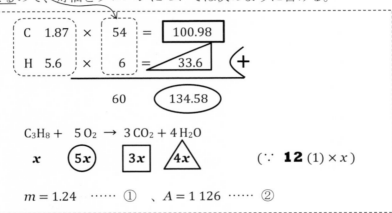

$$C_3H_8 + 5O_2 \rightarrow 3CO_2 + 4H_2O$$

$$x \qquad 5x \qquad 3x \qquad 4x \qquad (\because \mathbf{12}\,(1) \times x)$$

$$m = 1.24 \quad \cdots\cdots ① \quad 、 A = 1\,126 \quad \cdots\cdots ②$$

まず、燃焼に必要となる酸素の量の合計が

$$\bigcirc = 134.58 + 5x$$

とわかる。これが理論空気量 A_0 の 21 [%] にあたるので A_0 は

$$A_0 = \bigcirc \div 0.21 = \frac{134.58 + 5x}{0.21} \quad \cdots\cdots ③$$

と書ける。よって、$A = mA_0$ に ② ① ③ を代入して

$$1\,126 = 1.24 \times \frac{134.58 + 5x}{0.21} \quad \text{を解く。}$$

$$1\,126 \times 0.21 = 1.24\,(\,134.58 + 5x\,)$$

$\left. \begin{array}{l} \rightarrow \text{右辺を展開して} \\ \text{解く方法は} \\ \text{P 163 へ} \end{array} \right.$

$$134.58 + 5x = \frac{1\,126 \times 0.21}{1.24}$$

$$5x \doteqdot 190.69 - 134.58$$

$$\therefore \quad x = \frac{190.69 - 134.58}{5} = 11.222 \rightarrow 11.2$$

よって、プロパンの供給量は <u>11.2 [m³ₙ/h]</u>

④ 酸素の応用問題

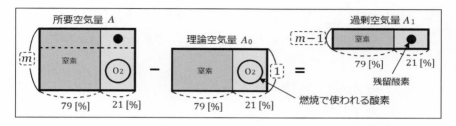

　上図のように、<u>所要空気量 A と理論空気量 A_0 の差</u>を、本書では **過剰空気量**と呼び A_1 で表すことにします。つまり、

$$\boxed{\text{過剰空気量} \quad A_1 = A - A_0 = mA_0 - A_0 = (m-1)A_0} \quad \cdots\cdots (1)$$

と表せます。また、 残留酸素（●）は A_1 の 21 [%] にあたるので

$$\boxed{\begin{aligned} \text{残留酸素} \quad &\bullet = A_1 \times 0.21 \\ \text{過剰空気量} \quad &A_1 = \bullet \div 0.21 \end{aligned}} \quad \begin{aligned} &\cdots\cdots (2) \\ &\cdots\cdots (3) \end{aligned}$$

と書けます。さらに、A の 21 [%] にあたる酸素が ○ ＋ ● で、 A_0 の 21 [%] にあたる酸素が ○ より、

$$\boxed{\begin{aligned} \bigcirc + \bullet &= A \times 0.21 \\ \bigcirc &= A_0 \times 0.21 \end{aligned}} \quad \begin{aligned} &\cdots\cdots (4) \\ &\cdots\cdots (5) \end{aligned}$$

と書けるので、(4) ÷ (5) で $\dfrac{\bigcirc + \bullet}{\bigcirc} = \dfrac{A \times 0.21}{A_0 \times 0.21} = \dfrac{A}{A_0} = m$ より

$$\boxed{\text{空気比} \quad m = \frac{\bigcirc + \bullet}{\bigcirc}} \quad \cdots\cdots (6)$$

と書けます。

(例題) ある気体燃料を完全燃焼させたとき、湿り燃焼排ガスの組成が N_2 74 [%] 、CO_2 10 [%] 、O_2 3 [%] 、H_2O 13 [%] となった。いま、1 時間あたりの湿り燃焼排ガス量が 100 [m³$_N$/h] であるとき、理論空気量 [m³$_N$/h] はいくらか。

(ポイント) <u>窒素の量は燃焼前後で変わらない。</u>

(解) $(N_2)_{SG\%} = 74$ 、$(CO_2)_{SG\%} = 10$ 、$(O_2)_{SG\%} = 3$ 、$(H_2O)_{SG\%} = 13$ で、<u>$SG = 100$ として</u>求めて行くと、まず

$$(N_2)_{SG\%} = \frac{N_2}{SG} \times 100 \text{ に代入して}$$

$$74 = \frac{N_2}{100} \times \cancel{100} \text{ より } N_2 = 74 \cdots\cdots ①$$

となる。以下同様に

$$(CO_2)_{SG\%} = \frac{\square}{SG} \times 100 \text{ より } 10 = \frac{\square}{100} \times \cancel{100} \quad \therefore \square = 10 \cdots\cdots ②$$

$$(O_2)_{SG\%} = \frac{\bullet}{SG} \times 100 \text{ より } 3 = \frac{\bullet}{100} \times \cancel{100} \quad \therefore \bullet = 3 \cdots\cdots ③$$

$$(H_2O)_{SG\%} = \frac{\triangle}{SG} \times 100 \text{ より } 13 = \frac{\triangle}{100} \times \cancel{100} \quad \therefore \triangle = 13 \cdots\cdots ④$$

となる。

　ここで、右図のように<u>所要空気量 A の 79 [%] が窒素</u>で、① より<u>ここが 74</u> だから $A \times 0.79 = 74$ が成り立つ。

よって、$A = \dfrac{74}{0.79} \fallingdotseq 93.671 \cdots\cdots ⑤$

とわかる。(→ ここより**別解**あり)

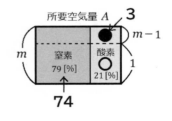

所要空気量 A
窒素 79 [%]　酸素 21 [%]
m　$m-1$　3　1　74

　また、図より所要空気量 A の 21 [%] が酸素なので

$$\bigcirc + \bullet = A \times 0.21 \text{ が成り立つ。}$$

よって、これに ③ ⑤ を代入して

$$\bigcirc + 3 = 93.671 \times 0.21 \text{ より}$$

$$\bigcirc = 93.671 \times 0.21 - 3 \fallingdotseq 16.671 \cdots\cdots ⑥$$

とわかる。これが理論空気量 A_0 の 21 [%] にあたるので

$$A_0 = \bigcirc \div 0.21 = \frac{16.671}{0.21} = 79.38\cdots \rightarrow \underline{79.4 \text{ [m³}_N\text{/h]}}$$

（別解） また、③ の ● は過剰空気量 A_1 の 21 [%]
にあたるので、

$$A_1 = ● \div 0.21$$

が成り立つから、③ を代入して

$$A_1 = \frac{3}{0.21} \fallingdotseq 14.286 \quad \cdots\cdots ⑦$$

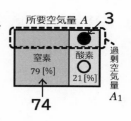

所要空気量 A　3

窒素 79 [%]　酸素 21 [%]

74

過剰空気量 A_1

とわかる。よって、求める理論空気量 A_0 は ⑤ ⑦ より

$$A_0 = A - A_1 = 93.671 - 14.286 = 79.\overset{4}{\cancel{385}} \quad \cdots\cdots ⑧$$

$$\rightarrow \underline{79.4 \ [\mathrm{m^3_N/h}]}$$

（補足 1） この問題で、空気比 m の値は次のように求められます。

⑤ ⑧ より $m = \dfrac{A}{A_0} = \dfrac{93.671}{79.385} = 1.1\overset{8}{\cancel{79}}\cdots \rightarrow \underline{1.18}$

または、③ ⑥ より $m = \dfrac{○ + ●}{○} = \dfrac{16.671 + 3}{16.671} = 1.1\overset{8}{\cancel{79}}\cdots \rightarrow \underline{1.18}$

（補足 2） 空気比や残留酸素濃度などの**比を求めるとき**は、問題文の中で
与えられていない値を自分で計算しやすい値において解くと計算が楽
になります。つまり、この例題では「 1 時間あたりの湿り燃焼排ガス
量が 100 [m³ₙ/h] 」と与えられていましたが、この文が無くて「空気
比を求めよ」とか、「$(CO_2)_{SG\%}$ の値を求めよ」という問題があった場合、
『湿り燃焼排ガス量がちょうど 100 [m³ₙ] になるときについて求めて
行く。』とやることで、この例題のように具体的な数字で解いて行くこ
とができて、楽に正答にたどり着けます。

---

38 ある気体燃料を完全燃焼させたとき、乾き燃焼排ガスの
組成が N_2 85.7 [%] 、CO_2 11.5 [%] 、O_2 2.8 [%] となった。
空気比はいくらか。

Check!

□

□

□

□

□

38 ある気体燃料を完全燃焼させたとき、乾き燃焼排ガスの組成が N_2 85.7 [%] 、CO_2 11.5 [%] 、O_2 2.8 [%] となった。空気比はいくらか。

解 $(N_2)_{KG\%} = 85.7$ 、$(CO_2)_{KG\%} = 11.5$ 、$(O_2)_{KG\%} = 2.8$ なので、
計算しやすいように <u>KG = 100</u> のときとして考えると

$(N_2)_{KG\%} = \dfrac{N_2}{KG} \times 100$ は $85.7 = \dfrac{N_2}{100} \times \cancel{100}$ となって $N_2 = 85.7 \cdots$ ①

$(CO_2)_{KG\%} = \dfrac{\square}{KG} \times 100$ は $11.5 = \dfrac{\square}{100} \times \cancel{100}$ となって $\square = 11.5 \cdots$ ②

$(O_2)_{KG\%} = \dfrac{\bullet}{KG} \times 100$ は $2.8 = \dfrac{\bullet}{100} \times \cancel{100}$ となって $\bullet = 2.8 \cdots$ ③

と書ける。

ここで、右図のように<u>所要空気量 A の 79 [%] が窒素</u>で、① より<u>ここが 85.7</u> だから $A \times 0.79 = 85.7$ が成り立つ。

よって、$A = \dfrac{85.7}{0.79} \fallingdotseq 108.48$ ……④

とわかる。（ → ここより**別解1**あり ）

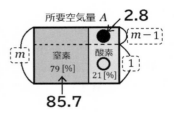

また、図より所要空気量 A の 21 [%] が酸素なので
$$\bigcirc + \bullet = A \times 0.21$$ が成り立つ。

よって、これに ③ ④ を代入して
$$\bigcirc + 2.8 = 108.48 \times 0.21$$ より
$$\bigcirc = 108.48 \times 0.21 - 2.8 \fallingdotseq 19.981 \quad ……⑤$$
とわかる。（ → ここより**別解2**あり ）

これが理論空気量 A_0 の 21 [%] にあたるので
$$A_0 = \bigcirc \div 0.21 = \dfrac{19.981}{0.21} \fallingdotseq 95.148 \quad ……⑥$$
とわかる。よって、④ ⑥ より求める空気比 m の値は
$$m = \dfrac{A}{A_0} = \dfrac{108.48}{95.148} = 1.140\cancel{\cdots} \rightarrow \underline{1.14}$$

$$\left[A = mA_0 \text{ に代入して } 108.48 = m \times 95.148 \text{ を解いても良い} \right]$$

132

別解 1　また、③ の ● は過剰空気量 A_1 の 21 [%] にあたるので、

$$A_1 = ● \div 0.21$$

が成り立つから、③ を代入して

$$A_1 = \frac{2.8}{0.21} \fallingdotseq 13.333 \quad \cdots\cdots \text{⑦}$$

とわかる。よって、④ ⑦ より理論空気量 A_0 は

$$A_0 = A - A_1 = 108.48 - 13.333 = 95.147 \quad \cdots\cdots \text{⑧}$$

とわかるので、④ ⑧ より求める空気比 m の値は

$$m = \frac{A}{A_0} = \frac{108.48}{95.147} = 1.140\cdots \rightarrow \underline{1.14}$$

$$\left[\; A = mA_0 \text{ に代入して } 108.48 = m \times 95.147 \text{ を解いても良い} \; \right]$$

別解 2　③ ⑤ より、空気比 m の値は

$$m = \frac{○ + ●}{○} = \frac{19.981 + 2.8}{19.981} = 1.140\cdots \rightarrow \underline{1.14}$$

（補足）　最初の解答は P 129 の（4）を、**別解 1** は P 129 の（3）を、**別解 2** は P 129 の（6）を用いて解いています。

　　特にこの単元は、読んで解き方に納得ができても、自分で解くとなると行き詰まることが多い所だと思います。そういうときは、落ち着いて図を描いて良く眺め、「解けるように問題は作られている」と信じてゆっくり考えてみましょう。それでも解き方が見つからないときは、他の問題を先にやって制限時間を無駄にしないようにして下さい。

（例題）　通常空気使用時の理論空気量が A_0 [m³ₙ/kg] である燃料を、酸素濃度を 30 [%] とした酸素富化空気により燃焼させる。酸素富化空気を使用した場合の理論空気量は、通常空気使用時のそれに比べ、何 [m³ₙ/kg] 減少するか。次の中から選べ。

　　(1)　$0.1A_0$　(2)　$0.2A_0$　(3)　$0.3A_0$　(4)　$0.4A_0$　(5)　$0.5A_0$

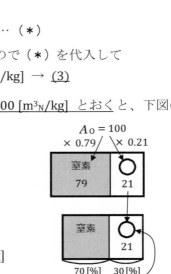

（解）　通常空気使用時の理論空気量が A_0 [m³ₙ/kg] なので、<u>酸素富化空気を使用した場合の理論空気量を A_0' [m³ₙ/kg]とおくと、燃焼に必要となる酸素量（〇）は等しいので、</u>右図のように描ける。

（ →ここより**別解**あり ）

　A_0 の 21 [%] と A_0' の 30 [%] が等しいことがわかるから

$$A_0 \times 0.21 = A_0' \times 0.30$$

が成り立つ。よって、

$$\therefore\ A_0' = \frac{0.21}{0.30} A_0 = 0.7A_0\ \cdots\cdots\ (\ast)$$

と書ける。求める減少量は $A_0 - A_0'$ なので（＊）を代入して

$$A_0 - A_0' = A_0 - 0.7A_0 = 0.3A_0\ [m³ₙ/kg]\ \rightarrow\ \underline{(3)}$$

（別解）　いま、<u>計算しやすいように $A_0 = 100$ [m³ₙ/kg] とおく</u>と、下図のように酸素が 21 [m³ₙ/kg] になって、これが A_0' の 30 [%] にあたるので

$$A_0' \times 0.30 = 21$$

が成り立つ。よって、

$$A_0' = \frac{21}{0.30} = 70\ [m³ₙ/kg]$$

とわかる。これより、減少量は

$$A_0 - A_0' = 100 - 70 = 30\ [m³ₙ/kg]$$

となる。

　ここで、選択肢に $A_0 = 100$ [m³ₙ/kg] を代入して 30 [m³ₙ/kg] になるものを探すことで $\underline{(3)}$。

（補足）　左頁の図を見てわかるように、<u>酸素富化空気を使用して実際に減っている所は窒素の部分だけ</u>です。そして、この<u>窒素の量</u>はそれぞれ $A_0 - \bigcirc$ と $A_0{}' - \bigcirc$ と表せるので、この窒素の量の差は

$$(A_0 - \bigcirc) - (A_0{}' - \bigcirc) = A_0 - \bigcirc - A_0{}' + \bigcirc = \underline{A_0 - A_0{}'} \quad \cdots\cdots \text{（※）}$$

となります。

　また、KG_0 と SG_0 については下図のように表すことができて、酸素濃度の異なる空気を用いて燃焼させたとしても、<u>同じ燃料を燃焼させている限り、窒素の部分だけが増減します</u>。だから、酸素濃度の異なる空気を用いて燃焼させたときの KG_0、SG_0 の値の増減についても、<u>窒素の量の差</u>、つまり（※）より <u>$A_0 - A_0{}'$ の値を求めれば良い</u>ことになります。

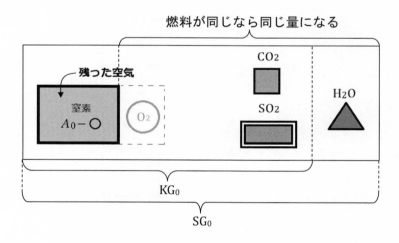

39　通常空気使用時の理論空気量が A_0 [$m^3{}_N$/kg] である燃料を、酸素濃度を 28 [%] とした酸素富化空気により燃焼させる。酸素富化空気を使用した場合の理論乾き燃焼排ガス量は、通常空気使用時のそれに比べ、何 [$m^3{}_N$/kg] 減少するか。次の中から選べ。

(1)　$0.05A_0$　(2)　$0.10A_0$　(3)　$0.15A_0$　(4)　$0.20A_0$　(5)　$0.25A_0$

Check!

☐
☐
☐
☐
☐

39 通常空気使用時の理論空気量が A_0 [m³ₙ/kg] である燃料を、酸素濃度を 28 [%] とした酸素富化空気により燃焼させる。酸素富化空気を使用した場合の理論乾き燃焼排ガス量は、通常空気使用時のそれに比べ、何 [m³ₙ/kg] 減少するか。次の中から選べ。

(1) $0.05A_0$ (2) $0.10A_0$ (3) $0.15A_0$ (4) $0.20A_0$ (5) $0.25A_0$

解 理論乾き燃焼排ガス量の、通常空気使用時を KG_0 、酸素富化空気使用時を KG_0' とおくと、下図のように、この 2 つで違いが出る部分は、窒素の量だけである。(→ここより **別解** あり)

そこでまず、通常空気使用時の理論空気量が A_0 [m³ₙ/kg] なので、酸素富化空気を使用した場合の理論空気量を A_0' [m³ₙ/kg] とおくと、燃焼に必要となる酸素量(○)が等しいことから、右図のように描ける。

そして、KG_0 と KG_0' に含まれる窒素の量はそれぞれ $A_0-○$ と $A_0'-○$ と表せて、これらの差は

$$(A_0-○)-(A_0'-○)$$
$$=A_0-\cancel{○}-A_0'+\cancel{○}$$
$$=A_0-A_0' \cdots\cdots ①$$

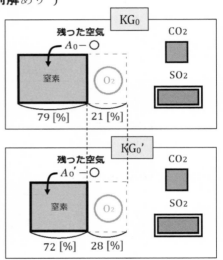

とかける。

また、A_0 の 21 [%] と A_0' の 28 [%] が等しいので

$$A_0 \times 0.21 = A_0' \times 0.28$$

が成り立つ。

これより

$$\therefore \quad A_0' = \frac{0.21}{0.28} A_0 = 0.75A_0 \quad \cdots\cdots ②$$

と書ける。

よって、求める減少量は ① に ② を代入して

$$A_0-A_0' = A_0-0.75A_0 = 0.25A_0 \,[\text{m}^3\text{ₙ/kg}] \rightarrow \underline{(5)}$$

別解 いま、計算しやすいように $A_0 = 100$ [m³ₙ/kg] とおくと、下図のように酸素が 21 [m³ₙ/kg] と、窒素が 79 [m³ₙ/kg]

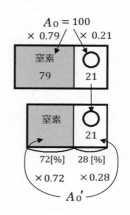

となる。また、酸素富化空気を使用した場合の理論空気量を A_0' [m³ₙ/kg] とおくと、この酸素は A_0' の 28 [%] にあたるので

$$A_0' \times 0.28 = 21$$

が成り立つ。よって、$A_0' = \dfrac{21}{0.28} = 75$ [m³ₙ/kg]

とわかる。そして、このうちの窒素は

$$75 - 21 = 54 \text{ [m³ₙ/kg]}$$

$$\left[\begin{array}{l} 100 - 28 = 72 \text{ [%] より} \\ 75 \times 0.72 = 54 \text{ [m³ₙ/kg] でも良い} \end{array} \right]$$

とわかるので、求める窒素の量の差は $79 - 54 = 25$ [m³ₙ/kg] となる。

ここで、選択肢に $A_0 = 100$ [m³ₙ/kg] を代入して 25 [m³ₙ/kg] になるものを探すことで <u>(5)</u> 。

下の図は KG 、SG 、KG₀ 、SG₀ の様子を表したものです。これを見て KG と KG₀ の差、SG と SG₀ の差を考えてみて下さい。答は次の頁です。

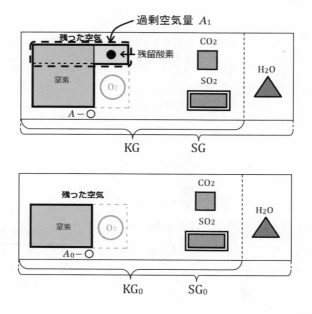

わかりましたか。KG と KG$_0$ の違い、SG と SG$_0$ の違いは、過剰空気の量 A_1 だけということになるので、次のように書くことができます。

$$\begin{array}{ll} KG - KG_0 = A_1 & \cdots\cdots \ (7) \\ SG - SG_0 = A_1 & \cdots\cdots \ (8) \end{array}$$

この単元では、P 129 の (1)～(6) と、ここの (7)(8) の式が出てきました。これらを使いこなせるように、しっかりと練習をしてください。

（例題） 灯油を完全燃焼し、湿り燃焼ガスを測定したところ、O$_2$ 濃度が 3.3 [%] 、CO$_2$ 濃度が 11.3 [%] であった。理論湿り燃焼ガス量を 12.0 [m^{3}N/<u>kg</u>] とすると、<u>灯油中の炭素分 [質量%]</u> はおよそいくらか。

（解） <u>灯油 1 [kg] 中の炭素分を x [kg] とおく</u>と、次のように書ける。

$$\begin{array}{lll} C & 1.87 \times x = \boxed{1.87x} & \cdots\cdots \ ① \\ & (O_2)_{SG\%} = 3.3 & \cdots\cdots \ ② \\ & (CO_2)_{SG\%} = 11.3 & \cdots\cdots \ ③ \\ & SG_0 = 12.0 & \cdots\cdots \ ④ \end{array}$$

まず、③ より $(CO_2)_{SG\%} = \dfrac{\square}{SG} \times 100$ に ① ③ を代入して

$$11.3 = \frac{1.87x}{SG} \times 100$$

$$11.3\,SG = 1.87x \times 100$$

$$\therefore \quad SG = \frac{1.87 \times 100}{11.3} x \fallingdotseq 16.549x \quad \cdots\cdots \ ⑤$$

と書ける。

次に、② より $(O_2)_{SG\%} = \dfrac{\bullet}{SG} \times 100$ に代入して

$$3.3 = \frac{\bullet}{SG} \times 100$$

$$3.3\,SG = 100 \times \bullet \quad \cdots\cdots \ ②'$$

と書ける。ここで、過剰空気量を A_1 とおくと $\bullet$ は A_1 の 21 [%] にあたるので

$$\bullet = A_1 \times 0.21 \quad \cdots\cdots \ ⑥$$

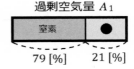

過剰空気量 A_1

窒素	$\bullet$
79 [%]	21 [%]

が成り立つ。よって、②′ に ⑥ を代入して

$$3.3\,SG = 100 \times A_1 \times 0.21$$

$$\therefore \quad 3.3\,SG = 21A_1$$

と書ける。さらに、A_1 については $A_1 = SG - SG_0$（$\because$ P 138）
が成り立つので代入して

$$3.3\,SG = 21(\,SG - SG_0\,)$$

$$3.3\,SG = 21\,SG - 21\,SG_0$$

$$21\,SG_0 = 21\,SG - 3.3\,SG$$

$$\therefore \quad 21\,SG_0 = 17.7\,SG$$

となって、これに ④ ⑤ を代入して

$$21 \times 12.0 = 17.7 \times 16.549x \quad を解く。$$

$$\therefore \quad x = \frac{21 \times 12.0}{17.7 \times 16.549} = 0.860\,3\cdots \rightarrow 0.860\,[kg]$$

これより、求める灯油中の炭素分は <u>86.0 [質量%]</u>

（ポイント）　● は ● ＝ $A_1 \times 0.21$ を代入して消去する。

40　重油を完全燃焼し、乾き燃焼ガスを測定したところ、
O_2 濃度が 4.1 [%] 、SO_2 濃度が 648 [ppm] であった。理論
乾き燃焼ガス量を 10.4 [m³N/kg] とすると、重油中の硫黄分
[質量%] はおよそいくらか。

　　ただし、重油中の硫黄分は燃焼によりすべて SO_2 になる
ものとする。

Check!
□
□
□
□
□

40 重油を完全燃焼し、乾き燃焼ガスを測定したところ、O_2 濃度が 4.1 [%]、SO_2 濃度が 648 [ppm] であった。理論乾き燃焼ガス量を 10.4 [m³N/kg] とすると、<u>重油中の硫黄分 [質量%]</u> はおよそいくらか。

ただし、重油中の硫黄分は燃焼によりすべて SO_2 になるものとする。

解 <u>重油 1 [kg] 中の硫黄分を x [kg] とおく</u>と、次のように書ける。

$$S \quad 0.7 \times x = \boxed{0.7x} \quad \cdots\cdots ①$$
$$(O_2)_{KG\%} = 4.1 \quad \cdots\cdots ②$$
$$(SO_2)_{KGppm} = 648 \quad \cdots\cdots ③$$
$$KG_0 = 10.4 \quad \cdots\cdots ④$$

まず、$(SO_2)_{KGppm} = \dfrac{\square}{KG} \times 1\,000\,000$ に ① ③ を代入して

$$648 = \frac{0.7\,x}{KG} \times 1\,000\,000$$
$$648\,KG = 0.7x \times 1\,000\,000$$
$$\therefore \quad KG = \frac{0.7 \times 1\,000\,000}{648}\,x \fallingdotseq 1\,080.2x \quad \cdots\cdots ⑤$$

と書ける。

次に、② より $(O_2)_{KG\%} = \dfrac{\bullet}{KG} \times 100$ に代入して

$$4.1 = \frac{\bullet}{KG} \times 100$$
$$4.1\,KG = 100 \times \bullet \quad \cdots\cdots ②'$$

と書ける。ここで、過剰空気量を A_1 とおくと $\bullet$ は A_1 の 21 [%] にあたるので

$$\bullet = A_1 \times 0.21 \quad \cdots\cdots ⑥$$

が成り立つ。よって、②' に ⑥ を代入して

$$4.1\,KG = 100 \times A_1 \times 0.21$$
$$\therefore \quad 4.1\,KG = 21A_1$$

と書ける。さらに、A_1 については $A_1 = KG - KG_0$（$\because$ P 138）

過剰空気量 A_1

窒素	$\bullet$
79 [%]	21 [%]

が成り立つので代入して

$$4.1\,\mathrm{KG} = 21\,(\,\mathrm{KG} - \mathrm{KG_0}\,)$$

$$4.1\,\mathrm{KG} = 21\,\mathrm{KG} - 21\,\mathrm{KG_0}$$

$$21\,\mathrm{KG_0} = 21\,\mathrm{KG} - 4.1\,\mathrm{KG}$$

$$21\,\mathrm{KG_0} = 16.9\,\mathrm{KG}$$

となって、これに ④ ⑤を代入して

$$21 \times 10.4 = 16.9 \times 1\,080.2x \quad \text{を解く。}$$

$$\therefore \quad x = \frac{21 \times 10.4}{16.9 \times 1\,080.2} = 0.011\,96\cdots \;\to\; 0.012\,0\ [\mathrm{kg}]$$

これより、求める重油中の硫黄分は <u>1.20 [質量%]</u>

〰〰〰〰〰〰〰〰〰〰〰〰〰〰〰〰〰〰〰〰〰〰〰〰〰〰〰〰〰〰〰

プロパンの完全燃焼では、下のように C_3H_8 $1\,[\mathrm{m^3_N}]$ あたり $5\,[\mathrm{m^3_N}]$ の O_2 と反応して $3\,[\mathrm{m^3_N}]$ の CO_2 と $4\,[\mathrm{m^3_N}]$ の H_2O が出来ます。

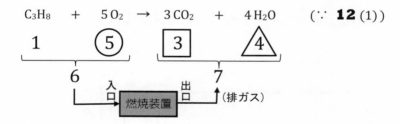

いま、上の図のように<u>プロパンと酸素だけを供給して燃焼させる特殊な燃焼装置</u>でこの反応をさせたとすると、入口から $1 + 5 = 6\,[\mathrm{m^3_N}]$ 入って、出口へ $3 + 4 = 7\,[\mathrm{m^3_N}]$ のガスが移動します。しかし、実際に完全燃焼させるためには酸素を理論値より多めに供給する必要があって、この<u>理論値を超えた分は排ガス中に残留酸素として排出されてしまいます</u>。そこで、この残留酸素を含む排ガスの一部を供給する酸素に戻すことで、供給する酸素の量を減らすシステムが考えられます。

いま、下の図のような燃焼装置があるとします。これは排ガスの一部を水蒸気の凝縮なしに再循環させ、ここに酸素を吹き込んでプロパンを完全燃焼させます。図中の運転条件で定常状態(運転を開始後、時間が充分に経って安定した状態) になっているときを考えてみましょう。

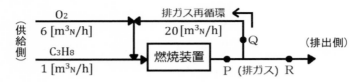

　まず、上の図で排ガスは P から Q と R に分岐しているだけなので、

P 、Q 、R の排ガスの成分濃度は全部同じ …… ①

です。(P における排ガス中の残留酸素の一部が Q を通って供給側の酸素に加わりプロパンの完全燃焼を助けることになっています)

　次に、下図のように循環している所を含めて点線で囲み、これを一つの燃焼装置と考えて

入口から入った気体が反応して、出口から出てくるだけ …… ②

と見て下さい。

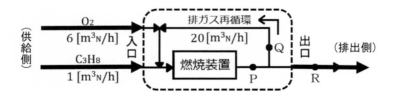

　すると、プロパンの反応式は下のとおりで、1 時間に 1 [m³N] のプロパンを完全燃焼させるには 5 [m³N] の酸素が必要とわかり、入口では酸素を 6 [m³N] 供給しているので、残留酸素(●) が 6－5 ＝ 1 [m³N] となって、これは燃焼後の排ガスとともに排出されることになります。

$$C_3H_8 \quad + \quad 5\,O_2 \quad \rightarrow \quad 3\,CO_2 \quad + \quad 4\,H_2O$$

1　　　⑤　　　③　　　△4　⇒ 出口へ

つまり、出口の R における湿り燃焼排ガスを考えると、右表のようにまとめることができます。そこで、この表から湿り燃焼排ガス中の酸素濃度を求めてみると

気体	[m³$_N$]
CO_2	3
H_2O	4
O_2	1
合計	8

$$(O_2)_{SG\%} = \frac{\bullet}{SG} \times 100 = \frac{1}{8} \times 100 = \underline{12.5\,[\%]}$$

とわかります。

そして、この結果から 1 時間あたりに 20 [m³$_N$] 再循環させている排ガス中の酸素の量を求めてみると

$$20 \times 0.125 = \underline{2.5\,[\text{m}^3{}_N/h]}$$

とわかります。

それでは、左頁の ① ② の内容が良く理解できたら、下の問題に進んでください。

Check!

41 排ガスの一部を水蒸気の凝縮なしに再循環しているラインに酸素を吹き込んで、メタンを完全燃焼させる下図に示すような燃焼装置がある。図中の運転条件で定常状態が達成されているとき、次の値を求めよ。

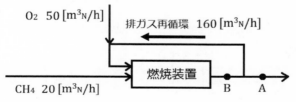

(1)　図中 A 点における乾き燃焼排ガス流量 [m³$_N$/h]

(2)　燃焼装置出口(図中 B 点) での乾き燃焼排ガス中の CO_2 濃度 [%]

41 排ガスの一部を水蒸気の凝縮なしに再循環しているラインに酸素を吹き込んで、メタンを完全燃焼させる下図に示すような燃焼装置がある。図中の運転条件で定常状態が達成されているとき、次の値を求めよ。

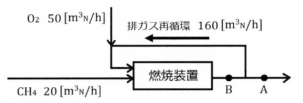

(1) 図中 A 点における乾き燃焼排ガス流量 $[m^3{}_N/h]$

(2) 燃焼装置出口(図中 B 点) での乾き燃焼排ガス中の CO_2 濃度 $[\%]$

解 (1)

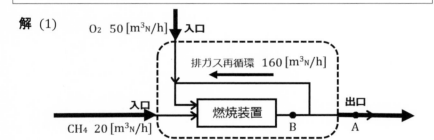

まず、上の図のように循環している所を含めて点線で囲み、これを一つの燃焼装置と考えると、入口から入る気体は 1 時間あたり CH_4 が $20 [m^3{}_N]$ と O_2 が $50 [m^3{}_N]$ とわかる。

そこで、CH_4 $20 [m^3{}_N]$ の反応式と体積を書くと次のようになる。

$$CH_4 + 2O_2 \rightarrow CO_2 + 2H_2O$$
20　　40　　　20　　40　　　(∵ P 46 (例1)×20)

これより、メタン $20 [m^3{}_N]$ の完全燃焼には、酸素が $40 [m^3{}_N]$ 使われるので、入口から入る酸素のうち残留酸素(●)となる量が ● $= 50 - 40 = 10 [m^3{}_N]$ とわかる。そして、出口(A)から排出される燃焼排ガスを考えると、この残留酸素の他に CO_2 と H_2O がある。

つまり、定常状態では図中 A 点を通るガスは 1 時間あたり

$$\square = 20\ [m^3{}_N]\ 、\ \triangle = 40\ [m^3{}_N]\ 、\ \bullet = 10\ [m^3{}_N]$$

とわかるので、図中 A 点における乾き燃焼排ガス流量は

$$KG = \square + \bullet = 20 + 10 = 30\ \rightarrow\ \underline{30\ [m^3{}_N/h]}$$

(2)　燃焼装置出口(図中 B 点) での乾き燃焼排ガス中の CO_2 濃度は、<u>点 A で考えても同じ値になる</u>。よって、点 A を通る乾き燃焼排ガスを調べると、(1) の結果から

$$(CO_2)_{KG\%} = \frac{\square}{KG} \times 100 = \frac{20}{30} \times 100 = 66.\overset{7}{66}\cdots \rightarrow \underline{66.7\ [\%]}$$

⑤　気体の体積と分子量

P 3 で学習しましたが、<u>1 [m³] = 1 [kL] = 1 000 [L]</u> でしたね。実は、**気体の体積**は標準状態(0 [℃] 、1 [気圧])で <u>22.4 [L]</u> のとき、次頁で説明をしますが<u>とても計算に都合がよいこと</u>がわかっています。そこで、

標準状態で体積が 22.4 [L] つまり 22.4 [L_N] の気体を「 1 [モル] 」

と呼びます。

　下の例は一酸化炭素の燃焼を表しています。この図の<u>立方体 1 [個] の体積を 22.4 [L_N] とする</u>と、次のようになります。

(例)　　　　　$2CO\ \ +\ \ O_2\ \ \rightarrow\ \ 2CO_2$　　　(∵ P 52 **(例題)**)

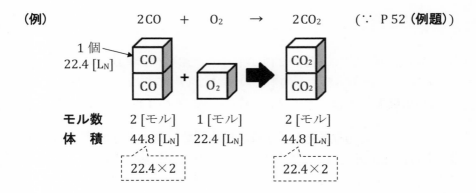

	モル数	2 [モル]	1 [モル]	2 [モル]
	体　積	44.8 [L_N]	22.4 [L_N]	44.8 [L_N]

22.4×2　　　　　　22.4×2

さて、数ある元素の中で、一番重さが軽いものは水素(H) です。これは気体ですが、重さは 0 ではありません。そこで、**水素の重さを 1 として、他の元素はみんなこの水素の重さを基準にして表すことにしました。**

すると、右表のようになります。つまり、炭素(C) は 12 、窒素(N) は 14 という具合で、**この 5 個の 原子量 はすべて暗記して下さい。**（他の元素は必要時に問題文の中で与えられます）

元素名	元素記号	原子量
水素	H	1
炭素	C	12
窒素	N	14
酸素	O	16
硫黄	S	32

そして例えば、一酸化炭素(CO) の場合は、炭素(C) 1 個と酸素(O) 1 個が結合したものなので、炭素が 12 、酸素が 16 で、合わせて 12 + 16 = 28 と計算し、これが気体の場合は次のように言うことができます。

「 **一酸化炭素 1 [モル] の体積は 22.4 [L$_N$] 、重さは 28 [g] 」**

それでは、前頁の例でそれぞれの気体の重さを計算すると、次のようになります。

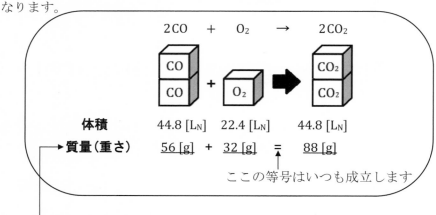

$2CO + O_2 \rightarrow 2CO_2$

体積	44.8 [L$_N$]	22.4 [L$_N$]	44.8 [L$_N$]
質量（重さ）	56 [g] +	32 [g] =	88 [g]

ここの等号はいつも成立します

一酸化炭素は　　2CO より 2 [モル] なので 2 × (12 + 16) = 56 [g]
酸素は　　　　　O$_2$ より 1 [モル] なので 1 × (16 × 2) = 32 [g]
二酸化炭素は　 2CO$_2$ より 2 [モル] なので 2 × (12 + 16 × 2) = 88 [g]

気体の場合、**どんな気体でも体積がちょうど 22.4 [L$_N$] のとき、原子量の値をもとに [g] をつけて、分子 1 [モル] の重さが計算できます。**そして、この重さから単位の [g] をとった値を 分子量 と言います。

（例） 酸素(O_2) 1 [モル] の重さは $16 \times 2 = 32$ [g] 、分子量は 32 です。

（例） 標準状態で <u>44.8 [L]</u> の酸素(O_2) があると
します。このとき、<u>44.8 [L$_N$]$\div 22.4$ [L$_N$] = 2</u> より
2 [モル] になるので、酸素 1 [モル] の重さが
$16 \times 2 = 32$ [g] より、2 [モル] のこの重さは
$32 \times 2 = 64$ [g] になります。

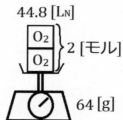

44.8 [L$_N$]

2 [モル]

64 [g]

（例題） 次の問に答えよ。

(1) 酸素(O_2) 1 [kmol]（キロモル） の重さ [kg] と、体積 [m³$_N$] を求めよ。

(2) 酸素(O_2) 1 [kg] の体積は何 [m³$_N$] になるか。

（解）(1) O_2 1 [モル] の重さは $16 \times 2 = 32$ [g] なので、1 000 倍して
1 [kmol] の重さは $32 \times 1\,000 = 32\,000$ [g] = <u>32 [kg]</u>

また、O_2 1 [モル] の体積は 22.4 [L$_N$] なので、1 000 倍して
1 [kmol] の体積は （∵ P 3 ）
22.4 [L$_N$] $\times 1\,000 = 22\,400$ [L$_N$] = 22.4 [kL$_N$]（ノルマルキロリットル） = <u>22.4 [m³$_N$]</u>

(2) (1) の結果で右下の図のようになるから、<u>O_2 1 [kg] の体積を</u>
<u>x [m³$_N$] とおいて比例で求めると</u>

32 [kg] ······ 22.4 [m³$_N$]
1 [kg] ······ x [m³$_N$]

$32x = 22.4 \times 1$

∴ $x = \dfrac{22.4 \times 1}{32} = 0.7$ [m³$_N$]

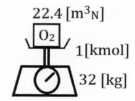

22.4 [m³$_N$]

O_2

1[kmol]

32 [kg]

Check!

＊42 次の問に答えよ。

(1) プロパン 1 [kmol] の重さは何 [kg] になるか。 □

(2) プロパン 1 [kg] の体積は何 [m³$_N$] になるか。 □

□

□

□

*42 次の問に答えよ。

   (1) プロパン 1 [kmol] の重さは何 [kg] になるか。

   (2) プロパン 1 [kg] の体積は何 [m^3_N] になるか。

解 (1) プロパンは C_3H_8 なので、1 [モル] の重さは

    $12 \times 3 + 1 \times 8 = 44$ [g] となる。よって、これを 1 000 倍して

    1 [kmol] の重さは $44 \times 1\,000 = 44\,000$ [g] $= \underline{44\,[\text{kg}]}$

  (2) まず、C_3H_8 1 [モル] の体積は 22.4 [L_N] なので、1 000 倍して

    <u>1 [kmol] の体積は</u>

        $22.4\,[L_N] \times 1\,000 = 22\,400\,[L_N] = 22.4\,[kL_N] = \underline{22.4\,[m^3_N]}$

    とわかる。

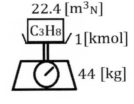

    よって、(1) の結果より右の図のように
なるから、<u>C_3H_8 1 [kg] の体積を x [m^3_N]
とおいて比例で求めると</u>

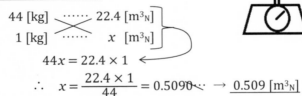

         44 [kg] $\cdots\cdots$ 22.4 [m^3_N]

          1 [kg] $\cdots\cdots$ x [m^3_N]

        $44x = 22.4 \times 1$

      $\therefore\quad x = \dfrac{22.4 \times 1}{44} = 0.5090\cdots \rightarrow \underline{0.509\,[m^3_N]}$

(補足) 大気関係の問題では、<u>1 [kmol] の気体の体積が 22.4 [m^3_N]</u> になることをしっかり覚えましょう。

    また、(2) の問題は、次のように「 C_3H_8 1 [kg] が何 [kmol] に相当するか」をまず求めて、その後体積を求める解き方もあります。

>   1 [kg] $\div$ 44 [kg/kmol] $\fallingdotseq$ 0.022 727 [kmol]
>
> よって、
>
>   22.4 [m^3_N/kmol] $\times$ 0.022 727 [kmol] $= 0.5090\cdots \rightarrow \underline{0.509\,[m^3_N]}$

    しかし、**「モル数」と「重さ」と「体積」は比例する**ので、
比例関係で解いた方が速く正確に求められます。

P 146 の表の中で、<u>炭素(C)</u> と硫黄(S) は標準状態では<u>固体</u>なので、<u>炭素では 12 [g]</u> 、<u>硫黄では 32 [g]</u> の量を <u>1 [モル]</u> と呼びます。

(例) 炭素(C) 1 000 [モル] の重さは 12 [g] × 1 000 = 12 000 [g] となるので、<u>炭素(C) 1 [kmol] の重さは 12 [kg]</u> と書けます。

(例) 炭素 1 [kmol] の燃焼については、次のようになります。

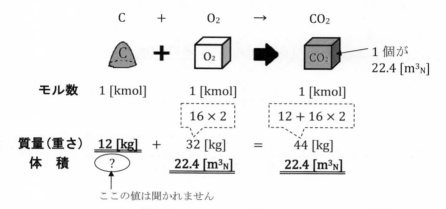

これより、炭素(C) 12 [kg] の完全燃焼には 22.4 [m³N] の酸素(O₂) が必要で、二酸化炭素(CO₂) が 22.4 [m³N] 発生することがわかりました。

これをそれぞれ 12 で割ることにより、炭素(C) 1 [kg] の完全燃焼について、下のように答えることができます。

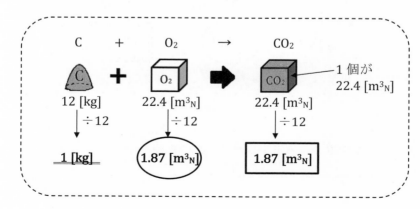

同様に、水素(H) 、硫黄(S) について調べると次のようになります。

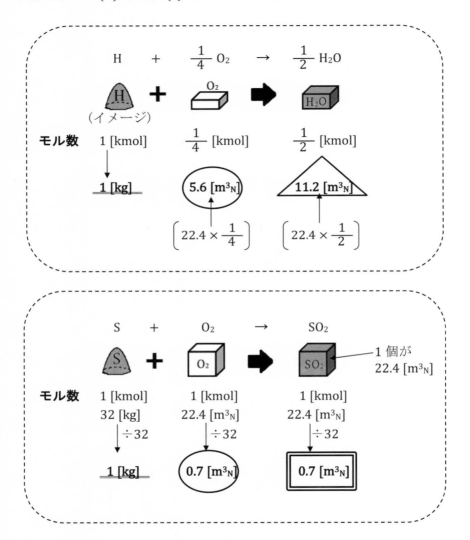

このようにして、炭素、水素、硫黄 1 [kg] あたりの完全燃焼に必要と
なる酸素の体積と、発生するそれぞれの気体の体積が答えられます。

（例題） メタンの燃焼について、次の空欄をうめよ。

$$CH_4 \quad + \quad 2\,O_2 \quad \rightarrow \quad CO_2 \quad + \quad 2\,H_2O$$

1 [kmol]   **ア** [kmol]

↓ **重さ**   ↓ **体積**

イ [kg]   **ウ** [m³ₙ]

これより、メタン 1 [kg] の燃焼に必要となる酸素の体積は **エ** [m³ₙ] とわかるので、理論空気量 A_0 は **オ** [m³ₙ/kg] と表すことができる。

（解） O_2 の係数が 2 なので <u>2</u> …… **（ア）**

メタン（CH_4）1 [kmol] の **重さ**は $12 + 1 \times 4 = \underline{16}$ [kg] …… **（イ）**

酸素（O_2）2 [kmol] の **体積**は $22.4 \times 2 = \underline{44.8}$ [m³ₙ] …… **（ウ）**

（イ）、（ウ）より、<u>メタン 1 [kg]</u> の燃焼に必要となる酸素の体積を $x\,[\text{m}^3{}_\text{N}]$ とおいて、比例で求めると

$$CH_4 \qquad\qquad 2\,O_2$$

16 [kg] ……… 44.8 [m³ₙ]

1 [kg] ……… x [m³ₙ]

$$16x = 44.8 \times 1$$

$$\therefore \quad x = \frac{44.8 \times 1}{16}$$

$$= \underline{2.8}\,[\text{m}^3{}_\text{N}] \quad \cdots\cdots \text{（エ）}$$

○ = 2.8

ここで、○ は理論空気量 A_0 の 21 [%] にあたるから

$$A_0 = ○ \div 0.21 = \frac{2.8}{0.21} = 13.33\cdots \rightarrow \underline{13.3}\,[\text{m}^3{}_\text{N}/\text{kg}] \quad \cdots\cdots \text{（オ）}$$

Check!

＊43 エチレンの燃焼について、次の空欄をうめよ。

$$C_2H_4 \quad + \quad \boxed{\textbf{ア}}\,O_2 \quad \rightarrow \quad \boxed{\textbf{イ}}\,CO_2 \quad + \quad \boxed{\textbf{ウ}}\,H_2O$$

1 [kmol]   **ア** [kmol]

↓ **重さ**   ↓ **体積**

エ [kg]   **オ** [m³ₙ]

これより、エチレン 1 [kg] の燃焼に必要となる酸素の体積は **カ** [m³ₙ] とわかる。

また、エチレン 1 [kg] を 13.5 [m³ₙ] の空気で燃焼させるとすると、このときの空気比は **キ** である。

□ □ □ □ □

*43 エチレンの燃焼について、次の空欄をうめよ。

$$C_2H_4 \quad + \quad \boxed{\text{ア}}\ O_2 \quad \rightarrow \quad \boxed{\text{イ}}\ CO_2 \quad + \quad \boxed{\text{ウ}}\ H_2O$$

$$\underset{\downarrow\ \text{重さ}}{1\ [\text{kmol}]} \qquad \underset{\downarrow\ \text{体積}}{\boxed{\text{ア}}\ [\text{kmol}]}$$

$$\boxed{\text{エ}}\ [\text{kg}] \qquad \boxed{\text{オ}}\ [\text{m}^3{}_N]$$

これより、エチレン 1 [kg] の燃焼に必要となる酸素の体積
は $\boxed{\text{カ}}$ [m³ₙ] とわかる。

また、エチレン 1 [kg] を $\underset{\overset{\nwarrow A}{}}{13.5\ [\text{m}^3{}_N]}$ の空気で燃焼させると
すると、このときの空気比は $\boxed{\text{キ}}$ である。

解 P 50 の **13** (1) より、エチレンの反応式は次のとおり。

$$C_2H_4 \quad + \quad \underset{(\textbf{ア})}{3\,O_2} \quad \rightarrow \quad \underset{(\textbf{イ})}{2\,CO_2} \quad + \quad \underset{(\textbf{ウ})}{2\,H_2O}$$

エチレン（ C_2H_4 ） 1 [kmol] の**重さ**は $12 \times 2 + 1 \times 4 = \underline{28}$ [kg] …… (**エ**)

酸素 （ O_2 ） 3 [kmol] の**体積**は $22.4 \times 3 = \underline{67.2}$ [m³ₙ] ……… (**オ**)

（エ）、（オ）より、エチレン 1 [kg] の燃焼に必要となる酸素の体積を
$x\ [\text{m}^3{}_N]$ とおいて、比例で求めると

$$C_2H_4 \qquad\qquad 3\,O_2$$

28 [kg] ……… 67.2 [m³ₙ]

1 [kg] ……… x [m³ₙ]

> 比例のときは
> たすきに掛けて
> 等しくなる

$$28x = 67.2 \times 1$$

$$\therefore \quad x = \frac{67.2 \times 1}{28} = \underline{2.4}\ [\text{m}^3{}_N] \ \cdots\cdots\ (\textbf{カ}) \longrightarrow \bigcirc = 2.4$$

ここで、$\bigcirc$ は理論空気量 A_0 の 21 [%] にあたるから

$$A_0 = \bigcirc \div 0.21 = \frac{2.4}{0.21} \fallingdotseq 11.429\ [\text{m}^3{}_N]$$

とわかり、所要空気量が $A = 13.5$ [m³ₙ] なので、求める空気比 m は

$$m = \frac{A}{A_0} = \frac{13.5}{11.429} = 1.181 \cdots \rightarrow \underline{1.18}\ \cdots\cdots\ (\textbf{キ})$$

（例題） メタノール(CH₃OH) の完全燃焼で発生する CO₂ 量（[kg]/kg）を
求めよ。

（解） 1 [kg] のメタノールの完全燃焼で発生する CO₂ 量を x [kg] とおく。
メタノールの燃焼反応式を書いて、CH₃OH と CO₂ の単位はいずれも
[kg] なので、CH₃OH 1 [kmol] からのそれぞれの重さを求めて行くと
次のとおり。

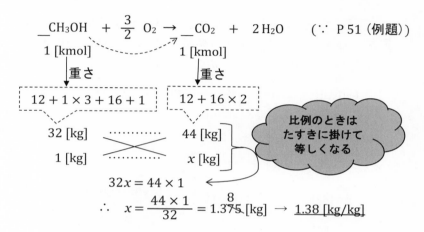

$$\_CH_3OH + \frac{3}{2} O_2 \rightarrow \_CO_2 + 2H_2O \qquad (\because P51 \text{（例題）})$$

1 [kmol]　　　　　　　1 [kmol]

↓重さ　　　　　　↓重さ

$12 + 1 \times 3 + 16 + 1$　　$12 + 16 \times 2$

32 [kg] ·········· 44 [kg]

1 [kg] ·········· x [kg]

比例のときは
たすきに掛けて
等しくなる

$$32x = 44 \times 1$$

$$\therefore \quad x = \frac{44 \times 1}{32} = 1.\overset{8}{3\cancel{7}5} \text{ [kg]} \rightarrow \underline{1.38 \text{ [kg/kg]}}$$

---

44 エタノール(C₂H₅OH) の完全燃焼について、次の値を
求めよ。

 (1) 理論空気量 A_0 [m³N/kg]

 (2) 発生する CO₂ 量 [kg/kg]

Check!

□

□

□

□

□

44 エタノール(C_2H_5OH) の完全燃焼について、次の値を
求めよ。
(1) 理論空気量 A_0 [m^3_N/kg]
(2) 発生する CO_2 量 [kg/kg]

解 (1) 1 [kg] のエタノールの完全燃焼に必要となる**酸素量**を x [m^3_N]
とおく。

エタノールの燃焼反応式を書いて、C_2H_5OH の単位は [kg] より
重さ、O_2 の単位は [m^3_N] より**体積**なので、C_2H_5OH 1 [kmol] からの
それぞれの値を求めて行くと次のとおり。

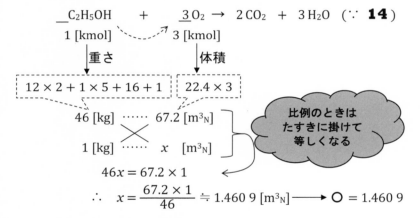

ここで、◯ は求める理論空気量 A_0 の 21 [%] にあたるから

$$A_0 = ◯ \div 0.21 = \frac{1.4609}{0.21} = 6.9\overset{6}{5}6\cdots \rightarrow \underline{6.96 \, [m^3_N/kg]}$$

別解 1 [kg] のエタノールの完全燃焼に必要な理論**空気量**が A_0 [m^3_N] の
とき、このうちの 21 [%] が酸素だから

$$◯ = A_0 \times 0.21 = 0.21 A_0 \, [m^3_N]$$

とかける。

以下は、上の解答の 3 行目へ続く。
ただし、x の部分が $0.21 A_0$ に置き換わるので
計算は右頁のとおり。

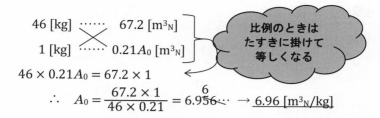

$$46 \times 0.21 A_0 = 67.2 \times 1$$

$$\therefore \quad A_0 = \frac{67.2 \times 1}{46 \times 0.21} = 6.9\overset{6}{5}6\cdots \rightarrow \underline{6.96\ [m^3{}_N/kg]}$$

(2)　1 [kg] のエタノールを完全燃焼させて、発生する CO_2 量を y [kg] とおく。

　　エタノールの燃焼反応式を書いて、C_2H_5OH と CO_2 の単位はいずれも [kg] なので、C_2H_5OH 1 [kmol] からのそれぞれの重さを求めて行くと次のとおり。

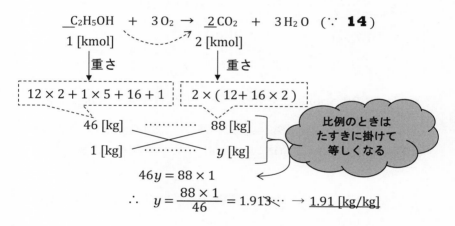

$$46y = 88 \times 1$$

$$\therefore \quad y = \frac{88 \times 1}{46} = 1.913\cdots \rightarrow \underline{1.91\ [kg/kg]}$$

45　ガソリン 60 [wt%] 、メタノール(CH_3OH) 40 [wt%] の混合燃料 1 [kg] から発生する CO_2 量 [kg] はおよそいくらか。

　　ただし、ガソリン 1 [kg] の完全燃焼時に発生する CO_2 量は 3.15 [kg] とする。

45 ガソリン 60 [wt%] 、メタノール(CH₃OH) 40 [wt%] の混合燃料 1 [kg] から発生する CO_2 量 [kg] はおよそいくらか。

ただし、<u>ガソリン 1 [kg] の完全燃焼時に発生する CO_2 量は 3.15 [kg] とする</u>。

解 混合燃料 1 [kg] のうち、ガソリンは 0.60 [kg] 、メタノール(CH₃OH) は 0.40 [kg] とわかる。

まず、<u>ガソリン 1 [kg] からは CO_2 が 3.15 [kg] 発生する</u>ことより、0.60 [kg] の場合は 0.60 倍して $3.15 \times 0.60 = 1.89$ [kg] …… ①
発生することがわかる。

<u>ガソリン 0.60 [kg] の燃焼で発生する CO_2 量を x [kg] とおいて</u>

ガソリン	CO_2
0.6 [kg] ⋯⋯⋯⋯⋯	x [kg]
1 [kg] ⋯⋯⋯⋯⋯	3.15 [kg]

より $0.6 \times 3.15 = x \times 1$ を解いても良い

次に、<u>CH₃OH 0.40 [kg]</u> の燃焼で発生する CO_2 量を y [kg] とおく。

そして、メタノールの燃焼反応式を書いて、CH₃OH と CO_2 の単位はいずれも [kg] なので、<u>CH₃OH 1 [kmol] からのそれぞれの**重さ**を求めて行く</u>と次のとおり。

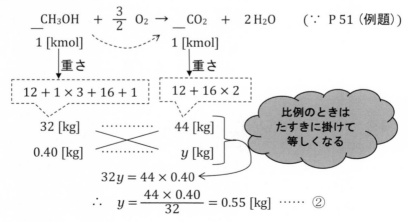

$$\underline{}CH_3OH + \frac{3}{2} O_2 \rightarrow \underline{}CO_2 + 2H_2O \qquad (\because P51 \text{ (例題)})$$

1 [kmol]　　　　　　　1 [kmol]

↓重さ　　　　　　　　↓重さ

$12 + 1 \times 3 + 16 + 1$　　　$12 + 16 \times 2$

比例のときは
たすきに掛けて
等しくなる

32 [kg] ⋯⋯⋯⋯⋯	44 [kg]
0.40 [kg] ⋯⋯⋯⋯⋯	y [kg]

$$32y = 44 \times 0.40$$

$$\therefore \quad y = \frac{44 \times 0.40}{32} = 0.55 \text{ [kg]} \quad \cdots\cdots ②$$

よって、① + ② で $1.89 + 0.55 = \underline{2.44}$ [kg]

（例題）　1 [kg] の燃料中に 0.09 [kg] の水が含まれていて、燃焼により
この水すべてが水蒸気になったとき、湿り燃焼排ガス量のこの水
による増加分 [m³N/kg] を求めよ。

（解）　燃料と湿り燃焼排ガスの関係は以下のとおり。

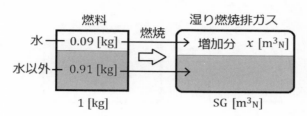

求める体積を x [m³N] とおくと、
0.09 [kg] の水が、すべて水蒸気になった
ときの体積が求める値である。

そこでまず、1 [kmol] の水(H_2O) を
考えると、右の図のようになる。

よって、重さと体積の関係から比例
で求めると

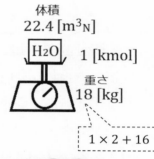

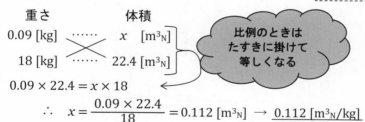

$$0.09 \times 22.4 = x \times 18$$

$$\therefore \quad x = \frac{0.09 \times 22.4}{18} = 0.112 \ [\text{m}^3{}_N] \ \rightarrow \ \underline{0.112 \ [\text{m}^3{}_N/\text{kg}]}$$

46　炭素 85 [%] 、水素 15 [%] の組成の灯油 0.64 [kg] に
水 0.36 [kg] を混合したエマルション燃料を空気比 1.15 で
完全燃焼させる。エマルション燃料 1 [kg] 当たり発生する
湿り燃焼排ガス量 [m³N] は、およそいくらか。

Check!

☐
☐
☐
☐
☐

46 炭素 85 [%] 、水素 15 [%] の組成の灯油 0.64 [kg] に水 0.36 [kg] を混合したエマルション燃料を空気比 1.15 で完全燃焼させる。エマルション燃料 1 [kg] 当たり発生する湿り燃焼排ガス量 [m³$_N$] は、およそいくらか。

解

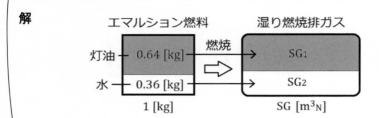

エマルション燃料　　　　　湿り燃焼排ガス

上図のように、灯油 0.64 [kg] の完全燃焼による湿り燃焼排ガス量と、水 0.36 [kg] が水蒸気になったときの体積との合計が求める値になる。

最初に、灯油 0.64 [kg] について、炭素と水素の重さを求めると

$$
\begin{cases}
C & 0.64 \times 0.85 = \underline{0.544}\,[\text{kg}] \\
H & 0.64 \times 0.15 = \underline{0.096}\,[\text{kg}] \quad (\,0.64-0.544=0.096 \ \text{でも可}\,)
\end{cases}
$$

となるので、これより湿り燃焼排ガス量を求めると次のとおり。

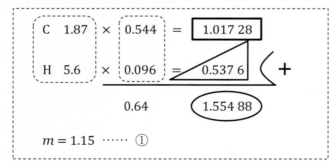

$$m = 1.15 \ \cdots\cdots \ ①$$

まず、燃焼に必要となる理論空気量 A_0 を求めると、
○ $= 1.554\,88$ が A_0 の 21 [%] にあたるので

$$A_0 = \bigcirc \div 0.21 = \frac{1.554\,88}{0.21}$$

と書ける。よって、所要空気量 A はこれと ① より

$$A = mA_0 = 1.15 \times \frac{1.554\,88}{0.21} \fallingdotseq 8.514\,8\,[\text{m}^3{}_N]$$

とわかる。ここで、灯油による湿り燃焼排ガス量を SG_1 とおくと
$SG_1 = A + \triangle$ が成り立つ（∵ P 109）ので、これに代入して
$$SG_1 = 8.514\,8 + 0.537\,6 = \underline{9.052\,4}\,[m^3{}_N] \quad \cdots\cdots ②$$

次に、水 0.36 [kg] から発生する水蒸気の体積を $SG_2[m^3{}_N]$ とおいて
これを求めると、1 [kmol] の水(H_2O) の重さが $1 \times 2 + 16 = 18$ [kg] 、
体積が 22.4 $[m^3{}_N]$ より、重さと体積の関係から比例で求めると

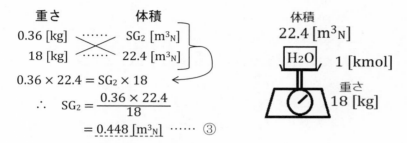

$$0.36 \times 22.4 = SG_2 \times 18$$
$$\therefore \quad SG_2 = \frac{0.36 \times 22.4}{18}$$
$$= \underline{0.448}\,[m^3{}_N] \quad \cdots\cdots ③$$

よって、② ③ より求める湿り燃焼排ガス量 SG は
$$SG = SG_1 + SG_2 = 9.052\,4 + 0.448 = 9.500\,4 \rightarrow \underline{9.50\,[m^3{}_N]}$$

（例題） 炭素 80 [%] 、水素 20 [%] の組成の燃料 6 [kg] がある。
この燃料の H と C のモル比(H/C) の値を求めよ。

（解） 燃料が 6 [kg] 中の炭素と水素の重さは、それぞれ次のとおり。
$$C \quad 6 \times 0.80 = 4.8 \quad [kg] = 4\,800\,[g]$$
$$H \quad 6 \times 0.20 = 1.2 \quad [kg] = 1\,200\,[g]$$

いま、炭素と水素の原子量は 12 と 1 だから、1 [モル] の重さは 12 [g]
と 1 [g] になるので、これで割ってそれぞれのモル数を求めると、
$$C \quad 4\,800\,[g] \div 12\,[g] = 400\,[モル]$$
$$H \quad 1\,200\,[g] \div 1\,[g] = 1\,200\,[モル]$$

となる。よって、求める H と C のモル比(H/C) の値は
$$\frac{H}{C} = \frac{1\,200}{400} = \underline{3}$$

(例題) ある燃料を完全燃焼させたとき、湿り燃焼排ガス中及び乾き燃焼排ガス中の CO_2 濃度がそれぞれ 11.2 [%] 、12.8 [%] となった。この燃料の可燃分中の H と C のモル比(H/C) の値は、およそいくらか。ただし、燃料と燃焼用空気は水分を含まないものとする。

(解)

$(CO_2)_{SG\%} = 11.2$ …… ① 、$(CO_2)_{KG\%} = 12.8$ …… ②

求めるモル比(H/C) の値を x とおくと、$\dfrac{H}{C} = x$ …… ③ とかける。

いま、計算しやすいように C を 1 [モル] とおくと、③ に代入して $H = x$ [モル] とかける。

ここで、炭素と水素の燃焼反応式と、C 1 [モル] と H x [モル] から発生する気体のモル数と体積を書くと次のとおり。

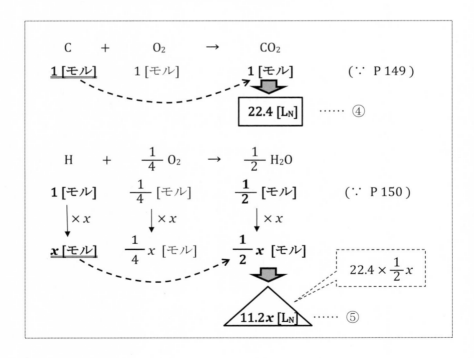

よって、① ④ を $(CO_2)_{SG\%} = \dfrac{\square}{SG} \times 100$ に代入して

$$11.2 = \frac{22.4}{SG} \times 100$$

$$11.2\,SG = 2\,240$$

$$\therefore\ SG = \frac{2\,240}{11.2} = 200\ \cdots\cdots\ ⑥$$

同様に、② ④ を $(CO_2)_{KG\%} = \dfrac{\square}{KG} \times 100$ に代入して

$$12.8 = \frac{22.4}{KG} \times 100$$

$$12.8\,KG = 2\,240$$

$$\therefore\ KG = \frac{2\,240}{12.8} = 175\ \cdots\cdots\ ⑦$$

ここで、燃料と燃焼用空気には水分を含まないので、燃焼排ガス中の水蒸気は水素より発生したものに限られるから、

$$SG = KG + \triangle \quad (\because\ P\,109)$$

が成り立つ。よって、これに ⑥ ⑦ ⑤ を代入して

$$200 = 175 + 11.2x\ を解くと$$

$$11.2x = 200 - 175$$

$$\therefore\ x = \frac{200 - 175}{11.2} = 2.232\cdots \rightarrow 2.23$$

よって、求めるモル比の値は <u>2.23</u>

---

47 ある燃料を完全燃焼させたとき、湿り燃焼排ガス中及び乾き燃焼排ガス中の CO_2 濃度がそれぞれ 12.2 [%]、13.4 [%] となった。この燃料の可燃分中の H と C のモル比 (H/C) の値は、およそいくらか。ただし、燃料と燃焼用空気は水分を含まないものとする。

47 ある燃料を完全燃焼させたとき、湿り燃焼排ガス中及び乾き燃焼排ガス中の CO_2 濃度がそれぞれ 12.2 [%] 、13.4 [%] となった。この燃料の可燃分中の H と C のモル比 (H/C) の値は、およそいくらか。ただし、燃料と燃焼用空気は水分を含まないものとする。

解

$(CO_2)_{SG\%} = 12.2$ …… ① 、$(CO_2)_{KG\%} = 13.4$ …… ②

求めるモル比(H/C) の値を x とおくと、$\dfrac{H}{C} = x$ …… ③ とかける。

いま、計算しやすいように C を 1 [モル] とおくと、③ に代入して H = x [モル] とかける。

ここで、炭素と水素の燃焼反応式と、C 1 [モル] と H x [モル] から発生する気体のモル数と体積を書くと次のとおり。

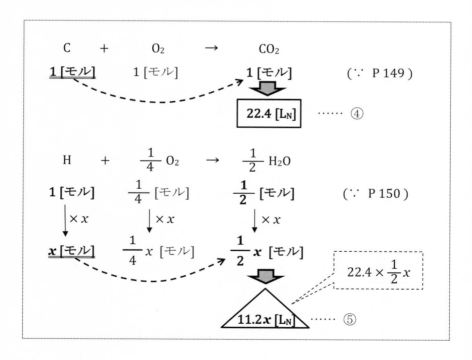

よって、① ④ を $(CO_2)_{SG\%} = \dfrac{\square}{SG} \times 100$ に代入して

$$12.2 = \frac{22.4}{SG} \times 100$$

$$12.2\,SG = 2\,240$$

$$\therefore \ SG = \frac{2\,240}{12.2} \fallingdotseq 183.61 \ \cdots\cdots \ ⑥$$

同様に、② ④ を $(CO_2)_{KG\%} = \dfrac{\square}{KG} \times 100$ に代入して

$$13.4 = \frac{22.4}{KG} \times 100$$

$$13.4\,KG = 2\,240$$

$$\therefore \ KG = \frac{2\,240}{13.4} \fallingdotseq 167.16 \ \cdots\cdots \ ⑦$$

　ここで、燃料と燃焼用空気には水分を含まないので、燃焼排ガス中の水蒸気は水素より発生したものに限られるから、

$$SG = KG + \triangle \quad (\because \ P\,109)$$

が成り立つ。よって、これに ⑥⑦⑤ を代入して

$$183.61 = 167.16 + 11.2x \ を解くと$$

$$11.2x = 183.61 - 167.16$$

$$\therefore \ x = \frac{183.61 - 167.16}{11.2} = 1.46\overset{7}{\cancel{8}}\cdots \ \to \ 1.47$$

　よって、求めるモル比の値は <u>1.47</u>

《 P 128 **37** の解答の続き 》

$$1\,126 \times 0.21 = 1.24\,(\,134.58 + 5x\,)$$

$$236.46 = 1.24 \times 134.58 + 1.24 \times 5x$$

$$236.46 = 166.879\,2 + 6.2x$$

$$6.2x = 236.46 - 166.879\,2$$

$$\therefore \ x = \frac{69.580\,8}{6.2} = 11.22\cancel{\cdots} \ \to \ 11.2$$

よって、プロパンの供給量は <u>11.2 [m³N/h]</u>

⑥ 発熱量と分子量

P 54 〜 63 で発熱量を学習しましたが、ここからは分子量の計算が必要となる問題を扱います。

(例題) エチレンを完全燃焼させた場合について、単位発熱量(低発熱量)当たりの CO_2 発生量 [kg/MJ] を求めよ。ただし、エチレンの低発熱量は $58.4 [MJ/m^3_N]$ とする。

(解) まず、エチレン $1 [m^3_N]$ の完全燃焼で $58.4 [MJ]$ 発生する……①
ことがわかっているので、このときの反応式と発生する CO_2 量を調べると次のとおり。

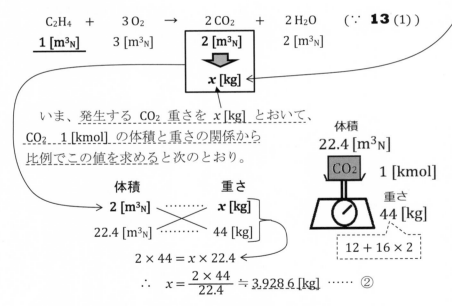

$$C_2H_4 + 3O_2 \rightarrow 2CO_2 + 2H_2O \quad (\because \textbf{13}(1))$$

$$1[m^3_N] \quad 3[m^3_N] \quad 2[m^3_N] \quad 2[m^3_N]$$

$$\Downarrow$$

$$x[kg]$$

いま、発生する CO_2 重さを $x[kg]$ とおいて、CO_2 $1[kmol]$ の体積と重さの関係から比例でこの値を求めると次のとおり。

体積 22.4 $[m^3_N]$
CO_2 1 [kmol]
重さ 44 [kg]
$12 + 16 \times 2$

体積	重さ
$2[m^3_N]$	$x[kg]$
$22.4[m^3_N]$	$44[kg]$

$$2 \times 44 = x \times 22.4$$

$$\therefore \quad x = \frac{2 \times 44}{22.4} \fallingdotseq 3.928\,6\,[kg] \quad \cdots\cdots ②$$

よって、① ② より求める単位発熱量(低発熱量) 当たりの CO_2 発生量 [kg/MJ] は

$$\frac{3.928\,6\,[kg]}{58.4\,[MJ]} = 0.067\,27\cdots \rightarrow 0.067\,3\,[kg/MJ]$$

（補足） CO_2 の<u>体積と重さは比例する</u>ので、体積が大きければ重さも大きくなります。つまり、左の例題では単位発熱量(低発熱量) 当たりの CO_2 発生量 [kg/MJ] を求めるので、**重さ**を求める必要がありましたが、<u>大小を比較するだけ</u>なら、単位発熱量(低発熱量) 当たりの CO_2 発生量を**体積**にした値([m^3_N/MJ]) で比べても答えられます。

ちなみに、左の例題の場合は体積が **2 [m^3_N]** でしたから、この値は

$$\frac{2 \,[m^3_N]}{58.4 \,[MJ]} = 0.034\,24\cdots \rightarrow \underline{0.034\,2\,[m^3_N/MJ]}$$

となります。

---

48 ガス燃料を完全燃焼させた場合、単位発熱量(低発熱量) 当たりの CO_2 発生量 [kg/MJ] が最も小さいものはどれか。

ただし、それぞれのガス燃料の低発熱量は次表のとおりとする。

ガス燃料の低発熱量

ガス燃料	低発熱量 [MJ/m^3_N]
CO	12.6
CH_4	35.8
C_2H_2	55.8
C_2H_6	64.7
C_3H_8	93.3

Check!

48 ガス燃料を完全燃焼させた場合、単位発熱量(低発熱量) 当たりの CO_2 発生量 [**kg**/MJ] が最も小さいものはどれか。

ただし、それぞれのガス燃料の低発熱量は次表のとおりとする。

ガス燃料の低発熱量

ガス燃料	低発熱量 [MJ/m^3_N]
CO	12.6
CH_4	35.8
C_2H_2	55.8
C_2H_6	64.7
C_3H_8	93.3

解 CO_2 の体積と重さは比例するので、単位発熱量(低発熱量) 当たりの CO_2 発生量を**体積**にした値([m^3_N/MJ]) で比べることとする。

まず、 CO 、CH_4 、C_2H_2 、C_2H_6 、C_3H_8 の各 1 [m^3_N] の完全燃焼を考えて、燃焼反応式と発生する CO_2 量(体積) を調べると次のとおり。

$$CO + \frac{1}{2}O_2 \rightarrow CO_2 \qquad (\because P\,54\ の\ 8\ 行目)$$
$$\underline{1\ [m^3_N]} \qquad\qquad \boxed{1\ [m^3_N]}$$

$$CH_4 + 2O_2 \rightarrow CO_2 + 2H_2O \qquad (\because P\,46\ (例\,1))$$
$$\underline{1\ [m^3_N]} \qquad\qquad \boxed{1\ [m^3_N]}$$

(※)

$$C_2H_2 + \frac{5}{2}O_2 \rightarrow 2CO_2 + H_2O \qquad (\because \mathbf{13}\,(2))$$
$$\underline{1\ [m^3_N]} \qquad\qquad \boxed{2\ [m^3_N]}$$

$$C_2H_6 + \frac{7}{2}O_2 \rightarrow 2CO_2 + 3H_2O \qquad (\because P\,46\ (例\,2))$$
$$\underline{1\ [m^3_N]} \qquad\qquad \boxed{2\ [m^3_N]}$$

$$C_3H_8 + 5O_2 \rightarrow 3CO_2 + 4H_2O \qquad (\because \mathbf{12}\,(1))$$
$$\underline{1\ [m^3_N]} \qquad\qquad \boxed{3\ [m^3_N]}$$

これより、それぞれの単位発熱量(低発熱量) 当たりの CO_2 発生量を**体積**にした値([m^3_N/MJ]) として求めると、

まず、CO の場合は $\dfrac{1\ [m^3_N]}{12.6\ [MJ]} \fallingdotseq 0.079\,365\ [m^3_N/MJ]$

166

次に、　　CH$_4$　の場合は　$\dfrac{1\,[\text{m}^3{}_N]}{35.8\,[\text{MJ}]} \fallingdotseq 0.027\,933\,[\text{m}^3{}_N/\text{MJ}]$

以下同様に、C$_2$H$_2$　の場合は　$\dfrac{2\,[\text{m}^3{}_N]}{55.8\,[\text{MJ}]} \fallingdotseq 0.035\,842\,[\text{m}^3{}_N/\text{MJ}]$

　　　　　C$_2$H$_6$　の場合は　$\dfrac{2\,[\text{m}^3{}_N]}{64.7\,[\text{MJ}]} \fallingdotseq 0.030\,912\,[\text{m}^3{}_N/\text{MJ}]$

　　　　　C$_3$H$_8$　の場合は　$\dfrac{3\,[\text{m}^3{}_N]}{93.3\,[\text{MJ}]} \fallingdotseq 0.032\,154\,[\text{m}^3{}_N/\text{MJ}]$

以上のことから、最も小さいものは <u>CH$_4$</u> である。

別解　まず CO の場合は、左頁 (**※**)より <u>CO$_2$</u> が <u>**1 [m^3$_N$]**</u> 発生するので、<u>この重さを x [kg] とおいて、CO$_2$ 1 [kmol] の体積と重さの関係から、</u><u>比例でこの値を求めると次のとおり。</u>

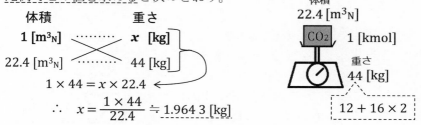

よって、CO の場合の単位発熱量(低発熱量) 当たりの

　　CO$_2$ 発生量 **[kg/MJ]** は　$\dfrac{1.964\,3\,[\text{kg}]}{12.6\,[\text{MJ}]} \fallingdotseq 0.155\,90\,[\text{kg/MJ}]$

以下同様に、　　CH$_4$　の場合は　$\dfrac{1.964\,3\,[\text{kg}]}{35.8\,[\text{MJ}]} \fallingdotseq 0.054\,869\,[\text{kg/MJ}]$

　　　　　　　　C$_2$H$_2$　の場合は　$\dfrac{3.928\,6\,[\text{kg}]}{55.8\,[\text{MJ}]} \fallingdotseq 0.070\,405\,[\text{kg/MJ}]$

2 [m^3$_N$] なので
1.964 3 × 2

　　　　　　　　C$_2$H$_6$　の場合は　$\dfrac{3.928\,6\,[\text{kg}]}{64.7\,[\text{MJ}]} \fallingdotseq 0.060\,720\,[\text{kg/MJ}]$

3 [m^3$_N$] なので
1.964 3 × 3

　　　　　　　　C$_3$H$_8$　の場合は　$\dfrac{5.892\,9\,[\text{kg}]}{93.3\,[\text{MJ}]} \fallingdotseq 0.063\,161\,[\text{kg/MJ}]$

以上のことから、最も小さいものは <u>CH$_4$</u> である。

（例題） 1 [kg] の燃料中に 0.09 [kg] の水が含まれていて、燃焼により
　　　　この水すべてが水蒸気になったとする。このとき、次の問に答えよ。

(1)　湿り燃焼排ガス量のこの水による増加分 [m³ₙ/kg] を求めよ。

(2)　水を含まない燃料だけの低発熱量が 37.9 [MJ/kg] 、水の蒸発潜
　　　熱が発生する水蒸気当たり 1.98 [MJ/m³ₙ] とするとき、この燃料
　　　の低発熱量 [MJ/kg] を求めよ。　　　　　　　　単位に注意

（解） (1) （ P 157 の**例題**と同じ ）

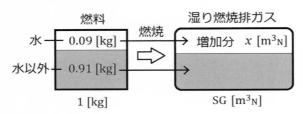

　　求める体積を x [m³ₙ] とおくと、
0.09 [kg] の水が、すべて水蒸気になった
ときの体積が求める値である。

　そこでまず、1 [kmol] の水(H_2O) を
考えると、右の図のようになる。

　よって、重さと体積の関係から比例
で求めると次のとおり。

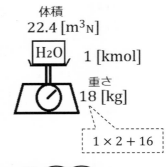

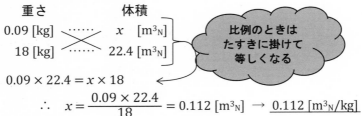

$$0.09 \times 22.4 = x \times 18$$

$$\therefore \quad x = \frac{0.09 \times 22.4}{18} = 0.112 \ [m³ₙ] \ \rightarrow \ \underline{0.112 \ [m³ₙ/kg]}$$

(2)　まず、水を含まない燃料だけの重さは 1−0.09 = 0.91 [kg] とわかる
　　ので、この燃料だけから発生する低発熱量を求めると、

$$37.9 \ [MJ/kg] \times 0.91 \ [kg] = \underline{34.489 \ [MJ]} \quad \cdots\cdots ①$$

次に、(1) より 0.112 [m³ₙ] の水蒸気が発生したことになっている
ので、この水を水蒸気にしたときに使われた熱量を求めると、

$$1.98 \text{ [MJ/m}^3\text{N]} \times 0.112 \text{ [m}^3\text{N]} = \underline{0.221\,76 \text{ [MJ]}} \quad \cdots\cdots ②$$

よって、求めるこの燃料の低発熱量は ①−② で

$$34.489 - 0.221\,76 = 34.\underset{3}{\cancel{267\,24}} \rightarrow \underline{34.3 \text{ [MJ/kg]}}$$

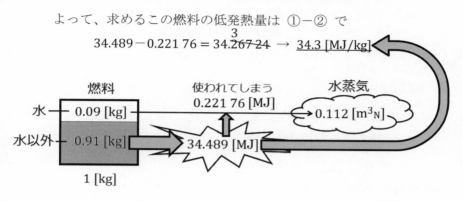

燃料   使われてしまう   水蒸気
0.221 76 [MJ]

水 — 0.09 [kg]
水以外 — 0.91 [kg]   0.112 [m³ₙ]

34.489 [MJ]

1 [kg]

---

49 A 重油 73 [%] と水 27 [%] を混合したエマルション燃
料の低発熱量 [MJ/kg] はおよそいくらか。

ただし、A 重油の低発熱量は 36.8 [MJ/kg] 、水の蒸発潜
熱は発生する水蒸気当たり 1.98 [MJ/m³ₙ] とする。

49 A重油 73 [%] と水 27 [%] を混合したエマルション燃料の低発熱量 [MJ/kg] はおよそいくらか。

ただし、A重油の低発熱量は 36.8 [MJ/kg] 、水の蒸発潜熱は発生する水蒸気当たり 1.98 [MJ/m³ₙ] とする。

解 エマルション燃料 1 [kg] の燃焼を考えると、A重油は 0.73 [kg] 、水は 0.27 [kg] となる。

まず、A重油 0.73 [kg] から発生する低発熱量を求めると
$$36.8 \text{ [MJ/kg]} \times 0.73 \text{ [kg]} = 26.864 \text{ [MJ]} \cdots\cdots ①$$

次に、水 0.27 [kg] から発生する水蒸気の体積を x [m³ₙ] とおいて、水(H_2O) 1 [kmol] の重さと体積の関係から比例でこの値を求めると次のとおり。

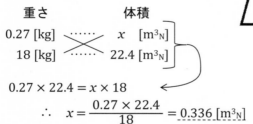

体積 22.4 [m³ₙ]
H_2O 1 [kmol]
重さ 18 [kg]
$1 \times 2 + 16$

重さ	体積
0.27 [kg]	x [m³ₙ]
18 [kg]	22.4 [m³ₙ]

$$0.27 \times 22.4 = x \times 18$$
$$\therefore \quad x = \frac{0.27 \times 22.4}{18} = 0.336 \text{ [m³ₙ]}$$

これより、この水を水蒸気にしたときに使われた熱量を求めると、
$$1.98 \text{ [MJ/m³ₙ]} \times 0.336 \text{ [m³ₙ]} = 0.665\,28 \text{ [MJ]} \cdots\cdots ②$$

よって、求めるエマルション燃料の低発熱量は ①－② で
$$26.864 - 0.665\,28 = 26.\overset{2}{\cancel{198\,72}} \rightarrow 26.2 \text{ [MJ/kg]}$$

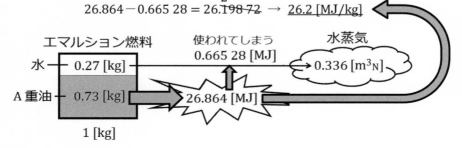

エマルション燃料
水 — 0.27 [kg]
A重油 — 0.73 [kg]
1 [kg]
26.864 [MJ]
使われてしまう 0.665 28 [MJ]
水蒸気 0.336 [m³ₙ]

⑦ 液体燃料・固体燃料(後編)

　めったに出題されませんが、**燃料中の組成比に酸素が含まれている場合**、特別にていねいな計算が必要になります。

　まず、**液体**や**固体**の燃料中の酸素は ⬚化合水 (H_2O) の形で存在しているため、気体燃料のとき(P 83)のように**燃焼に必要となる空気中の酸素の量を少なくすることができません**。**逆に**、この酸素は全て水素と結合しているため、化合水中の水素が燃焼反応に使えなくなります。

～ 化合水の扱い方 ～

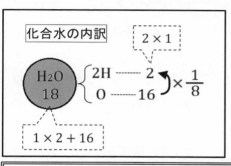

化合水の内訳

　化合水は左図のような内訳になり、酸素の $\frac{1}{8}$ の重さの水素は水に含まれていて燃焼反応に使えません。よって、この水素の重さを引いた燃焼反応に使える水素を ⬚有効水素 と言い、下の **(例)** の **手順1～3** に従って計算をして行きます。

$$（有効水素）＝（水素）－（酸素）\times \frac{1}{8}$$

(例)　液体燃料中に、水素 110 [g] 、**酸素 80 [g]** が含まれているとき

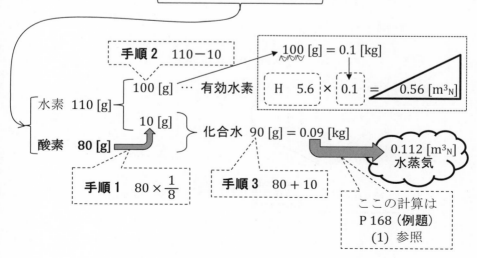

また、酸素以外の不純物についても、下表のように**注意が必要です**。

燃料中の不純物について

成分	記号	扱い方
灰分	a	燃焼前後で変化なし。固形物のままなので無視
窒素	N	燃焼しないが、窒素ガス(N_2)になるので<u>KGやSGに**加える**</u>
水分	w	燃焼しないが、水蒸気になるので<u>SGに**加える**</u>

(例題) 炭素 50 [%] 、<u>水素 6 [%]</u> 、**酸素 16 [%]** 、窒素 2 [%] 、硫黄 3 [%] 、灰分 9 [%] 、<u>水分 14 [%]</u> の組成の石炭を、空気比 1.35 で 完全燃焼させたとき、乾き燃焼排ガス量 [m³ₙ/kg] を求めよ。

(解) 石炭 1 [kg] の燃焼を考えると、<u>百分率を小数で表すことで各重さ</u> <u>がわかる</u>。いま、**酸素が 0.16 [kg]** 含まれているので、水素 0.06 [kg] と水分 0.14 [kg] より、<u>有効水素</u>と<u>水の合計</u>を求めると次のとおり。

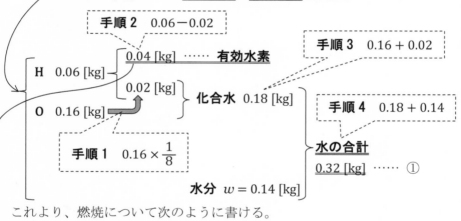

これより、燃焼について次のように書ける。

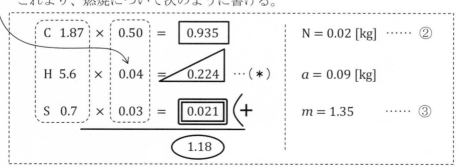

まず、酸素の合計 ◯ = 1.18 は A_0 の 21 [%] にあたるので

$$A_0 = ◯ \div 0.21 = \frac{1.18}{0.21}$$

と書ける。よって、所要空気量 A はこれと ③ より

$$A = mA_0 = 1.35 \times \frac{1.18}{0.21} \fallingdotseq 7.585\,7 \quad \cdots\cdots ④$$

とわかる。これより、<u>燃料中の「窒素」を除いた乾き燃焼排ガス量を KG_1</u><u>とおく</u>と $KG_1 = A - \triangle$ が成り立つ ($\because$ P 109) ので ④ (*) を代入して

$$KG_1 = 7.585\,7 - 0.224 = \underline{7.361\,7}\,[m^3{}_N] \quad \cdots\cdots ⑤$$

次に、窒素ガス(N_2) の分子量が $14 \times 2 = 28$ なので下図のようになり、② から発生する窒素ガスの**体積**を $x\,[m^3{}_N]$ とおいて、比例で求めると

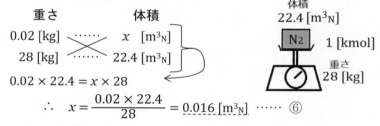

$$\therefore \quad x = \frac{0.02 \times 22.4}{28} = \underline{0.016}\,[m^3{}_N] \quad \cdots\cdots ⑥$$

よって、求める<u>乾き燃焼排ガス量 KG</u> は ⑤ ⑥ の和でよいから

$$KG = 7.361\,7 + 0.016 = 7.37\overset{8}{7}7 \rightarrow \underline{7.38}\,[m^3{}_N/kg] \quad \cdots\cdots (**)$$

(公式)

> $KG = A - \triangle + (② から発生する N_2)$
> $SG = A + \triangle + (② から発生する N_2) + (① から発生する H_2O)$

と表すことができます。

---

50 炭素 60 [%] 、水素 5 [%] 、酸素 14 [%] 、窒素 4 [%] 、硫黄 1 [%] 、灰分 6 [%] 、水分 10 [%] の組成の石炭を、空気比 1.3 で完全燃焼させたとき、湿り燃焼排ガス量 $[m^3{}_N/kg]$ を求めよ。

> 初めての学習者用に、穴埋め形式の解答用紙を
> http://3939tokeru.starfree.jp/taiki/ に用意しています

Check!

50 炭素 60 [%]、水素 5 [%]、**酸素 14 [%]**、窒素 4 [%]、
硫黄 1 [%]、灰分 6 [%]、水分 10 [%] の組成の石炭を、
空気比 1.3 で完全燃焼させたとき、湿り燃焼排ガス量
$[m^3_N/kg]$ を求めよ。

解 石炭 1 [kg] の燃焼を考えると、百分率を小数で表すことで各重さが
わかる。いま、**酸素**が 0.14 [kg] 含まれているので、水素 0.05 [kg] と
水分 0.10 [kg] より、有効水素と水の合計を求めると次のとおり。

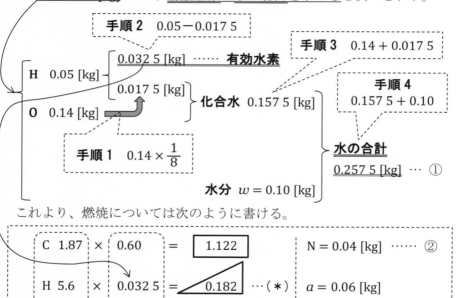

手順2 $0.05 - 0.0175$

0.0325 [kg] …… **有効水素**

手順3 $0.14 + 0.0175$

H 0.05 [kg]

0.0175 [kg] 化合水 0.1575 [kg]

手順4
$0.1575 + 0.10$

O 0.14 [kg]

手順1 $0.14 × \dfrac{1}{8}$

水の合計
0.2575 [kg] … ①

水分 $w = 0.10$ [kg]

これより、燃焼については次のように書ける。

C 1.87 × 0.60 = $\boxed{1.122}$　　　　N = 0.04 [kg] …… ②

H 5.6 × 0.0325 = 0.182 …(*)　　　$a = 0.06$ [kg]

S 0.7 × 0.01 = $\boxed{\boxed{0.007}}$ $\left(+\right.$　　　$m = 1.3$　　　…… ③

$\boxed{1.311}$

まず、酸素の合計 **O** = 1.311 は A_0 の 21 [%] にあたるので

$$A_0 = \mathbf{O} \div 0.21 = \frac{1.311}{0.21}$$

と書ける。よって、所要空気量 A はこれと ③ より

$$A = mA_0 = 1.3 × \frac{1.311}{0.21} ≒ 8.1157 \ [m^3_N] \ \cdots\cdots ④$$

174

次に、水(H_2O) と窒素ガス(N_2) の分子量が $1 \times 2 + 16 = 18$ と $14 \times 2 = 28$ より、① ② から発生する水蒸気と窒素ガスの**体積**をそれぞれ x [m³ₙ] 、y [m³ₙ] とおいて、比例で求めると（P 173 の図参照）

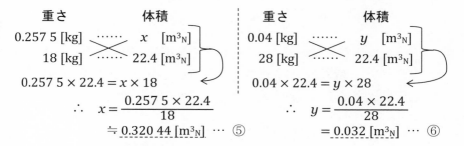

重さ	体積		重さ	体積
0.257 5 [kg] ······	x [m³ₙ]		0.04 [kg] ······	y [m³ₙ]
18 [kg] ······	22.4 [m³ₙ]		28 [kg] ······	22.4 [m³ₙ]

$$0.257\,5 \times 22.4 = x \times 18 \qquad 0.04 \times 22.4 = y \times 28$$

$$\therefore \quad x = \frac{0.257\,5 \times 22.4}{18} \qquad\qquad \therefore \quad y = \frac{0.04 \times 22.4}{28}$$

$$\fallingdotseq 0.320\,44\,[\text{m}^3{}_\text{N}] \cdots ⑤ \qquad\qquad = 0.032\,[\text{m}^3{}_\text{N}] \cdots ⑥$$

よって、求める湿り燃焼排ガス量 SG は

$$\text{SG} = A + \triangle + (② から発生する N_2) + (① から発生する H_2O)$$

なので、④（＊）⑥ ⑤ を代入して

$$\text{SG} = 8.115\,7 + 0.182 + 0.032 + 0.320\,44$$

$$= 8.65\cancel{0\,14} \to \underline{8.65}\ [\text{m}^3{}_\text{N}/\text{kg}]$$

（補足） この問題で、乾き燃焼排ガス量を求めると

$$\text{KG} = A - \triangle + (② から発生する N_2)$$

$$= 8.115\,7 - 0.182 + 0.032 = 7.9\overset{7}{\cancel{65\,7}} \to \underline{7.97}\ [\text{m}^3{}_\text{N}/\text{kg}]$$

となります。

〈補充問題〉 P 172 の **（例題）** で、湿り燃焼排ガス量 [m³ₙ/kg] を求めよ。
（答は P 205 へ）

51 炭素 67 [%] 、水素 4 [%] 、酸素 12 [%] 、窒素 3 [%] 、硫黄 2 [%] 、灰分 7 [%] 、水分 5 [%] の組成の石炭を完全燃焼させたとき、乾き燃焼ガス中の酸素濃度が 4.5 [%] となる空気比は、およそいくらか。

Check!
□ □ □ □ □

51 炭素 67 [%] 、水素 4 [%] 、**酸素 12 [%]** 、窒素 3 [%] 、
硫黄 2 [%] 、灰分 7 [%] 、水分 5 [%] の組成の石炭を完
全燃焼させたとき、乾き燃焼ガス中の酸素濃度が 4.5 [%]
となる空気比は、およそいくらか。

解 石炭 1 [kg] の燃焼を考えると、百分率を小数で表すことで各重さが
わかる。いま、**酸素が 0.12 [kg]** 含まれているので、水素 0.04 [kg] と
水分 0.05 [kg] より、有効水素と水の合計を求めると次のとおり。

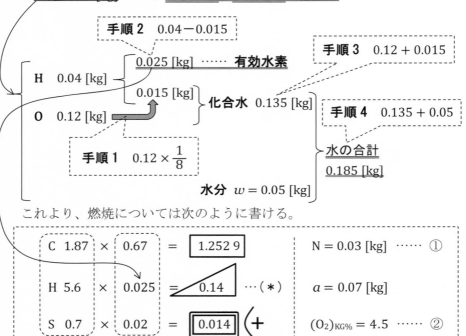

手順2　$0.04 - 0.015$

手順3　$0.12 + 0.015$

H　0.04 [kg]

0.025 [kg] ······ **有効水素**

0.015 [kg] 　**化合水** 0.135 [kg]

手順4　$0.135 + 0.05$

O　0.12 [kg]

手順1　$0.12 \times \dfrac{1}{8}$

水の合計
0.185 [kg]

水分 $w = 0.05$ [kg]

これより、燃焼については次のように書ける。

C 1.87 $\times$ 0.67 = $1.252\,9$　　　　　N = 0.03 [kg] ······ ①

H 5.6 $\times$ 0.025 = 0.14 　···($*$)　　$a = 0.07$ [kg]

S 0.7 $\times$ 0.02 = 0.014 $\Big($+　　$(O_2)_{KG\%} = 4.5$ ······ ②

$1.406\,9$

まず、$(O_2)_{KG\%} = \dfrac{\bullet}{KG} \times 100$　($\because$ P 125) と書けるので ② を代入して

$$4.5 = \frac{\bullet}{KG} \times 100 \text{ より}$$

$$4.5\,KG = 100 \times \bullet \quad \cdots\cdots ③$$

と書ける。(→ ここより **別解1** 、**別解2** あり)

③ はさらに ● $= \dfrac{4.5}{100}\,\mathrm{KG} = 0.045\,\mathrm{KG}$

と書けて、○ $= 1.406\,9$ がわかっているので、求める空気比 m は

$$m = \frac{○ + ●}{○} \qquad (\because \text{P 129 (6)})$$

に代入して $m = \dfrac{1.406\,9 + 0.045\,\mathrm{KG}}{1.406\,9}$ ……④

と書ける。これより、KG を求めるか KG を m で表すことができれば m の値を求めることができる。

　そこで、○ $= 1.406\,9$ より理論空気量 A_0 を求めると、○ が A_0 の 21 [%] にあたるので

$$A_0 = ○ \div 0.21 = \frac{1.406\,9}{0.21} \fallingdotseq 6.699\,5 \quad \text{……⑤}$$

とわかる。そして、所要空気量 A は空気比 m を用いて

$$A = mA_0 = 6.699\,5m \quad \text{……⑥}$$

と書ける。さらに、乾き燃焼排ガス量 KG については

$$\mathrm{KG} = A - \triangle + (\text{① から発生する } N_2) \quad \text{……⑦}$$

と書けるので、窒素ガス(N_2)の分子量が $14 \times 2 = 28$ より、<u>① から発生する窒素ガスの**体積**を $x\,[\mathrm{m^3_N}]$</u> とおいてこれを比例で求めると

（P 173 の図参照）

重さ		体積
0.03 [kg]	……	x [$\mathrm{m^3_N}$]
28 [kg]	……	22.4 [$\mathrm{m^3_N}$]

$0.03 \times 22.4 = x \times 28$

$\therefore\ x = \dfrac{0.03 \times 22.4}{28}$

　　$= 0.024\,[\mathrm{m^3_N}] \cdots$ ⑧

よって、⑦ に ⑥（＊）⑧ を代入して

$\mathrm{KG} = 6.699\,5m - 0.14 + 0.024$

　　　$= 6.699\,5m - 0.116$ ……⑨

と表せる。

よって、④ に ⑨ を代入して

$$m = \frac{1.406\,9 + 0.045\,(\,6.699\,5m - 0.116\,)}{1.406\,9} \quad \text{を解く。}$$

$1.406\,9m = 1.406\,9 + 0.045 \times 6.699\,5m - 0.045 \times 0.116$

$1.406\,9m = 1.406\,9 + 0.301\,477\,5m - 0.005\,22$

$(\,1.406\,9 - 0.301\,477\,5\,)m = 1.401\,68$

$$\therefore\ m = \frac{1.401\,68}{1.105\,422\,5} = 1.268\overset{7}{\cdots} \rightarrow \underline{1.27}$$

別解 1　ここで過剰空気量を A_1 とおくと、

右図のように ● については

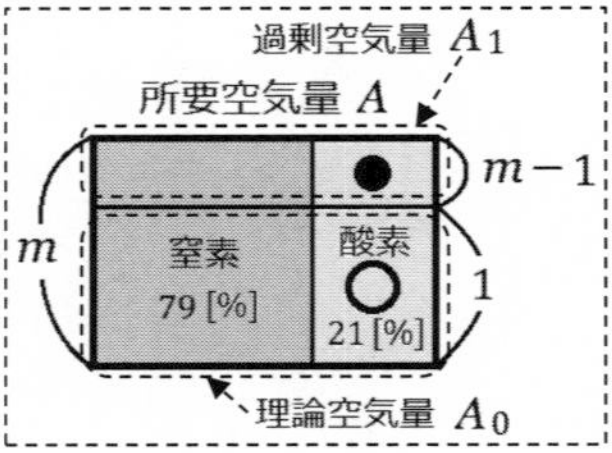

$$● = A_1 \times 0.21 \qquad (\because \text{P 129 (2)})$$

$$= (m-1)A_0 \times 0.21 \qquad (\because \text{P 129 (1)})$$

$$= (m-1) \times \bigcirc$$

$\therefore$　$● = (m-1) \times 1.406\,9$ ……⑩

と書ける。

(以下、前頁の上から 7 行目へ続いて ⑨ 式を求めてここへ戻る)

よって、③ に ⑨ ⑩ を代入して

$$4.5(6.699\,5m - 0.116) = 100 \times (m-1) \times 1.406\,9 \text{ を解く。}$$

$$4.5 \times 6.699\,5m - 4.5 \times 0.116 = 140.69m - 140.69$$

$$30.147\,75m - 140.69m = -140.69 + 0.522$$

$$-110.542\,25m = -140.168$$

$$\therefore \quad m = \frac{140.168}{110.542\,25} = 1.268\cdots \to \underline{1.27}$$

別解 2　ここで過剰空気量を A_1 とおくと、上の図のように ● は

$$● = A_1 \times 0.21 \qquad (\because \text{P 129 (2)})$$

と書けるので、③ に代入して

$$4.5\,\text{KG} = 100 \times A_1 \times 0.21 = 21A_1 \quad ……⑪$$

となる。また、KG についても右頁の上の図のように

$$\text{KG} - \text{KG}_0 = A_1 \quad (\because \text{P 138 (7)}) \text{ が成り立つので}$$

$$\text{KG} = A_1 + \text{KG}_0 \quad ……⑫$$

と書けることより、⑫ を ⑪ に代入して <u>KG を消去して</u>

<u>A_1 について解くと</u>

$$4.5(A_1 + \text{KG}_0) = 21A_1 \qquad 4.5A_1 - 21A_1 = -4.5\,\text{KG}_0$$

$$4.5A_1 + 4.5\,\text{KG}_0 = 21A_1 \qquad -16.5A_1 = -4.5\,\text{KG}_0$$

$$\therefore \quad A_1 = \frac{4.5}{16.5}\,\text{KG}_0 \quad ……⑬$$

と書ける。

よって、ここで KG_0 を求めることにすると、これは

$$\text{KG}_0 = A_0 - \triangle + (\text{① から発生する N}_2) \quad ……⑭$$

178

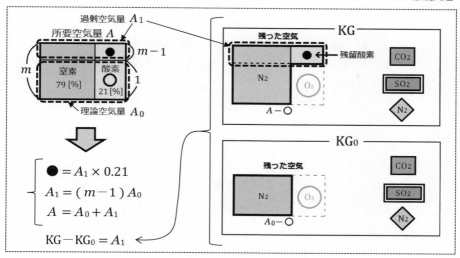

なので、最初に A_0 を求めると ○ = 1.406 9 が A_0 の 21 [%] に
あたるから

$$A_0 = ○ \div 0.21 = \frac{1.406\ 9}{0.21} \fallingdotseq 6.699\ 5 \quad \cdots\cdots\ ⑤$$

とわかる。

次に、窒素ガス(N_2)の分子量が $14 \times 2 = 28$ より、① から発生
する窒素ガスの**体積**を $x\,[\text{m}^3{}_\text{N}]$ とおいてこれを比例で求めると

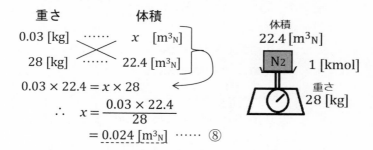

よって、⑭ に ⑤ (＊) ⑧ を代入して

$$KG_0 = 6.699\ 5 - 0.14 + 0.024 = 6.583\ 5 \quad \cdots\cdots\ ⑮$$

となるので、⑬ に ⑮ を代入して

$$A_1 = \frac{4.5}{16.5} \times 6.583\ 5 = 1.795\ 5 \quad \cdots\cdots\ ⑯$$

とわかる。(→ ここより **別解 3** あり)

よって、⑤ ⑯ より所要空気量 A が

$$A = A_0 + A_1 = 6.699\,5 + 1.795\,5 = 8.495 \quad \cdots\cdots \text{⑰}$$

とわかるので、求める空気比 m の値は ⑤ ⑰ より

$$\therefore \ m = \frac{A}{A_0} = \frac{8.495}{6.699\,5} = 1.2\overset{7}{68}\cdots \ \rightarrow \ \underline{1.27}$$

別解 3 右図より

$$A_1 = (m-1)\,A_0 \quad (\because \text{P 129 (1)})$$

が成り立つので、これに ⑯ ⑤ を代入して

$$1.795\,5 = (m-1) \times 6.699\,5 \ \text{を解く。}$$

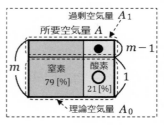

（わかりやすい方へ）

$$m - 1 = \frac{1.795\,5}{6.699\,5}$$

$$\therefore \ m = \frac{1.795\,5}{6.699\,5} + 1$$

$$= 1.2\overset{7}{68}\cdots \ \rightarrow \ \underline{1.27}$$

$$1.795\,5 = 6.699\,5\,m - 6.699\,5$$

$$6.699\,5\,m = 1.795\,5 + 6.699\,5$$

$$\therefore \ m = \frac{8.495}{6.699\,5}$$

$$= 1.2\overset{7}{68}\cdots \ \rightarrow \ \underline{1.27}$$

（補足） 空気比 m の方程式を作って、それを解く方法が**別解 1** までで、**別解 2** 以降は過剰空気量 A_1 の値を求めてから空気比 m の値を求めています。

　なお、⑪ に $A_1 = \text{KG} - \text{KG}_0$ （$\because$ P 138 (7)）を代入して A_1 を消去すると $4.5\,\text{KG} = 21(\text{KG} - \text{KG}_0)$ となって、これを KG について解くことで $\text{KG} = \dfrac{21}{16.5}\,\text{KG}_0$ $\cdots\cdots$ ⑱ となります。この先、**別解 2** の ⑭ から ⑮ までの過程を経て ⑮ の KG_0 の値を ⑱ に代入することで

$$\text{KG} = \frac{21}{16.5} \times 6.583\,5 = 8.379 \quad \cdots\cdots \text{⑲}$$

となります。そして、⑲ ⑮ より

$$A_1 = \text{KG} - \text{KG}_0 = 8.379 - 6.583\,5 = 1.795\,5 \quad \cdots\cdots \text{⑯}$$

とわかって、以下はこの頁の一番上の行または**別解 3** へ続くことで答が求められます。しかし、この解き方は無駄が多くあまりお勧めできません。

(オ)　排ガスの処理

①　有害物質の量と濃度

　下の図は、気体の水素について、**モル数と重さと体積の関係**を表したものです。ここまでは、1 [mol] または 1 [kmol] のときの値を使って問題を解いていましたが、下の図のように、もしも**重さの単位**が [mg] になっているときは、それに対応する**体積の単位**を [mLɴ] にして解くようにして下さい。

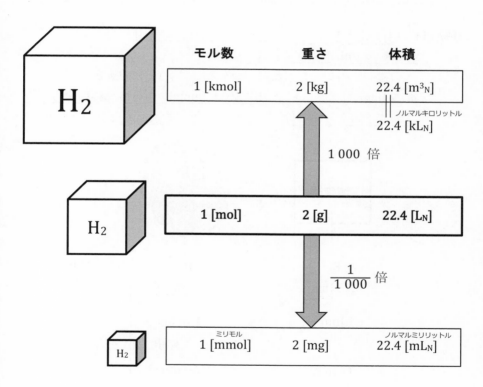

（例題） 排ガス中のフッ素化合物を測定したところ、フッ化物イオンとして、4.75 [mgF⁻/m³ₙ] と求められた。フッ素の原子量を 19 として、次の値を求めよ。

    (1) 排ガス中のフッ化水素(HF) の体積 [mLₙ/m³ₙ]

    (2) フッ化水素(HF) 濃度 [volppm]

（考え方） フッ化物イオンの濃度が 4.75 [mgF⁻/m³ₙ] と書いてあるので、排ガス 1 [m³ₙ] 中にフッ化物イオン(F⁻) が 4.75 [mg] 含まれていることになる。つまり、下の図のようになり、(1) は排ガス中のフッ化水素(HF) の体積を、(2) はその濃度を聞いています。

（解）(1) 1 [m³ₙ] の排ガス中に含まれるフッ化水素(HF) の**体積**を x [mLₙ] とおく。

    いま、この中に含まれるフッ化物イオン(F⁻) の**重さ**が 4.75 [mg] なので、F⁻ と HF の 1 [mmol] の重さと体積を考えることで下のように書けて、これより比例で求めると次のとおり。

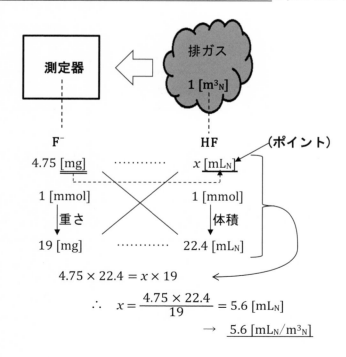

$$4.75 \times 22.4 = x \times 19$$

$$\therefore \quad x = \frac{4.75 \times 22.4}{19} = 5.6 \ [mL_N]$$

$$\rightarrow \quad 5.6 \ [mL_N/m^3_N]$$

(2) フッ化水素(HF) 濃度 [volppm] は

$$(HF)_{ppm} = \frac{HF \text{ の体積}}{\text{排ガスの体積}} \times 1\,000\,000$$

とかけるので、(1) の結果を代入して

$$(HF)_{ppm} = \frac{5.6\,[mL_N]}{1\,[m^3_N]} \times 1\,000\,000$$

$$= \frac{5.6\,[mL_N]}{1\,000\,000\,[mL_N]} \times 1\,000\,000$$

$$= \underline{5.6\,[volppm]}$$

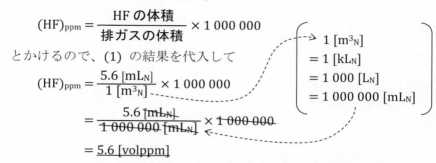

$$\left.\begin{array}{l} 1\,[m^3_N] \\ = 1\,[kL_N] \\ = 1\,000\,[L_N] \\ = 1\,000\,000\,[mL_N] \end{array}\right\}$$

（ポイント） 重さの単位が [mg] のときは、

これに対応する**体積の単位**を [mL_N] にします。

（補足） (1) は、モル数を求めて次のように解くやり方もあります。

> フッ化物イオン(F⁻) 1 [mmol] の重さが 19 [mg] なので、
> 4.75 [mg] は 4.75÷19 = 0.25 [mmol] とわかる。
> フッ化水素(HF) 1 [mmol] の体積が 22.4 [mL_N] より
> 0.25 [mmol] の体積を求めるので 0.25 倍して
> $$22.4 \times 0.25 = \underline{5.6\,[mL_N/m^3_N]}$$

52 排ガス中のフッ素化合物を測定したところ、フッ化物イオンとして、5.7 [mgF⁻/m³_N] と求められた。フッ化水素(HF) 濃度 [volppm] はおよそいくらか。

ただし、フッ素の原子量は 19 とする。

Check!
□ □ □ □ □

52 排ガス中のフッ素化合物を測定したところ、フッ化物イオンとして、5.7 [mgF⁻/m³ₙ] と求められた。フッ化水素 (HF) 濃度 [volppm] はおよそいくらか。

　　　ただし、フッ素の原子量は 19 とする。

解　1 [m³ₙ] の排ガス中に含まれるフッ化水素(HF) の**体積**を x [mLₙ] とおく。いま、この中に含まれるフッ化物イオン(F⁻) の重さが 5.7 [mg] なので、F⁻ と HF の 1 [mmol] の重さと体積を考えることで下のように書けて、これより比例で求めると次のとおり。

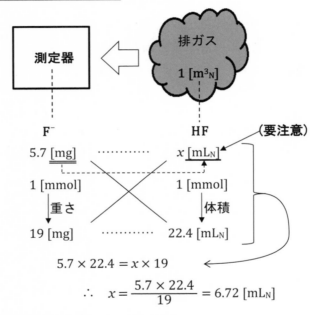

$$5.7 \times 22.4 = x \times 19$$

$$\therefore \quad x = \frac{5.7 \times 22.4}{19} = 6.72 \ [\mathrm{mL_N}]$$

　ここで、フッ化水素(HF) 濃度 [volppm] は

$$(HF)_{ppm} = \frac{HF \ の体積}{排ガスの体積} \times 1\,000\,000$$

とかけるので、代入して

$$(HF)_{ppm} = \frac{6.72 \ [\mathrm{mL_N}]}{1 \ [\mathrm{m^3_N}]} \times 1\,000\,000$$

$$= \frac{6.72 \ [\mathrm{mL_N}]}{1\,000\,000 \ [\mathrm{mL_N}]} \times 1\,000\,000 = 6.72 \ [\mathrm{volppm}]$$

$$\left.\begin{array}{l} 1 \ [\mathrm{m^3_N}] \\ = 1 \ [\mathrm{kL_N}] \\ = 1\,000 \ [\mathrm{L_N}] \\ = 1\,000\,000 \ [\mathrm{mL_N}] \end{array}\right\}$$

別解 まず、フッ化物イオン(F^-) 1 [mmol] の重さが 19 [mg] なので、5.7 [mg] は $5.7 \div 19 = 0.3$ [mmol] とわかる。

次に、フッ化水素(HF) 1 [mmol] の体積が 22.4 [mL$_N$] より 0.3 [mmol] の体積を求めるので 0.3 倍して

$$22.4 \times 0.3 = 6.72 \,[\text{mL}_N]$$

とわかる。(以下は左頁下から 5 行目へ続く)

〰〰〰〰〰〰〰〰〰〰〰〰〰〰〰〰〰〰〰〰〰〰〰〰〰〰〰〰

(補足) 実は、比例で解くときは次のようにも解くことができます。

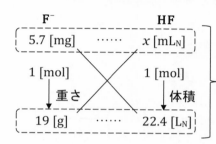

以下は同様の計算式になる

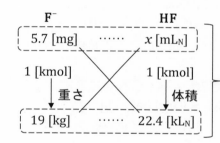

以下は同様の計算式になる

つまり、□ 内の単位をそろえる点にだけ注意すれば同様に求められるので、ここで説明している解答については一つの例として考えて下さい。

また、次のイオンは暗記しましょう。

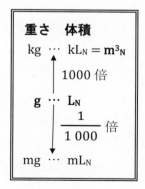

（例題）　下図のように、フラスコ A 、B があって、A には乾き燃焼排ガス 9.20 [L_N] を通した吸収液を入れ、希釈水を加えて 500 [mL] にし、イオンクロマトグラフで硫酸イオン($SO_4{}^{2-}$) 濃度を分析したら 0.031 [mg/mL] になった。また、B には排ガスを通さないもので同様に 500 [mL] を作って分析し、0.001 [mg/mL] になった。

　　　このとき、次の値を求めよ。

(1)　フラスコ A 内にある硫酸イオンのうち、乾き燃焼排ガスによるものの質量 [mg]

(2)　乾き燃焼排ガス中の SO_x 濃度 [volppm]

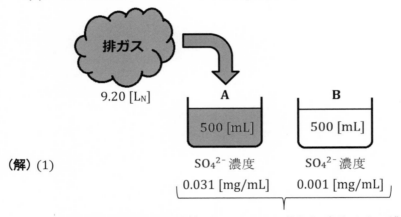

（解）(1)

　　　上図より、乾き燃焼排ガスによって増えた硫酸イオン濃度は
$$0.031 - 0.001 = 0.030 \, [mg/mL]$$
とわかる。そしてこれは 1 [mL] あたりの重さを表している。

　　いま、フラスコ A 内の液体は 500 [mL] あるので、求める硫酸イオンの質量は 500 倍して
$$0.030 \, [mg/mL] \times 500 \, [mL] = 15 \, [mg]$$

(2)　(1) より、フラスコ A 内では乾き燃焼排ガス 9.20 [L_N] によって硫酸イオンが 15 [mg] できたので、この排ガスに含まれていた SO_x の体積を x [mL_N] とおいて図を描くと、右頁のようになる。

　　　　　　　　　　　（単位に注意）

　　これより、$SO_4{}^{2-}$ と SO_x の 1 [モル] の重さと体積を考えて、x の値を比例で求めると次のとおり。

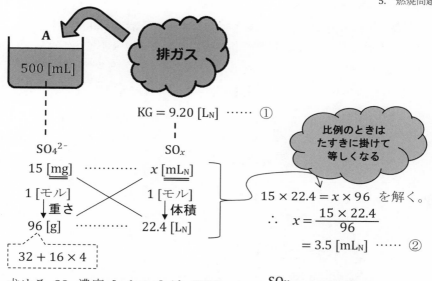

求める SO_x 濃度 [volppm] は $(SO_x)_{KGppm} = \dfrac{SO_x}{KG} \times 1\,000\,000$
と書けるので、① ② を代入して

$$(SO_x)_{KGppm} = \dfrac{3.5\,[mL_N]}{9.20\,[L_N]} \times 1\,000\,000 = \dfrac{3.5\,[mL_N]}{9\,200\,[mL_N]} \times 1\,000\,000$$

$$= 380.4\cdots \rightarrow \underline{380\,[volppm]}$$

（補足）　フラスコ B で行った試験(試料を含まない試験) を 空試験 と
言い、**試料の試験結果から空試験の結果を引いて、不純物などの影**
響を除いた「試料だけの値」を求めます。

---

53 試料燃焼排ガスを通過させた吸収液を、容量 200 [mL]
の全量フラスコに移し希釈した後、イオンクロマトグラフで
硫酸イオン濃度を分析して以下の結果を得た。乾き燃焼排ガ
ス中の SO_x の体積濃度 [ppm] は、およそいくらか。

硫酸イオン濃度：	0.091 [mg/mL]
空試験で求めた硫酸イオン濃度：	0.001 [mg/mL]
標準状態に換算した乾き試料ガス採取量：	10.5 [L]

Check!

□

□

□

□

□

53 試料燃焼排ガスを通過させた吸収液を、容量 200 [mL] の全量フラスコに移し希釈した後、イオンクロマトグラフで硫酸イオン濃度を分析して以下の結果を得た。乾き燃焼排ガス中の SO_x の体積濃度 [ppm] は、およそいくらか。

硫酸イオン濃度：	0.091 [mg/mL]
空試験で求めた硫酸イオン濃度：	0.001 [mg/mL]
標準状態に換算した乾き試料ガス採取量：	10.5 [L]

解 やっていることは次のとおり。

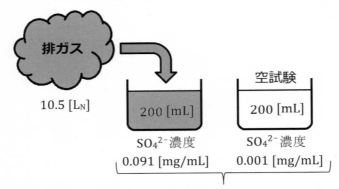

まず、試料中の硫酸イオン濃度のうち、乾き燃焼排ガスによって増えた分は

$$0.091 - 0.001 = 0.090 \text{ [mg/mL]}$$

とわかる。そしてこれは 1 [mL] あたりの重さを表している。

いま、フラスコ内の液体は 200 [mL] あるので、フラスコ内に入っている排ガスによって増えた硫酸イオンの質量は 200 倍して

$$0.090 \text{ [mg/mL]} \times 200 \text{ [mL]} = 18 \text{ [mg]}$$

とわかる。

これは、乾き燃焼排ガス 10.5 [L_N] によってできたものなので、この排ガスに含まれていた SO_x の体積を x [mL_N] とおいて図を描くと、右頁のようになる。

（単位に注意）

これより、$SO_4{}^{2-}$ と SO_x の 1 [モル] の重さと体積を考えて、x の値を比例で求めると次のとおり。

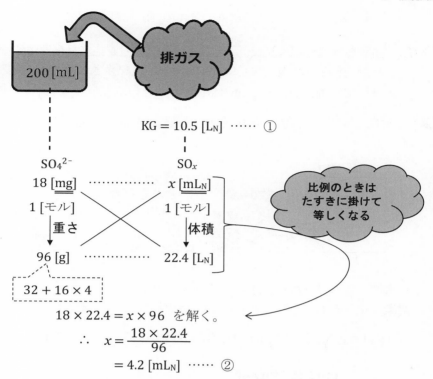

$$18 \times 22.4 = x \times 96 \quad \text{を解く。}$$

$$\therefore \quad x = \frac{18 \times 22.4}{96}$$

$$= 4.2 \ [\text{mL}_N] \ \cdots\cdots \ ②$$

よって、① ② より求める SO_x の体積濃度 [ppm] は

$$(SO_x)_{KGppm} = \frac{SO_x}{KG} \times 1\,000\,000$$

$$= \frac{4.2 \ [\text{mL}_N]}{10.5 \ [\text{L}_N]} \times 1\,000\,000$$

$$= \frac{4.2 \ [\text{mL}_N]}{10\,500 \ [\text{mL}_N]} \times 1\,000\,000$$

$$= \underline{400 \ [\text{ppm}]}$$

(例題) 高発熱量 25.6 [MJ/kg] 、N 分 0.70 [%] の固体燃料を完全燃焼
させた。燃料中の N 分の 5.0 [%] が NO に転換されるとき、発熱
量当たりの NO 排出量 [mg/MJ] はおよそいくらか。

> ここの窒素は気体の N₂ ではない

(解) まず、この固体燃料 1 [kg] を完全燃焼させると 25.6 [MJ] 発生
することがわかっている。 ----- ①

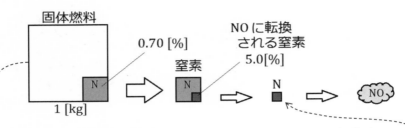

次に、この 1 [kg] の燃料のうち NO (一酸化窒素) に転換される
窒素の重さを求めると、上図のような関係になっているので

$$1[kg] \times \underline{0.0070} \times \underline{0.050} = 0.000\,35 \, [kg] = 0.35 \, [g] = 350 \, [mg]$$

0.70 [%]   5.0 [%]

とわかる。

いま、この 350 [mg] の**窒素**(N) から発生する NO の重さを x [mg]
とおいて、N から NO が発生する反応式と、それぞれの 1 [モル] の
重さから比例で求めると次のとおり。

> 同じ単位にする

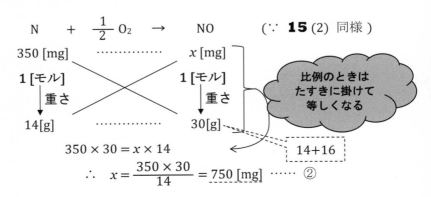

$$N \quad + \quad \frac{1}{2} O_2 \quad \rightarrow \quad NO \qquad (\because \mathbf{15} \, (2) \; 同様\,)$$

350 [mg] ·············· x [mg]

1 [モル] ↓ 重さ   1 [モル] ↓ 重さ

> 比例のときは
> たすきに掛けて
> 等しくなる

14[g] ·············· 30[g]

> 14+16

$$350 \times 30 = x \times 14$$

$$\therefore \quad x = \frac{350 \times 30}{14} = 750 \, [mg] \cdots\cdots ②$$

よって、① ② より求める発熱量当たりの NO 排出量 [mg/MJ] は

$$\frac{750\,[\text{mg}]}{25.6\,[\text{MJ}]} = 29.\overset{3}{\cancel{29}}\cdots \rightarrow \underline{29.3\,[\text{mg/MJ}]}$$

(補足) この問題では NO の重さ 750 [mg] を求めていましたが、NO は気体なので、発生した NO の体積を y [mL$_N$] とおいて、NO 1[モル] の重さと体積が下図のようになることから比例で求めると次のとおり。

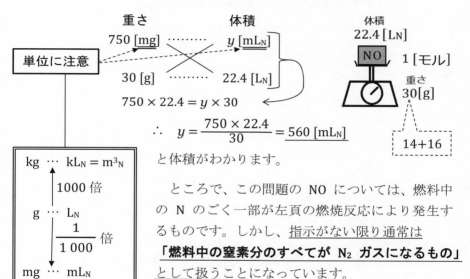

$$\therefore\quad y = \frac{750 \times 22.4}{30} = \underline{560\,[\text{mL}_N]}$$

と体積がわかります。

ところで、この問題の NO については、燃料中の N のごく一部が左頁の燃焼反応により発生するものです。しかし、指示がない限り通常は
「燃料中の窒素分のすべてが N$_2$ ガスになるもの」
として扱うことになっています。

---

54 炭素 86 [質量%] 、水素 14 [質量%] 、高発熱量が 41.6 [MJ/kg] の重油を空気比 1.26 で完全燃焼させたとき、乾き燃焼ガス中の NO 濃度が 70 [ppm] であった。 NO に転換した窒素は、すべて燃料の不純物中の窒素によるものとするとき、次の値を求めよ。

(1) 発生した NO の体積 [mL$_N$/kg]
(2) 高発熱量当たりの NO 発生量 [mg/MJ]
(3) NO に転換した燃料中の窒素の質量 [mg/kg]

Check!
□
□
□
□
□

54 <u>炭素 86 [質量%]</u> 、<u>水素 14 [質量%]</u> 、<u>高発熱量が 41.6</u> <u>[MJ/kg]</u> の重油を空気比 1.26 で完全燃焼させたとき、乾き燃焼ガス中の NO 濃度が 70 [ppm] であった。 NO に転換した窒素は、すべて燃料の不純物中の窒素によるものとするとき、次の値を求めよ。

(1) 発生した NO の体積 [mL$_N$/kg]

(2) 高発熱量当たりの NO 発生量 [mg/MJ]

(3) NO に転換した燃料中の窒素の質量 [mg/kg]

解 (1) 乾き燃焼ガス中の NO 濃度が 70 [ppm] より、

$$(NO)_{KGppm} = \frac{NO}{KG} \times 1\,000\,000 \text{ に代入して}$$

$$70 = \frac{NO}{KG} \times 1\,000\,000 \text{ より}$$

$$70\,KG = 1\,000\,000\,NO$$

$$\therefore NO = \frac{70}{1\,000\,000}\,KG = 0.000\,07\,KG \quad \cdots\cdots ①$$

となるので、乾き燃焼ガス量 KG を求める必要がある。

そこで、<u>この重油 1 [kg]</u> の燃焼を考え、この中に含まれる炭素と水素の重さがそれぞれ <u>0.86 [kg]</u> 、 <u>0.14 [kg]</u> なので、各気体の体積は次のようになる。

C 1.87	×	0.86	= 1.608 2
H 5.6	×	0.14	= 0.784
		1.00	2.392 2

$m = 1.26 \quad \cdots\cdots\cdots\cdots\cdots ②$

まず、◯ = 2.392 2 [m³$_N$] は A_0 の 21 [%] にあたるので

$$A_0 = ◯ \div 0.21 = \frac{2.392\,2}{0.21} \quad \cdots\cdots ③$$

と書ける。これより、所要空気量 A は ② ③ より

$$A = mA_0 = 1.26 \times \frac{2.392\,2}{0.21} = 14.353\,2$$

とわかる。

よって、乾き燃焼ガスの量 KG は KG $= A - \triangle$ に代入して、

$$\text{KG} = 14.353\,2 - 0.784 = 13.569\,2 \quad \cdots\cdots ④$$

とわかるので、① に ④ を代入して

$$\therefore \quad \text{NO} = 0.000\,07 \times 13.569\,2$$
$$\fallingdotseq 0.000\,949\,84\ [\text{m}^3{}_\text{N}]$$
$$= 0.000\,949\,84\ [\text{kL}_\text{N}] = 0.949\,84\ [\text{L}_\text{N}] = \overset{50}{\cancel{949.84}}\ [\text{mL}_\text{N}]$$
$$\rightarrow \quad \underline{950\ [\text{mL}_\text{N}/\text{kg}]}$$

(2) まず、重油 1 [kg] を完全燃焼させると、41.6 [MJ] 発生 $\cdots\cdots ⑤$ することがわかっている。

また、(1) より 1 [kg] の重油から NO が 949.84 [mL$_\text{N}$] 発生したことがわかっている。

求めるのは 1 [MJ] あたりに発生した NO の**重さ**なので、この体積を重さに換算する必要がある。そこで、この重さを x [mg] とおいて、NO 1 [モル] の体積と重さの関係から比例で求めると次のとおり。

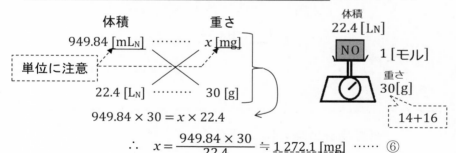

$$949.84 \times 30 = x \times 22.4$$

$$\therefore \quad x = \frac{949.84 \times 30}{22.4} \fallingdotseq 1\,272.1\ [\text{mg}] \quad \cdots\cdots ⑥$$

とわかる。

よって、⑤ ⑥ より求める高発熱量当たりの NO 発生量 [mg/MJ] は

$$\frac{1\,272.1\ [\text{mg}]}{41.6\ [\text{MJ}]} = 30.\overset{6}{\cancel{57}}\cdots \rightarrow \underline{30.6\ [\text{mg/MJ}]}$$

（ 次頁へ続く ）

(3)　1 [kg] の重油に含まれる不純物中の窒素のうち、NO に転換した窒素
(N) の質量を y [mg] とおくと、⑥ より 1 [kg] の重油から NO が
1 272.1 [mg] 発生したので、N から NO が発生する反応式とそれぞれ
の 1 [モル] の重さから比例で求めると次のとおり。

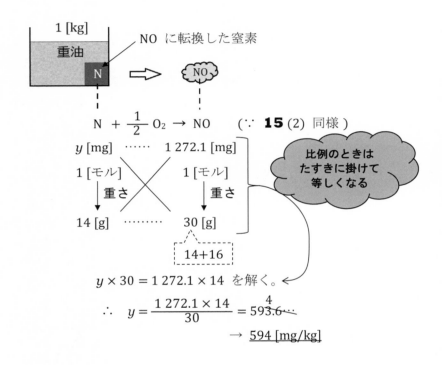

$$N + \frac{1}{2} O_2 \rightarrow NO \quad (\because \textbf{15} (2) \text{ 同様})$$

比例のときは
たすきに掛けて
等しくなる

$$y \times 30 = 1\,272.1 \times 14 \text{ を解く。}$$

$$\therefore \quad y = \frac{1\,272.1 \times 14}{30} = 593.\overset{4}{6} \cdots$$

$$\rightarrow \underline{594 \text{ [mg/kg]}}$$

～～　有害物質の除去について　～～

　次頁からは、有害物質である SO_2 と NO の除去について学習します。
ここでは、それぞれ化学反応式に従って除去できる量や生成物の量が決
まるので、反応式をしっかりと暗記するか、反応に必要となる物質名と
分子量を覚えておく必要があります。

② 石灰スラリー吸収法

まず、|スラリー| とは吸収液のことで、 |石灰スラリー吸収法| とは
吸収液に石灰石($CaCO_3$) を用いて SO_2 を吸収し、最終的に石こう($CaSO_4$)
を生じさせる、次の化学反応式を利用したやり方になります。

吸収工程　SO_2 ＋ $CaCO_3$ ＋ $\frac{1}{2} H_2O$ → $CaSO_3 \cdot \frac{1}{2} H_2O$ ＋ CO_2
　　　　　　　　（石灰石）　　　　　　　（亜硫酸カルシウム）

酸化工程　$CaSO_3 \cdot \frac{1}{2} H_2O$ ＋ $\frac{1}{2} O_2$ ＋ $\frac{3}{2} H_2O$ → $CaSO_4 \cdot 2 H_2O$
　　　　　　（亜硫酸カルシウム）　　　　　　　　　　（石こう粉末）

そして、この二つの式を辺々加えて一つの式にまとめると

$$SO_2 + CaCO_3 + \frac{1}{2} O_2 + 2 H_2O \rightarrow CaSO_4 \cdot 2 H_2O + CO_2$$
　　石灰石　　　　　　　　　　　石こう粉末

となって、このうち SO_2 1 [kmol] に反応する**問題を解くのに必要となる
もの**の図を描くと下のようになります。なお、Ca の原子量 40 は問題文
の中で与えられるので暗記は不要ですが、他は図の中の名称も含めて<u>しっ
かりと暗記する必要があります</u>。

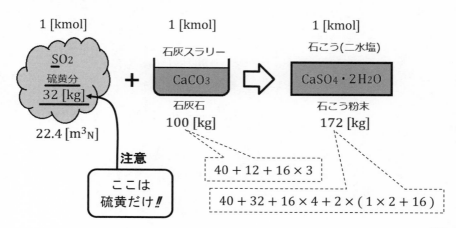

（例題） 硫黄分 1.6 [%] を含む重油を<u>**毎時 30 [t]**</u> 燃焼するボイラーに石灰スラリー吸収法を用いて排煙脱硫するとき、次の値を求めよ。ただし、Ca の原子量を 40 とする。

    (1) 燃料中の硫黄分の重さ [kg/<u>h</u>]

    (2) 脱硫に必要となる石灰石の理論量 [kg/<u>h</u>]

    (3) 脱硫率が 90 [%] のとき、回収される石こう(二水塩) の理論量 [kg/<u>h</u>]

（解） (1) <u>**1 時間に**</u> 30 [t] = 30 000 [kg] の重油を使い、そのうちの 1.6 [%] が硫黄だから、求める 1 時間あたりの燃料に含まれる硫黄分の重さは

$$30\,000\,[kg] \times 0.016 = 480\,[kg] \rightarrow \underline{480\,[kg/h]}$$

  (2) (1) で求めた硫黄をすべて<u>脱硫するのに必要な石灰石の理論量</u>を <u>x [kg]</u> とおいて図を描くと下のようになって、これより<u>それぞれの 1 [kmol]</u> の重さから比例で求めると次のとおり。

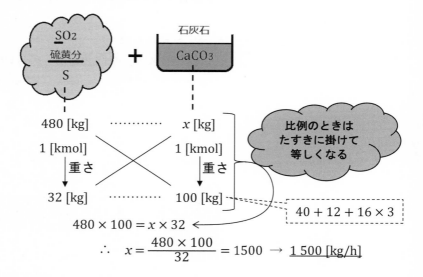

$$480 \times 100 = x \times 32$$

$$\therefore \quad x = \frac{480 \times 100}{32} = 1500 \rightarrow \underline{1\,500\,[kg/h]}$$

  (3) <u>脱硫率が 90 [%]</u> なので、1 時間に反応することができる硫黄の量は (1) の量の 90 [%] つまり 480 [kg] × 0.90 = <u>432 [kg]</u> である。

いま、この硫黄分から作られる<u>石こう(二水塩) の理論量を y [kg] と</u><u>おいて図を描くと下のようになって、これより</u><u>それぞれの 1 [kmol] の</u><u>重さから比例で求める</u>と次のとおり。

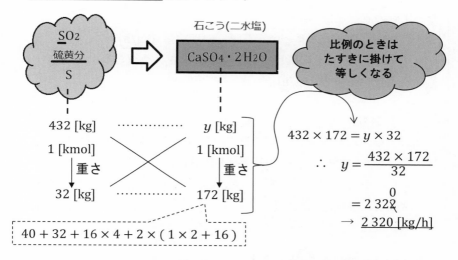

(**ポイント**)　(3) は (1) の硫黄分 480 [kg] がすべて石こうになったとして求めた後、最後にその 90 [%] を答えても同じ答になりますが、<u>最後に 0.90 を掛けるのを忘れやすいので、上の解答のようにやりましょう。</u>

　また、この問題では $CaCO_3$ と $CaSO_4 \cdot 2H_2O$ の分子式を暗記するか、それぞれの分子量の値 (100 と 172) を暗記してしまうかしないと、答が出せません。<u>暗記ができてから次の問に進んでください。</u>

Check!

*55　硫黄分 1.5 [wt%] の重油を 896 [kg/h] で燃焼しているボイラーの排ガスを石灰スラリー吸収法によって脱硫し、石こうを回収している。このとき、次の値を求めよ。ただし、Ca の原子量は 40 とする。

　(1)　脱硫に必要となる石灰石の理論量　[kg/h]

　(2)　脱硫率が 95 [%] のとき、回収される石こう(二水塩)の理論量　[kg/h]

□
□
□
□
□

*55 硫黄分 1.5 [wt%] の重油を 896 [kg/**h**] で燃焼している
ボイラーの排ガスを石灰スラリー吸収法によって脱硫し、石
こうを回収している。このとき、次の値を求めよ。ただし、
Ca の原子量は 40 とする。
   (1) 脱硫に必要となる石灰石の理論量 [kg/**h**]
   (2) 脱硫率が 95 [%] のとき、回収される石こう(二水塩)
      の理論量 [kg/**h**]

解 (1) **1 時間に** 896 [kg] の重油を使い、そのうちの 1.5 [%] が硫黄
   だから、1 時間あたりに発生する排ガス中の硫黄分の重さは
$$896 \, [kg] \times 0.015 = 13.44 \, [kg] \quad \cdots\cdots \text{①}$$
   とわかる。この硫黄をすべて脱硫するのに必要な石灰石の理論量を
   x [kg] とおいて図を描くと下のようになって、これよりそれぞれの
   1 [kmol] の重さから比例で求めると次のとおり。

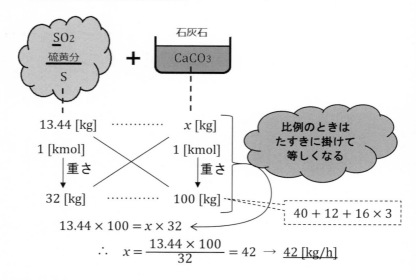

(2) 脱硫率が 95 [%] なので、1 時間に反応することができる硫黄の
   量は ① の量の 95 [%] つまり 13.44 [kg] × 0.95 = 12.768 [kg] で
   ある。

いま、この硫黄分から作られる石こう(二水塩) の理論量を y [kg] と
おいて図を描くと下のようになって、これよりそれぞれの 1 [kmol] の
重さから比例で求めると次のとおり。

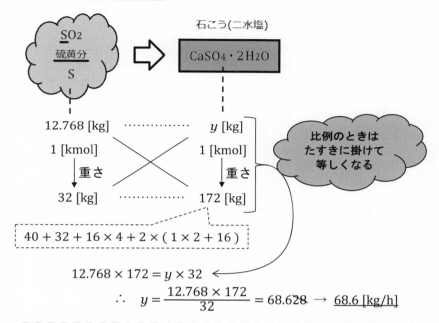

$$12.768 \times 172 = y \times 32$$

$$\therefore \quad y = \frac{12.768 \times 172}{32} = 68.628 \rightarrow \underline{68.6 \ [kg/h]}$$

(補足)　脱硫率とは、硫黄分をどれだけ除去できたかを表しています。
　　　　たとえどんなに理論値以上の石灰石を使ったとしても、**気体中の**
　　　　硫黄分ですから完全に取り除くことが難しいことは想像できる
　　　　と思います。そして、生成物としての石こう(二水塩) の理論量に
　　　　ついては、実際に除去できた分、つまり、脱硫率を掛けた値から
　　　　その値を答えることができます。

＜脱硫率 95 [%] のとき＞

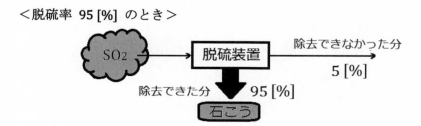

（例題） SO_2 を 350 [ppm] 含む排ガス 300 万 [m³ℕ] について、次の値を求めよ。

   (1)   排ガス中に含まれる SO_2 のモル数 [kmol]

   (2)   排ガス中に含まれる硫黄分の重さ [kg]

（解） (1)   排ガス 300 万 [m³ℕ] 中に SO_2 が 350 [ppm] 含まれるので、その**体積**は

$$3\,000\,000 \times \frac{350}{1\,000\,000} = 1\,050 \ [m³ℕ] \ \cdots\cdots ①$$

とわかる。ここで 1 [kmol] の**体積**は 22.4 [m³ℕ] なので、求めるモル数はこれで割って

$$1\,050 \div 22.4 = 46.\overset{9}{8}\overset{}{7}\overset{}{5}$$

$$\rightarrow \underline{46.9 \ [kmol]}$$

（図: 1 [kmol] の SO_2 → 22.4 [m³ℕ]）

(2) SO_2 1 [kmol] 中の硫黄分の**重さ**が 32 [kg] だから、(1) の結果を使って

$$32 \ [kg/kmol] \times 46.875 \ [kmol] = \underline{1\,500 \ [kg]}$$

（図: 1 [kmol] の SO_2 硫黄分 32 [kg]）

（補足） (2) だけ聞かれた場合、① のあと排ガス中に含まれる硫黄分の重さを x [kg] とおいて図を描くと下のようになって、これよりそれぞれの 1 [kmol] の**体積**と**重さ**から比例で求めると次のようになります。

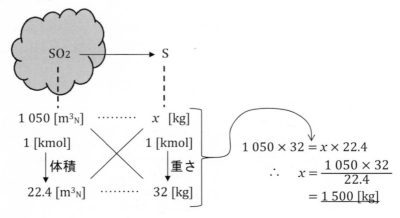

③　水酸化マグネシウムスラリー吸収法

吸収液に水酸化マグネシウム(Mg(OH)$_2$) を用いて SO$_2$ を吸収し、その後、酸化して最終的に無害な硫酸マグネシウム(MgSO$_4$) を生じさせる、次の化学反応式を利用したやり方になります。(本当は途中にたくさんの過程がありますが、すべて省略しています)

$$SO_2 + Mg(OH)_2 + \frac{1}{2}O_2 \rightarrow MgSO_4 + H_2O$$

そして、このうち SO$_2$　1 [kmol] に反応する問題を解くのに必要となるものの図を描くと次のようになります。

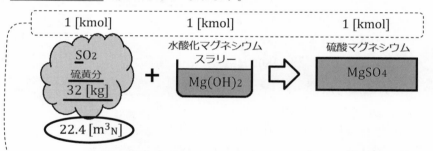

→石灰スラリー吸収法も水酸化マグネシウムスラリー吸収法も、出題される部分の物質はすべて 1 [kmol] ずつで反応しています。だから、例えば硫黄分または SO$_2$ の反応したモル数が 10 [kmol] だったとすると、関係する他の物質のモル数も同じ量で 10 [kmol] ということになります。

---

56 SO$_2$ 700 [ppm] を含む排ガス 72 万 [m³N/h] を水酸化マグネシウムスラリー吸収法で処理する排煙脱硫装置がある。次の値を求めよ。

(1)　排ガス中の SO$_2$ の量 [kmol/h]

(2)　脱硫率 92 [%] 、水酸化マグネシウムの反応率 90 [%] のとき、必要な水酸化マグネシウムの理論量 [kmol/h]

Check!
□
□
□
□
□

56 SO₂ 700 [ppm] を含む排ガス 72 万 [m³_N/**h**] を水酸化
マグネシウムスラリー吸収法で処理する排煙脱硫装置が
ある。次の値を求めよ。

(1) 排ガス中の SO₂ の量 [kmol/**h**]

(2) 脱硫率 92 [%]、水酸化マグネシウムの反応率 90 [%]
のとき、必要な水酸化マグネシウムの理論量 [kmol/**h**]

解 (1) <u>1 時間に発生する排ガス 72 万 [m³_N]</u> について、SO₂ が
700 [ppm] 含まれるので、その**体積**は

$$720\,000 \times \frac{700}{1\,000\,000} = 504\,[\text{m}^3{}_\text{N}]$$

とわかる。ここで 1 [kmol] の**体積**は 22.4 [m³_N]
なので、求めるモル数はこれで割って

$$504 \div 22.4 = 22.5\,[\text{kmol}] \quad \cdots\cdots ①$$

$$\rightarrow \underline{22.5\,[\text{kmol/h}]}$$

1 [kmol]

SO₂

22.4 [m³_N]

(2) 脱硫率が 92 [%] なので、実際に
反応した <u>SO₂ のモル数</u>は ① より

$$22.5 \times 0.92 = 20.7\,[\text{kmol}]$$

で、反応した<u>水酸化マグネシウムの
モル数</u>も**同じ** 20.7 [kmol] とわかる。

SO₂

除去できな
かった分

22.5 [kmol]   92 [%] ← 除去できた分

いま、<u>反応に必要となる水酸化マグネシウムの理論量を x [kmol]</u>
<u>とおく</u>と、<u>反応できた 20.7 [kmol] 分</u>は
<u>x [kmol] の 90 [%]</u>にあたるので

$$x \times 0.90 = 20.7\,[\text{kmol}]$$

が成り立つ。よって、

$$\therefore \quad x = \frac{20.7}{0.90} = 23\,[\text{kmol}] \quad \cdots\cdots ②$$

$$\rightarrow \underline{23\,[\text{kmol/h}]}$$

Mg(OH)₂   反応できな
かった分

x [kmol]   90 [%] ← 反応できた分
20.7 [kmol]

（補足） 上の結果から、必要となる Mg(OH)₂ の理論量（②）と、発生して
いる SO₂（①）のモル比は、次のように答えられます。

$$\frac{\text{Mg(OH)}_2}{\text{SO}_2} = \frac{23\,[\text{kmol}]}{22.5\,[\text{kmol}]} \fallingdotseq 1.022 \quad \rightarrow \underline{1.02}$$

④ アンモニア接触還元法

　これは、アンモニア(NH_3)を用いて有害な一酸化窒素(NO)を分解（還元）する、<u>次の化学反応式を利用したやり方</u>を言います。

$$\underline{4\,NO} \;+\; \underline{4\,NH_3} \;+\; O_2 \;\rightarrow\; 4\,N_2 \;+\; 6\,H_2O$$

　下図のように、<u>NO 4 [kmol] に反応する NH_3 のモル数を考えると、4 [kmol] と等しく</u>、また、NO と NH_3 はともに気体なので<u>体積も等しくなります</u>。ということで、<u>この 2 つのモル比と体積比をそれぞれ計算すると、理論上は</u>いずれも 1 となります。

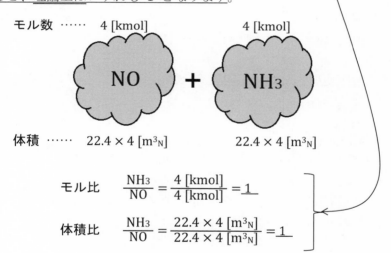

モル数 ……　4 [kmol]　　　　　　　　　4 [kmol]

NO ＋ NH₃

体積 ……　$22.4 \times 4\ [\text{m}^3{}_N]$　　　　$22.4 \times 4\ [\text{m}^3{}_N]$

モル比　$\dfrac{NH_3}{NO} = \dfrac{4\ [\text{kmol}]}{4\ [\text{kmol}]} = \underline{1}$

体積比　$\dfrac{NH_3}{NO} = \dfrac{22.4 \times 4\ [\text{m}^3{}_N]}{22.4 \times 4\ [\text{m}^3{}_N]} = \underline{1}$

57　NO 250 [ppm] を含む燃焼排ガス 28 万 $[\text{m}^3{}_N/\text{h}]$ を、アンモニア接触還元法で処理する排煙脱硝装置がある。NH_3/NO (モル比) を 0.88 とするとき、必要な NH_3 量 $[\text{m}^3{}_N/\text{h}]$ はいくらか。

57 NO 250 [ppm] を含む燃焼排ガス 28 万 [m³N/**h**] を、アンモニア接触還元法で処理する排煙脱硝装置がある。NH₃/NO (モル比) を 0.88 とするとき、必要な NH₃ 量 [m³N/**h**] はいくらか。

解 **1 時間に発生する排ガス 28 万 [m³N]** について、NO が 250 [ppm] 含まれるので、まず NO の体積が

$$280\,000 \times \frac{250}{1\,000\,000} = 70 \text{ [m³N]} \quad \cdots\cdots \text{（＊）}$$

とわかる。(→ ここより**別解**あり)

そして、この NO のモル数を調べると、1 [kmol] の体積が 22.4 [m³N] なので、これで割って

$$\text{NO} = 70 \div 22.4 = 3.125 \text{ [kmol]} \quad \cdots\cdots ①$$

とわかる。

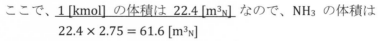

1 [kmol]

NO

22.4 [m³N]

いま、NH₃/NO (モル比) が 0.88 なので

$$\frac{\text{NH}_3}{\text{NO}} = 0.88 \text{ に ① を代入して}$$

$$\frac{\text{NH}_3}{3.125} = 0.88 \text{ より}$$

$$\therefore \quad \text{NH}_3 = 0.88 \times 3.125 = 2.75 \text{ [kmol]}$$

とわかる。

ここで、1 [kmol] の体積は 22.4 [m³N] なので、NH₃ の体積は

$$22.4 \times 2.75 = 61.6 \text{ [m³N]}$$

とわかる。よって、求める量は 61.6 [m³N/h]

1 [kmol]

NH₃

22.4 [m³N]

別解 NO と NH₃ はいずれも気体なので、モル比と体積比は等しくなる。つまり、NH₃/NO (モル比) が 0.88 より NH₃/NO (体積比) も 0.88 になるから

$$\frac{\text{NH}_3}{\text{NO}} = 0.88 \text{ に（＊）を代入して}$$

$$\frac{\text{NH}_3}{70} = 0.88 \text{ より}$$

$$\therefore \quad \text{NH}_3 = 0.88 \times 70 = 61.6 \text{ [m³N]}$$

とわかる。よって、求める量は 61.6 [m³N/h]

以上で第5章は終わりです。お疲れさまでした。

折角ですからここまでで身につけた力を用いて、下の問題（**58**）にチャレンジしてみて下さい。

P 175〈補充問題〉の答

（P 172〜173 の解答に続いて以下のとおり）
水(H_2O) の分子量が $1 \times 2 + 16 = 18$ より、① から発生する水蒸気の**体積**を $y\,[\text{m}^3{}_\text{N}]$ とおいて、比例で求めると

重さ	体積
0.32 [kg]	y [m³ₙ]
18 [kg]	22.4 [m³ₙ]

$$0.32 \times 22.4 = y \times 18$$

$$\therefore\quad y = \frac{0.32 \times 22.4}{18}$$

$$\fallingdotseq 0.398\,22\,[\text{m}^3{}_\text{N}] \quad \cdots\cdots ⑦$$

よって、求める湿り燃焼排ガス量 SG は
SG $= A + \triangle + ($ ② から発生する $N_2) + ($ ① から発生する $H_2O)$
なので、④（*）⑥ ⑦ を代入して
SG $= 7.585\,7 + 0.224 + 0.016 + 0.398\,22$
$= 8.223\,92 \;\rightarrow\; \underline{8.22\,[\text{m}^3{}_\text{N}/\text{kg}]}$

SG $= \text{KG} + \triangle + ($ ① から発生する $H_2O)$
と書けるので、（＊＊）（＊）⑦ を代入して
SG $= 7.377\,7 + 0.224 \times 2 + 0.398\,22 = 8.223\,92$
とやっても良い

---

58 空気 1 [m³ₙ] の重さ [kg] を求めよ。ただし、空気の組成は窒素 79 [vol%]、酸素 21 [vol%] とする。

空気 1 [m³ₙ]

窒素 79 [%]	酸素 21 [%]

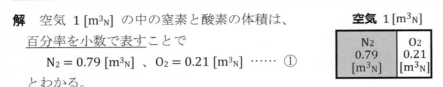

58 空気 1 [m³ₙ] の重さ [kg] を求めよ。ただし、空気の
組成は窒素 79 [vol%] 、酸素 21 [vol%] とする。

解 空気 1 [m³ₙ] の中の窒素と酸素の体積は、
百分率を小数で表すことで

空気 1 [m³ₙ]

$$N_2 = 0.79 \ [m^3_N] \ 、 \ O_2 = 0.21 \ [m^3_N] \ \cdots\cdots \ ①$$

とわかる。

いま、下図のように、窒素と酸素の 1 [kmol] の体積はどちらも 22.4 [m³ₙ] であるが、重さはそれぞれ $14 \times 2 = 28$ [kg] と $16 \times 2 = 32$ [kg] となるので、① の窒素の重さを x [kg] 、酸素の重さを y [kg] とおいて、それぞれ比例で求めると次のとおり。

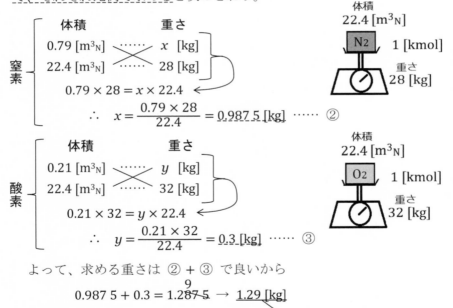

よって、求める重さは ② + ③ で良いから

$$0.987\,5 + 0.3 = 1.287\,5 \rightarrow \underline{1.29} \ [kg]$$

（補足） 1 [m³] あたりの重さを 密度 と言うので、標準状態(0 [℃] 、1 気圧)の空気の密度は 1.29 [kg/m³ₙ] と言うことができます。

6. 流速と水分量

(ア) 圧力と温度と密度

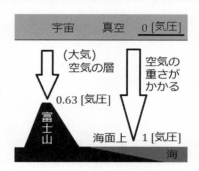

　海面上での大気圧の標準値を 1 [気圧] と言うことは、P 22 で紹介しました。そして、真空の状態を 0 [気圧] と言うので、空気の層が少ない富士山の山頂では約 0.63 [気圧] になるそうです。

　ところで、天気予報でも「気圧」という言葉が良く出てきて、ここでは [hPa]（ヘクトパスカル）という単位が使われています。この「ヘクト」は「センチ」と同じ 補助単位 で、「センチ」が $\frac{1}{100}$ 倍を、「ヘクト」が 100 倍を表します。そして、1 [気圧] は 1 013 [hPa] に相当するので、次のように書くことができます。

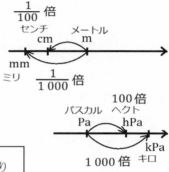

$$1 [気圧] = 1\,013 \, [hPa]（パスカル）= 101\,300 \, [Pa] \ より$$
$$\underline{1 [気圧] = 101.3 \, [kPa]（キロパスカル）}（要暗記）$$

　さて、右の写真は 0.1 [MPa]（メガパスカル）= 100 [kPa] まで計れる圧力計です。外した状態なので 0 [Pa] を指していますが、決してここが真空ということではありません。このように、大気圧を基準(0) とした圧力計の示す値のことを ゲージ圧力 、真空を基準(0) とした圧力のことを 絶対圧力 と言い、次のように書くことができます。

$$絶対圧力（絶対圧）= 大気圧 ＋ ゲージ圧力（ゲージ圧）$$

207

(例) 大気圧が $P_a = 100.0$ [kPa] で
ゲージ圧力が $P_g = 7.5$ [kPa] の
ときの絶対圧力は
$P = 100.0 + 7.5 = \underline{107.5 \text{ [kPa]}}$
となります。

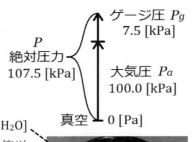

右の写真も圧力計ですが、単位が [mmH₂O]
です。これを [Pa] に換算するのは意外と簡単
で、重力加速度の 9.8 を掛けるだけです。

$$[\text{Pa}] = 9.8 \times [\text{mmH}_2\text{O}] \quad \cdots\cdots \quad (\text{※})$$

(例) 右の写真の指示値は 28 [mmH₂O]
なので、[Pa] で表すと
$P_g = 9.8 \times 28 = \underline{274.4 \text{ [Pa]}}$

このように書ける理由を説明します。

まず、圧力を測る道具として右図のような
ものを考えます。内径が $2r$ [m] の透明な
ホースで、A 側は横向きに、B 側は上向きに
口が開いていて、中には水が入っています。

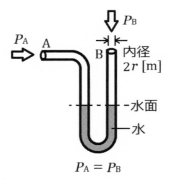

そして、風が吹いていないときは、ホース
の両端(A、B)から入る空気の圧力はどちらも
同じ($P_A = P_B =$ 大気圧)になるので、ホース
内の水面の高さには差が生じません。しかし、
次頁の図のように横から風が吹いたときは、風の力が加わる方(A) の空気
は押され、風の力を受けない方(B) は大気圧のままで変化しないので、
$P_A > P_B$ となって左側の水面が下に押され水面の高さに差が生じます。

$P_A =$ 大気圧 **＋ 風圧**
$P_B =$ 大気圧

この 2 つの圧力の差 (差圧) は、$P_A - P_B =$ 風圧 になります。

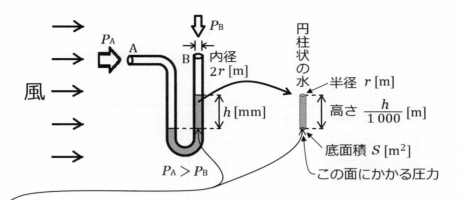

そして、このときにできる水面の高さの差は風圧によるものなので、この円柱状の水の、底面にかかる圧力が風圧に等しいと言えます。

　それではこの圧力を求めてみましょう。まず、ホースの内径は $2r$ [m] より、この円柱の半径は　$2r \div 2 = r$ [m]　となるので、底面積 S は

$$S = \pi r^2 \text{ [m}^2\text{]} \ \cdots\cdots \ \text{①}$$

となります。いま、この水の高さを h [mm] とすると　$\dfrac{h}{1\,000}$ [m] と書けるので、体積 V は ① を用いて

$$V = S \times \frac{h}{1\,000} = \pi r^2 \times \frac{h}{1\,000} = \frac{\pi r^2 h}{1\,000} \text{ [m}^3\text{]} \ \cdots\cdots \ \text{②}$$

となります。いま、この水の重さを m とおくと、水の重さは 1 [m³] あたり 1 000 [kg] なので、 ② を 1000 倍して

$$m = \frac{\pi r^2 h}{1\,000} \times 1\,000 = \pi r^2 h \text{ [kg]}$$

となります。これより、円柱の底面にかかる力 F は、重力加速度 $g = 9.8$ [m/s²] を用いて

$$F = mg = \pi r^2 h \times 9.8 \text{ [N]} \ \cdots\cdots \ \text{③}$$

と書けます。そして、圧力の定義は $P = \dfrac{F}{S}$ なので底面にかかる圧力 P は ①③ を代入して

$$P = \frac{\pi r^2 h \times 9.8}{\pi r^2} = 9.8h \text{ [Pa]} \quad (\textbf{注意}\quad h \text{ の単位は [mm] です})$$

となって、左頁の（※）の関係式を導くことができました。

　（（＊）P41（**補足**）で、水の密度は **1 000 [kg/m³]** でした ）

下図のように、配管内を流れるガスについては、流速 v の影響を受けない配管内の圧力を 静圧 、流速 v によって発生する圧力を 動圧 と言い、静圧と動圧の和を 全圧 と言います。だから、全圧と静圧の差圧が動圧ということになります。

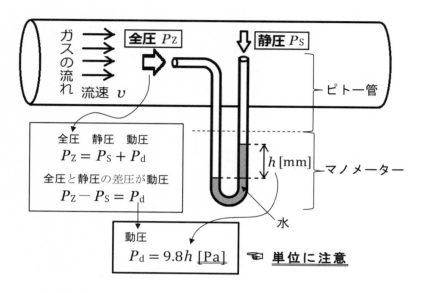

全圧　静圧　動圧
$$P_Z = P_S + P_d$$
全圧と静圧の差圧が動圧
$$P_Z - P_S = P_d$$

動圧
$$P_d = 9.8h \text{ [Pa]}$$ ☞ 単位に注意

　そして、上の図はイメージですが、実際にはそれぞれに下のような名前の器具があります。

全圧と静圧を検出する器具 …… ピトー管
水位の差を測定する器具 …… マノメーター

　また、上の図では差圧(動圧)を鉛直方向の水位の差で測っていますが、次頁の上図の右側のように、管を傾斜させて値を拡大して読みやすくしたものを 傾斜マノメーター と言います。
　そして、傾斜角が 30° のときは、図のように補助線を入れて正三角形 ABC を描き、読み値が x [mm] のときは、AB ＝ AC より $x = 2h$ となるので $h = \dfrac{x}{2}$ として、これを通常のマノメーターの読み値とします。

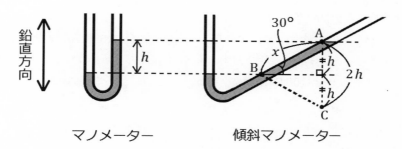

マノメーター　　　　　　傾斜マノメーター

（例題）　傾斜マノメーターの傾斜角を 30° と
して差圧液柱（水）の長さを拡大した場
合の読みは 40 [mm] であった。このと
きの差圧 [Pa] はおよそいくらか。ただ
し、水の密度は 1 000 [kg/m³] とする。

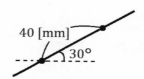

（解）　図に正三角形 ABC を描き加え、さらに
<u>通常のマノメーターでの読み値を h と
おくと、$h = 40 \div 2 = 20$ [mm]</u> とわかる。

$$\left[\text{公式で } h = \frac{x}{2} = \frac{40}{2} = 20 \text{ でも可} \right]$$

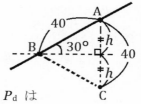

　　つまり、20 [mmH₂O] なので、求める差圧 P_{d} は

$$P_{\mathrm{d}} = 9.8h = 9.8 \times 20 = \underline{196 \text{ [Pa]}} \quad (\because \text{P 210})$$

---

*59　次の問に答えよ。

(1)　ダクト内のガスの静圧（ゲージ圧）が 2.6 [kPa] のとき、
これを絶対圧力で表すと何 [kPa] になるか。ただし、大
気圧を 100.9 [kPa] とする。

(2)　ダクト内の動圧を傾斜角 30 度の単管傾斜圧力計で測
定したところ、拡大された差圧液柱の長さが 6.0 [mm]
であった。このときの動圧 [Pa] はおよそいくらか。ただ
し、液の密度は 1 000 [kg/m³] とする。

*59 次の問に答えよ。

  (1) ダクト内のガスの静圧(ゲージ圧) が 2.6 [kPa] のとき、これを絶対圧力で表すと何 [kPa] になるか。ただし、大気圧を 100.9 [kPa] とする。

  (2) ダクト内の動圧を傾斜角 30 度の単管傾斜圧力計で測定したところ、拡大された差圧液柱の長さが 6.0 [mm] であった。このときの動圧 [Pa] はおよそいくらか。ただし、液の密度は 1 000 [kg/m³] とする。

解 (1) ガスの静圧(ゲージ圧) が

$P_g = 2.6$ [kPa] で、大気圧が

$P_a = 100.9$ [kPa] より、

ガスの静圧(絶対圧力) は

$P_s = 100.9 + 2.6 = \underline{103.5\ [kPa]}$

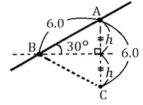

(2) 図を描くと右のとおり。ここに正三角形を描き加え、さらに、通常のマノメーターでの読み値を h とおくと、

$h = 6.0 \div 2 = \underline{3.0\ [mm]}$ とわかる。

$\left[\text{公式で } h = \dfrac{x}{2} = \dfrac{6.0}{2} = 3.0 \text{ でも可} \right]$

  ここで、液の密度が 1 000 [kg/m³] より、

液体は水とみなして良いので 3.0 [mmH₂O] とすると、求める動圧は

$$P_d = 9.8h = 9.8 \times 3.0 = \underline{29.4\ [Pa]} \quad (\because \text{P 210})$$

(補足) 全圧のことを動圧と勘違いしやすいかもしれません。しかし、「動圧の単位は [Pa] 、それ以外の圧力の単位は [kPa] で表すことが多い」ということを覚えておけば、この後に出てくる公式に当てはめるとき、単位の部分を見てどこに代入するかを間違えることが無くなると思います。どうぞ、「動圧の単位だけは [Pa]」と、しっかり覚えて下さい。

絶対圧力と言う言葉と同様に、温度についても
絶対温度 という言葉があり、右表のような対応に
なります。 これを見てわかるように

温度 θ [℃]	絶対温度 T [K]
$\vdots$	$\vdots$
100	373
$\vdots$	$\vdots$
3	276
2	275
1	274
0	273
$\vdots$	$\vdots$
−270	3
−271	2
−272	1
−273	0

$\boxed{\theta \text{ [℃] を絶対温度で表すと } T = 273 + \theta \text{ [K]}}$

と書くことができます。

(例) ダクト内のガスの温度が 120 [℃] のとき、
この温度を<u>絶対温度で表す</u>と、$\theta = 120$ を
上の公式に代入して

$$T = 273 + 120 = \underline{393 \text{ [K]}}$$

となります。

ちなみに、<u>絶対圧力と絶対温度にはマイナスの値がありません</u>。

それでは最後に、気体の密度について考えます。 まず、空気の密度は
P 206 の(**補足**)で説明したように、標準状態 (0 [℃] 、1 [気圧]) で
$\rho = 1.29$ [kg/m³ℕ] でした。 つまり、絶対温度 273 [K] 、絶対圧力 1 013
[kPa] で 1 [m³] あたりの重さが 1.29 [kg] でした。 それでは、下図のよう
に、$V = 1$ [m³] の空気を、<u>圧力だけを上昇させた場合</u>と、<u>温度だけを上昇</u>
<u>させた場合</u>について、それぞれ<u>体積 (V) がどうなるか</u>想像してみて下さ
い。 そして、<u>密度の値 ($\rho = \dfrac{m}{V}$)</u> もどうなるか考えてみて下さい。

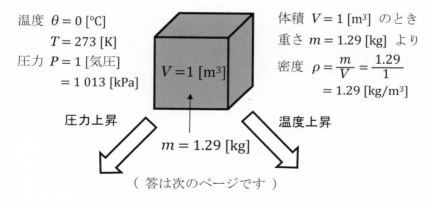

温度 $\theta = 0$ [℃]
  $T = 273$ [K]
圧力 $P = 1$ [気圧]
  $= 1 013$ [kPa]

$V = 1$ [m³]

$m = 1.29$ [kg]

圧力上昇

温度上昇

体積 $V = 1$ [m³] のとき
重さ $m = 1.29$ [kg] より
密度 $\rho = \dfrac{m}{V} = \dfrac{1.29}{1}$
  $= 1.29$ [kg/m³]

(答は次のページです)

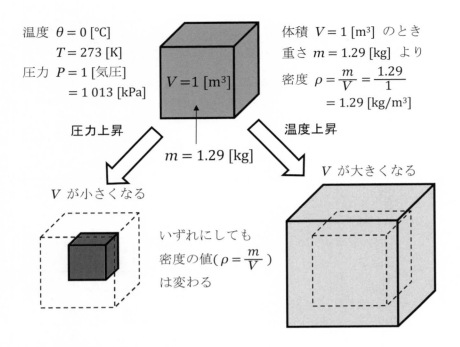

温度 $\theta = 0$ [℃]
    $T = 273$ [K]
圧力 $P = 1$ [気圧]
    $= 1\,013$ [kPa]

$V = 1$ [m³]

体積 $V = 1$ [m³] のとき
重さ $m = 1.29$ [kg] より
密度 $\rho = \dfrac{m}{V} = \dfrac{1.29}{1}$
    $= 1.29$ [kg/m³]

圧力上昇

温度上昇

$m = 1.29$ [kg]

V が大きくなる

V が小さくなる

いずれにしても
密度の値 $(\rho = \dfrac{m}{V})$
は変わる

　まず、圧力を上昇させると押しつぶすことになるので<u>体積 V が小さくなり</u>、これにより<u>密度の値 $(\rho = \dfrac{m}{V})$ は大きくなります</u>。

　次に、温度を上昇させると膨らもうとするので<u>体積 V が大きくなり</u>、これにより<u>密度の値 $(\rho = \dfrac{m}{V})$ は小さくなります</u>。

　ということで、<u>絶対温度 T [K]、絶対圧力 P [kPa] のときの気体の密度 ρ</u>は、標準状態(0 [℃]、1 [気圧])の気体の密度 ρ_0 [kg/m³N] を使って

(0 [℃] = 273 [K] のこと)

$$\rho = \rho_0 \times \frac{273}{T} \times \frac{P}{101.3} \quad [\text{kg/m}^3]$$

(1 [気圧] = 101.3 [kPa] のこと)

で求められます。そして、P の部分を静圧 P_S(絶対圧力) [kPa] にして、

$$\rho = \rho_0 \times \frac{273}{T} \times \frac{P_S}{101.3} \quad [\text{kg/m}^3]$$

さらに、<u>静圧 P_S は大気圧 P_a [kPa] とゲージ圧力 P_g [kPa] の和</u>なので

$$\rho = \rho_0 \times \frac{273}{273 + \theta} \times \frac{P_a + P_g}{101.3} \quad [\text{kg/m}^3]$$

と書くことができます。

この公式の暗記の仕方は、「**下はシーター、上はピー**(警報音)」です。

(例題) ダクトを流れるガスの温度 θ 127 [℃] 、大気圧 P_a 100.2 [kPa] 、静圧 (ゲージ圧) P_g が 2.8 [kPa] のとき、管内のガスの密度 [kg/m³] はおよそいくらか。なお、標準状態のガスの密度は、ρ_0 1.30 [kg/m³] とする。

(解) 図を描くと下のとおり。上の公式に代入して

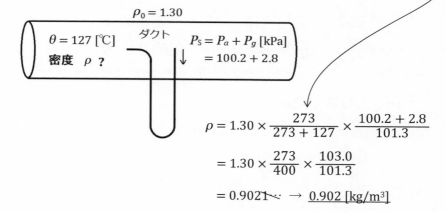

$$\rho = 1.30 \times \frac{273}{273 + 127} \times \frac{100.2 + 2.8}{101.3}$$

$$= 1.30 \times \frac{273}{400} \times \frac{103.0}{101.3}$$

$$= 0.9021\cdots \rightarrow \underline{0.902\ [\text{kg/m}^3]}$$

---

*60 160 [℃] の燃焼排ガスが流れるダクト内について、大気圧が 100.4 [kPa] 、静圧(ゲージ圧) が 1.6 [kPa] のとき、管内のガスの密度 [kg/m³] はおよそいくらか。なお、標準状態のガスの密度は、1.30 [kg/m³] とする。

Check!

□

□

□

□

□

*60 160 [℃] の燃焼排ガスが流れるダクト内について、大気圧が 100.4 [kPa] 、静圧(ゲージ圧) が 1.6 [kPa] のとき、管内のガスの密度 [kg/m³] はおよそいくらか。なお、標準状態のガスの密度は、1.30 [kg/m³] とする。

ρ_0

解 図を描くと右のとおり。公式に代入して

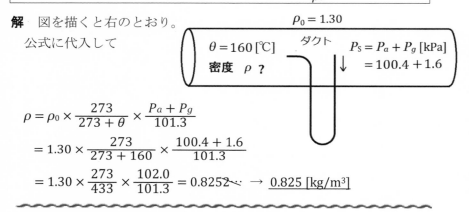

$\rho_0 = 1.30$

$\theta = 160$ [℃]
密度 ρ ?

ダクト

$P_S = P_a + P_g$ [kPa]
$= 100.4 + 1.6$

$$\rho = \rho_0 \times \frac{273}{273 + \theta} \times \frac{P_a + P_g}{101.3}$$

$$= 1.30 \times \frac{273}{273 + 160} \times \frac{100.4 + 1.6}{101.3}$$

$$= 1.30 \times \frac{273}{433} \times \frac{102.0}{101.3} = 0.8252\cdots \rightarrow \underline{0.825 \text{ [kg/m}^3\text{]}}$$

(イ) ガスの流速

下図のようなダクト内を流れるガスの流速 v は、次の式で求められます。

$$v = c\sqrt{\frac{2P_d}{\rho}} \quad \text{[m/s]}$$

c : ピトー管係数
P_d : 動圧 [Pa]
ρ : 管内のガス密度 [kg/m³]

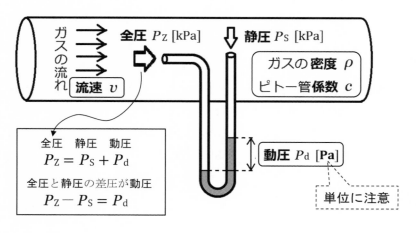

ガスの流れ
全圧 P_Z [kPa]
静圧 P_S [kPa]
流速 v
ガスの **密度** ρ
ピトー管係数 c

全圧 静圧 動圧
$P_Z = P_S + P_d$
全圧と静圧の差圧が動圧
$P_Z - P_S = P_d$

動圧 P_d **[Pa]**

単位に注意

（例） ダクト中を流れる密度 1.30 [kg/m³] のガスがある。ピトー管係数 0.94 のピトー管を用いて動圧を測定して 25 [Pa] になったとすると、図は下のように描ける。そして、このときのガスの流速 v は

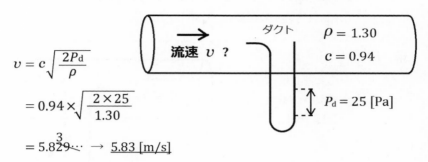

$$v = c\sqrt{\frac{2P_\mathrm{d}}{\rho}}$$

$$= 0.94 \times \sqrt{\frac{2 \times 25}{1.30}}$$

$$= 5.829\cdots \rightarrow \underline{5.83\,[\mathrm{m/s}]}$$

と求めることができます。

（補足） まず、左頁の公式を何回か書いて暗記しましょう。そして、ピトー管係数は機器固有の値なので、ふつうは問題文の中で与えられます。また、記載が無くても JIS 型標準ピトー管の場合はこの値を $c = 1$ とすることができます。**（要暗記）**

＊61 ピトー管係数 0.93 のピトー管で、常温の排ガス流の動圧を測定し、水柱で 4.0 [mm] となった。水の密度を 1 000 [kg/m³] とすると、流速 [m/s] はおよそいくらか。ただし、ガスの密度は 1.30 [kg/m³] とする。

Check!
□
□
□
□
□

> ***61** ピトー管係数 0.93 のピトー管で、常温の排ガス流の
> 動圧を測定し、水柱で 4.0 [mm] となった。水の密度を
> 1 000 [kg/m³] とすると、流速 [m/s] はおよそいくらか。
> ただし、ガスの密度は 1.30 [kg/m³] とする。

解　図を描くと右のとおり。

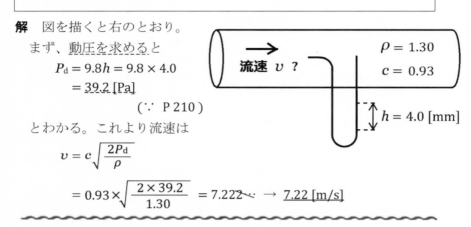

まず、<u>動圧を求めると</u>

$$P_d = 9.8h = 9.8 \times 4.0$$
$$= \underline{39.2}\,[\text{Pa}]$$

$$(\because \text{P 210})$$

とわかる。これより流速は

$$v = c\sqrt{\frac{2P_d}{\rho}}$$

$$= 0.93 \times \sqrt{\frac{2 \times 39.2}{1.30}} = 7.222\cdots \rightarrow \underline{7.22\,[\text{m/s}]}$$

(例題)　温度 175 [℃] 、静圧(ゲージ圧) 1.9 [kPa] の排ガスにおいて、
ピトー管による動圧測定値は 35 [Pa] であった。このときの排ガス
流速 [m/s] は、およそいくらか。

　ここで、標準状態(0 [℃] 、101.3 [kPa]) での排ガスの密度は
1.30 [kg/m³] とし、ピトー管係数は 0.92 とする。

(解)　図を描くと下のとおり。

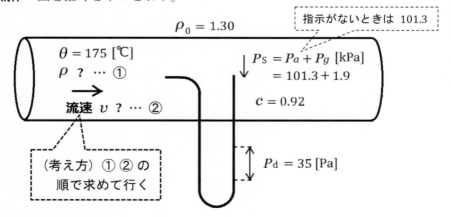

まず、① のダクト内のガス密度 ρ を求めると、

$$\rho = \rho_0 \times \frac{273}{273 + \theta} \times \frac{P_a + P_g}{101.3}$$

$$= 1.30 \times \frac{273}{273 + 175} \times \frac{101.3 + 1.9}{101.3}$$

$$= 1.30 \times \frac{273}{448} \times \frac{103.2}{101.3}$$

$$\fallingdotseq \underline{0.807\ 05\ [\mathrm{kg/m^3}]}$$

これより、② の流速 v は、

$$v = c \sqrt{\frac{2P_\mathrm{d}}{\rho}} = 0.92 \times \sqrt{\frac{2 \times 35}{0.807\ 05}}$$

$$= 8.5\overset{7}{6}8\cdots \rightarrow \underline{8.57\ [\mathrm{m/s}]}$$

---

*62 JIS による標準ピトー管を用いて、ダクトを流れる 117 [℃] の燃焼排ガスの動圧を測定したところ、42 [Pa] であった。排ガスの流速 [m/s] はおよそいくらか。ただし、ダクト内の静圧は 102.5 [kPa] であり、0 [℃] における排ガスの密度は 1.30 [kg/m³] とする。

$c = 1$ （∵ P 217 **補足**）

＊62 JIS による標準ピトー管を用いて、ダクトを流れる
117 [℃] の燃焼排ガスの動圧を測定したところ、42 [Pa]
であった。排ガスの流速 [m/s] はおよそいくらか。ただし、
ダクト内の静圧は 102.5 [kPa] であり、0 [℃] における排
ガスの密度は 1.30 [kg/m³] とする。

解 図を描くと下のとおり。

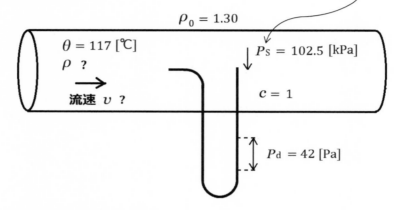

まず、ダクト内のガス密度 ρ を求めると、

$$\rho = \rho_0 \times \frac{273}{273 + \theta} \times \frac{P_S}{101.3}$$

$$= 1.30 \times \frac{273}{273 + 117} \times \frac{102.5}{101.3}$$

$$= 1.30 \times \frac{273}{390} \times \frac{102.5}{101.3}$$

$$\fallingdotseq 0.920\,78\,[\text{kg/m}^3]$$

これより、流速 v は、

$$v = c\sqrt{\frac{2P_d}{\rho}} = 1 \times \sqrt{\frac{2 \times 42}{0.920\,78}} = 9.551\cdots \rightarrow \underline{9.55\,[\text{m/s}]}$$

（補足） ダクト内の静圧について、「ゲージ圧」と書いていないときは
最初から絶対圧力の値を表すことが多いです。

（例題） ダクト中を流れる密度 1.30 [kg/m³] のガスの流速を、ピトー管係数 0.94 のピトー管を用いて測定したところ、8.6 [m/s] だった。このとき、ピトー管で得られた動圧 [Pa] はいくらか。

（解） まず、求める動圧を x [Pa] とおいて図を描くと下のとおり。

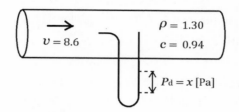

流速の公式 $v = c\sqrt{\dfrac{2P_d}{\rho}}$ に代入して

$$8.6 = 0.94 \times \sqrt{\frac{2x}{1.30}} \quad \text{を解く。}$$

$$\sqrt{\frac{2x}{1.30}} = \frac{8.6}{0.94}$$

（2乗して）

$$\frac{2x}{1.30} = \left(\frac{8.6}{0.94}\right)^2 \longleftarrow \left[\text{この右辺は } \frac{8.6^2}{0.94^2} \text{ でも良い}\right]$$

$$\therefore \quad x = \left(\frac{8.6}{0.94}\right)^2 \times \frac{1.30}{2} = 54.40\cdots \rightarrow \underline{54.4 \text{ [Pa]}}$$

---

63 ピトー管係数 0.97 のピトー管で、ガス流速 11.5 [m/s] で流れるガスの動圧を傾斜角 30 度の単管傾斜圧力計で測定したところ、圧力計の読みは 12 [mm] であった。静圧（ゲージ圧）が 2.3 [kPa] のとき、ガス温度 [℃] はおよそいくらか。ただし、標準状態 (0 [℃]、101.3 [kPa]) のガスの密度は 1.30 [kg/m³] であり、圧力計内の封液は水 (密度 1 000 [kg/m³]) とする。

63 ピトー管係数 0.97 のピトー管で、ガス流速 11.5 [m/s] で流れるガスの動圧を傾斜角 30 度の単管傾斜圧力計で測定したところ、圧力計の読みは 12 [mm] であった。静圧 (ゲージ圧) が 2.3 [kPa] のとき、ガス温度 [℃] はおよそいくらか。ただし、標準状態 (0 [℃] 、101.3 [kPa]) のガスの密度は 1.30 [kg/m³] であり、圧力計内の封液は水 (密度 1 000 [kg/m³]) とする。

解 まず、動圧 P_d を求める。下図のように単管傾斜圧力計のイメージに正三角形を描き加えて、通常のマノメーターでの読み値を h とおくと、

$$h = 12 \div 2 = 6 \,[\text{mm}]$$

とわかる。

$$\left[\text{公式で } h = \frac{x}{2} = \frac{12}{2} = 6 \text{ でも可} \right]$$

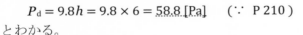

ここで、封液は水で密度が 1 000 [kg/m³] より 6 [mmH₂O] なので、動圧は

$$P_d = 9.8h = 9.8 \times 6 = 58.8 \,[\text{Pa}] \quad (\because \text{ P 210})$$

とわかる。

これよりダクトの図を描くと右頁のようになる。

そこで、流速の公式 $v = c\sqrt{\dfrac{2P_d}{\rho}}$ に代入すると

$$11.5 = 0.97 \times \sqrt{\frac{2 \times 58.8}{\rho}} \quad \text{となるので、これを解く。}$$

$$\sqrt{\frac{2 \times 58.8}{\rho}} = \frac{11.5}{0.97} \fallingdotseq 11.856$$

(2乗して)

$$\frac{2 \times 58.8}{\rho} = 11.856^2 \fallingdotseq 140.56$$

$$2 \times 58.8 = 140.56\rho$$

$$\therefore \quad \rho = \frac{2 \times 58.8}{140.56} \fallingdotseq 0.836\,65$$

とわかる。

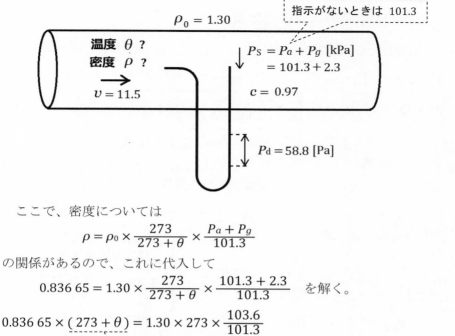

ここで、密度については
$$\rho = \rho_0 \times \frac{273}{273 + \theta} \times \frac{Pa + Pg}{101.3}$$
の関係があるので、これに代入して
$$0.836\,65 = 1.30 \times \frac{273}{273 + \theta} \times \frac{101.3 + 2.3}{101.3} \quad \text{を解く。}$$

$$0.836\,65 \times (273 + \theta) = 1.30 \times 273 \times \frac{103.6}{101.3}$$

$$273 + \theta = \frac{1.30 \times 273 \times 103.6}{0.836\,65 \times 101.3} \fallingdotseq 433.82 \quad \text{となるので}$$

$$\therefore \quad \theta = 433.82 - 273$$

$$= 160.82 \to \underline{161\,[\text{℃}]}$$

（補足） この問題は、わかる所から順に求めて行って、最後にやっと答が出るといった、難しい問題だったと思います。<u>このような問題は、同じ配点の問題が並んでいる場合、他の問題より解くのに時間がかかり、計算のミスもしやすいので、得点するのに効率が悪いと言えます</u>。だから、練習のときは時間をかけてしっかりやって良いのですが、**試験本番では図を描いてやることが分かった時点で、「これは後回しにして、最後に時間が余ったらここに戻ってやる」**といった上手な判断が必要だと思います。

(ウ) 排ガス中の水分量

湿りガス中の水分の体積百分率を X [%] とおくと、P 69 の **（例）** の式

$(H_2O)_{SG\%} = \dfrac{\triangle}{SG} \times 100$ より $X = \dfrac{\triangle}{SG} \times 100$ と書けて、さらに

$SG = KG + \triangle$ なので、

$$\boxed{X = \dfrac{\triangle}{KG + \triangle} \times 100} \quad \cdots\cdots \text{（※）}$$

と書けます。ただし、$\triangle$ や KG の値は、**標準状態（ 0 [℃] 、101.3 [kPa] ）** における**体積**なので、下の図のような<u>ダクト内から吸引して調べたガスの場合は、それぞれの値を**標準状態の体積へ換算する必要があります**。</u>

そこでまず、$\triangle$ の方は<u>水の**重さ**（m [g]）を**体積**にすればよいので、1 [モル] の水が右下の図のようになる</u>ことから（P 157 と同様）

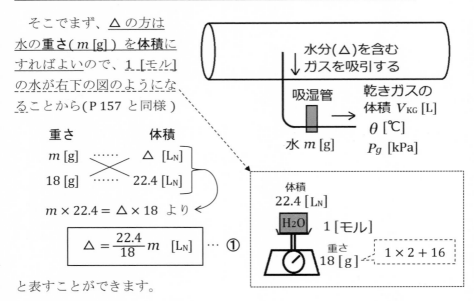

重さ　　　　　　体積

m [g] $\cdots\cdots$ $\triangle$ [L$_N$]

18 [g] $\cdots\cdots$ 22.4 [L$_N$]

$m \times 22.4 = \triangle \times 18$ より

$$\boxed{\triangle = \dfrac{22.4}{18} m \ \ [L_N]} \ \cdots ①$$

体積 22.4 [L$_N$]

H$_2$O　1 [モル]

重さ 18 [g] $\cdots$ ⌐$1 \times 2 + 16$⌐

水分（$\triangle$）を含むガスを吸引する

吸湿管　乾きガスの体積 V_{KG} [L]

θ [℃]

水 m [g]　P_g [kPa]

と表すことができます。

また、KG の方は、<u>乾式ガスメーター</u>の読み値で（吸引した**乾きガス量**を V_{KG} [L]、吸引ガスの温度を θ [℃]、吸引ガスのゲージ圧を P_g [kPa]）、大気圧を P_a [kPa] として

この分子は P_S でもよい

$$\boxed{KG = V_{KG} \times \dfrac{273}{273 + \theta} \times \dfrac{P_a + P_g}{101.3} \ [L_N]} \ \cdots ②$$

で求められます。

この公式の暗記の仕方は、「**下はシーター、上はピー**（警報音）」です。

(例) 右図のようなとき、
<u>湿りガス中の水分の</u>
<u>体積百分率(X [%])</u> は
次のように求められます。

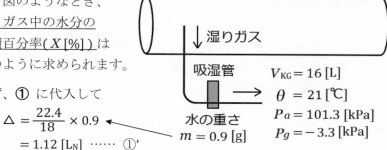

$V_{KG} = 16$ [L]
$\theta = 21$ [℃]
$Pa = 101.3$ [kPa]
$Pg = -3.3$ [kPa]

まず、**①** に代入して

$$\triangle = \frac{22.4}{18} \times 0.9$$
$$= 1.12 \, [L_N] \quad \cdots\cdots \, ①'$$

次に、**②** に代入して

$$KG = 16 \times \frac{273}{273 + 21} \times \frac{101.3 + (-3.3)}{101.3} \fallingdotseq 14.373 \, [L_N] \quad \cdots\cdots \, ②'$$

よって、①' ②' を **(※)** に代入して

$$X = \frac{1.12}{14.373 + 1.12} \times 100 = 7.229 \cdots \rightarrow \underline{7.23 \, [\%]}$$

～～～～～～～～～～～～～～～～～～～～～～～～～～～～～～～～～

(注意) 他の単元では、単位が [kg] や [m³N] だったと思いますが、ここ
では計測機器の都合で<u>単位が [g] や [L]</u> になっています。しかし、
問題によっては [kg] や [m³N] のままでも構いません。
また、上の例では<u>ゲージ圧がマイナスになっていますが、プラス</u>
<u>になることもあります。</u>そして、<u>ゲージ圧は大気圧に加えることに</u>
<u>なるので単位が [kPa]</u> になっていることが多いのですが、もしも
[Pa] で出題されたときは [kPa] になおす必要があります。

＊64 排ガス中の水分量をシェフィールド形吸湿管を用いて
測定し、0.92 [g] の質量増加を得た。吸引ガス量は乾式ガス
メーター (温度 25 [℃] 、ゲージ圧 −200 [Pa]) の積算値で
9 [L] であった。排ガス中の水分 [%] はおよそいくらか。
ただし、大気圧は 101.3 [kPa] とする。

Check!
□
□
□
□
□

> ***64** 排ガス中の水分量をシェフィールド形吸湿管を用いて
> 測定し、0.92 [g] の質量増加を得た。吸引ガス量は**乾式**ガス
> メーター (温度 25 [℃] 、ゲージ圧 −200 [Pa]) の積算値で
> 9 [L] であった。排ガス中の水分 [%] はおよそいくらか。
> ただし、大気圧は 101.3 [kPa] とする。

解 ゲージ圧は $P_g = -200 \text{ [Pa]} = -0.2 \text{ [kPa]}$ とかけるので、

図を描くと右のとおり。

まず、$\triangle$ は

$$\triangle = \frac{22.4}{18} m$$

$$= \frac{22.4}{18} \times 0.92$$

$$\fallingdotseq 1.144\,9 \text{ [L\textsubscript{N}]} \quad \cdots\cdots \text{ ①}$$

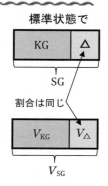

吸湿管

$m = 0.92$ [g]

$\theta = 25$ [℃]
$P_g = -0.2$ [kPa]
$V_{KG} = 9$ [L]
$P_a = 101.3$ [kPa]

次に、KG は

$$KG = V_{KG} \times \frac{273}{273 + \theta} \times \frac{P_a + P_g}{101.3}$$

$$= 9 \times \frac{273}{273 + 25} \times \frac{101.3 + (-0.2)}{101.3} \fallingdotseq 8.228\,7 \text{ [L\textsubscript{N}]} \quad \cdots\cdots \text{ ②}$$

よって、① ② より求める水分 [%] は

$$X = \frac{\triangle}{KG + \triangle} \times 100$$

$$= \frac{1.144\,9}{8.228\,7 + 1.144\,9} \times 100 = 12.21\cdots \rightarrow \underline{12.2 \text{ [%]}}$$

(補足) $\triangle$ 、KG 、SG は、**標準状態の体積**です。

これに対して、温度や圧力が標準状態でない

場合の体積を、本書では $V_\triangle$ 、V_{KG} 、V_{SG} と

書くことにしています。実は、温度や圧力が

変わっても体積は**同じ比率で変化する**ので、

条件が同じならば次のようにも表せます。

$$X = \frac{V_\triangle}{V_{SG}} \times 100 = \frac{V_\triangle}{V_{KG} + V_\triangle} \times 100$$

標準状態で

| KG | $\triangle$ |

SG

割合は同じ

| V_{KG} | $V_\triangle$ |

V_{SG}

湿式ガスメーターを用いた場合は、△ については乾式と同じですが、KG については**湿式**ガスメーターの読み値で(吸引した**湿りガス量**を V_{SG} [L] 、吸引ガスの温度を θ [℃] 、吸引ガスのゲージ圧を P_g [kPa]) 、大気圧を P_a [kPa] 、θ [℃] における**飽和水蒸気圧**を P_v [kPa] として

$$\boxed{KG = V_{SG} \times \frac{273}{273 + \theta} \times \frac{P_a + P_g - P_v}{101.3} \quad [L_N]} \quad \cdots\cdots \text{ (∗)}$$

で求められます。

(例) **湿式**ガスメーターの読み値で下図のようなとき、湿りガス中の水分の体積百分率(X [%])は次のように求めます。

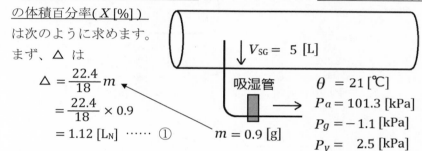

まず、△ は

$$\triangle = \frac{22.4}{18} m$$
$$= \frac{22.4}{18} \times 0.9$$
$$= 1.12 \text{ [L}_N\text{]} \cdots\cdots ①$$

$V_{SG} = 5$ [L]

吸湿管

$m = 0.9$ [g]

$\theta = 21$ [℃]
$P_a = 101.3$ [kPa]
$P_g = -1.1$ [kPa]
$P_v = 2.5$ [kPa]

次に、上の **(∗)** に代入して

$$KG = 5 \times \frac{273}{273 + 21} \times \frac{101.3 + (-1.1) - 2.5}{101.3}$$
$$\fallingdotseq 4.477\,9 \text{ [L}_N\text{]} \cdots\cdots ②$$

よって、① ② より

$$X = \frac{\triangle}{KG + \triangle} \times 100$$
$$= \frac{1.12}{4.477\,9 + 1.12} \times 100 = 20.00\cdots \rightarrow \underline{20.0 \text{ [%]}}$$

---

65 排ガス中の水分量を測定し、吸湿水分の質量として 8.1 [g] の数値を得た。大気圧が 101.3 [kPa] 、湿式ガスメーターの吸引ガス量、ゲージ圧及び温度がそれぞれ 140 [L] 、−3.5 [kPa] 、24 [℃] であるとき、排ガス中の水分濃度 [%] はおよそいくらか。ただし、24 [℃] における飽和水蒸気圧は 3.0 [kPa] とする。

Check!
□
□
□
□
□

65 排ガス中の水分量を測定し、吸湿水分の質量として 8.1 [g] の数値を得た。大気圧が 101.3 [kPa] 、**湿式**ガスメーターの吸引ガス量、ゲージ圧及び温度がそれぞれ 140 [L] 、－3.5 [kPa] 、24 [℃] であるとき、排ガス中の水分濃度 [%] はおよそいくらか。ただし、24 [℃] における飽和水蒸気圧は 3.0 [kPa] とする。

解 図を描くと右のとおり。

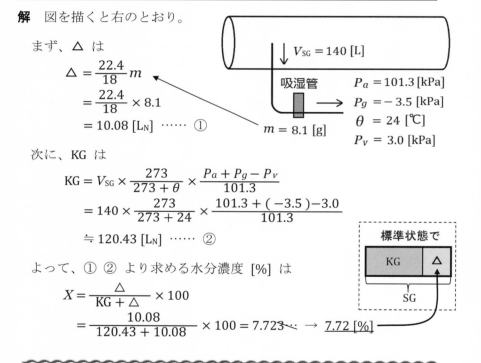

$V_{SG} = 140$ [L]

吸湿管

$P_a = 101.3$ [kPa]
$P_g = -3.5$ [kPa]
$\theta = 24$ [℃]
$P_v = 3.0$ [kPa]

$m = 8.1$ [g]

まず、△ は

$$\triangle = \frac{22.4}{18} m$$
$$= \frac{22.4}{18} \times 8.1$$
$$= 10.08 \text{ [L}_N\text{]} \cdots\cdots ①$$

次に、KG は

$$KG = V_{SG} \times \frac{273}{273 + \theta} \times \frac{P_a + P_g - P_v}{101.3}$$
$$= 140 \times \frac{273}{273 + 24} \times \frac{101.3 + (-3.5) - 3.0}{101.3}$$
$$\fallingdotseq 120.43 \text{ [L}_N\text{]} \cdots\cdots ②$$

標準状態で

KG	△

SG

よって、① ② より求める水分濃度 [%] は

$$X = \frac{\triangle}{KG + \triangle} \times 100$$
$$= \frac{10.08}{120.43 + 10.08} \times 100 = 7.723 \rightarrow \underline{7.72 \text{ [%]}}$$

(例題) ガス温度 147 [℃] 、大気圧 101.3 [kPa] で煙道内静圧(ゲージ圧) －4.8 [kPa] 、水分量 15 [%] (体積基準) を含む**湿り**ガス 1.6 [m³] 中に、ダストが 2.9 [mg] 含まれていた。このとき、**標準状態** (0 [℃] 、101.3 [kPa]) の**乾き**排ガス中のダスト濃度 [mg/m³] は、およそいくらか。

(解) 図を描くと右の
とおり。

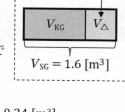

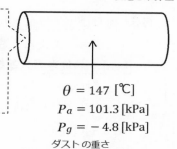

まず、**湿り**ガスの
<u>15 [%]</u> が水分なので
この体積 $V_\triangle$ は

$$V_\triangle = V_{SG} \times 0.15$$
$$= 1.6 \times 0.15 = 0.24 \, [\text{m}^3]$$

とわかる。よって、**乾き**排ガスの体積は

$$V_{KG} = 1.6 - 0.24 = 1.36 \, [\text{m}^3] \blacktriangleleft$$

とわかる。

これより、**標準状態**の**乾き**排ガスの
<u>体積 KG</u> は

$$\text{KG} = V_{KG} \times \frac{273}{273 + \theta} \times \frac{P_a + P_g}{101.3}$$

$$= 1.36 \times \frac{273}{273 + 147} \times \frac{101.3 + (-4.8)}{101.3} \fallingdotseq \underline{0.842\,11 \, [\text{m}^3{}_\text{N}]}$$

とわかる。

$$\left.\begin{array}{l} 100 - 15 = 85 \, [\%] \ \text{が} \\ \textbf{乾き}排ガスの体積なので \\ V_{KG} = V_{SG} \times 0.85 \\ \qquad = 1.6 \times 0.85 \\ \qquad = 1.36 \, [\text{m}^3] \ \text{でも可} \end{array}\right\}$$

この中にダストが 2.9 [mg] 含まれているので、求める**標準状態**の
乾き排ガス中の**ダスト濃度** C_d は

$$\boxed{C_d = \frac{m_d}{\text{KG}}} = \frac{2.9}{0.842\,11} = 3.443\cdots \rightarrow \underline{3.44 \, [\text{mg/m}^3{}_\text{N}]}$$

(補足) **ダスト量** m_d については $\boxed{m_d = C_d \times \text{KG}}$ と表せます。

66 湿り排ガス流量 5 000 [m³/h] のダクトにおいて、測定さ
れたダスト濃度は、標準状態 (温度 0 [℃] 、圧力 101.3
[kPa]) の乾きガス基準で 4.0 [mg/m³] であった。このダク
トを流れるダストの総流量 [g/h] は、およそいくらか。
なお、ダクト内の排ガス温度は 175 [℃] 、静圧(ゲージ圧)
は −4.5 [kPa] 、排ガス中の水分の体積分率は 14 [%] 、大
気圧は 101.3 [kPa] とする。

Check!
□
□
□
□
□

図内テキスト:
15 [%]
V_{KG} $V_\triangle$
$V_{SG} = 1.6 \, [\text{m}^3]$
$\theta = 147 \, [℃]$
$P_a = 101.3 \, [\text{kPa}]$
$P_g = -4.8 \, [\text{kPa}]$
ダストの重さ
$m_d = 2.9 \, [\text{mg}]$

66 湿り排ガス流量 5 000 [m³/h] のダクトにおいて、測定された
ダスト濃度は、**標準状態（温度 0 [℃]、圧力 101.3 [kPa]）の乾きガス基準**で 4.0 [mg/m³] であった。このダクトを流れるダストの総流量 [g/h] は、およそいくらか。
なお、ダクト内の排ガス温度は 175 [℃]、静圧(ゲージ圧)は −4.5 [kPa]、排ガス中の水分の体積分率は 14 [%]、大気圧は 101.3 [kPa] とする。

解 1 時間に流れる**湿り**排ガス量 $V_{SG} = 5\,000$ [m³] について考えると
右図のようになる。

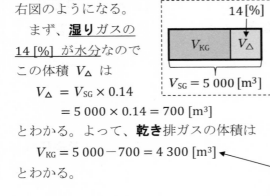

まず、**湿り**ガスの
14 [%] が水分なので
この体積 V_Δ は

$V_\Delta = V_{SG} \times 0.14$
$= 5\,000 \times 0.14 = 700$ [m³]

とわかる。よって、**乾き**排ガスの体積は

$V_{KG} = 5\,000 - 700 = 4\,300$ [m³]

とわかる。

$\theta = 175$ [℃]
$P_a = 101.3$ [kPa]
$P_g = -4.5$ [kPa]
ダスト濃度
$C_d = 4.0$ [mg/m³N]

100−14 = 86 [%] が
乾き排ガスの体積なので
$V_{KG} = V_{SG} \times 0.86$
$= 5\,000 \times 0.86$
$= 4\,300$ [m³] でも可

これより、**標準状態の乾き**排ガスの
体積 KG は

$$KG = V_{KG} \times \frac{273}{273 + \theta} \times \frac{P_a + P_g}{101.3}$$

$$= 4\,300 \times \frac{273}{273 + 175} \times \frac{101.3 + (-4.5)}{101.3} \fallingdotseq 2\,503.9 \text{ [m³N]}$$

とわかる。

いま、この中のダスト濃度が $C_d = 4.0$ [mg/m³N] なので、ダストの
総量 m_d は

$m_d = C_d \times KG = 4.0$ [mg/m³N] $\times 2\,503.9$ [m³N]

$= 10\,015.6$ [mg] $= 10.0156$ [g] $\rightarrow$ 10.0 [g]

となる。

よって、求める 1 時間あたりの総流量は 10.0 [g/h]

7.　数学力を要する問題

(ア)　コゼニー・カルマンの式

バグフィルター という、ろ布 でダストを捕集する集じん装置があり、下図がそのイメージで、入口側と出口側にそれぞれ圧力計があります。

ろ布にダストが付いていない使用開始直後は P_1 、P_2 どちらの圧力が高くなると思いますか。また、使用が進むにつれ、ろ布にダストが付着して行きますが、これにより入口側の圧力 P_3 は、P_1 に比べてどうなって行くと思いますか。(答は図のすぐ下)

使用開始直後（ダスト付着前）

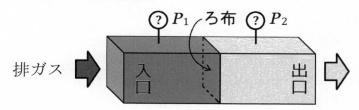

使用中（ダストが付着した状態）

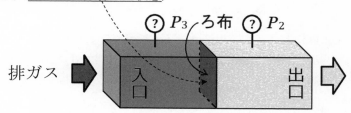

ろ布を通過するときの抵抗により入口側の圧力が高くなり（ $P_1 > P_2$ ）、その後ろ布にダストが付着し入口側の圧力はさらに高くなります（ $P_3 > P_1$ ）。

このとき、入口と出口の圧力差をバグフィルターの圧力損失と言い、これはろ布の圧力損失（ ΔP_r ）とダスト層の圧力損失（ ΔP_d ）の**和**になります。

ろ布の圧力損失	$\Delta P_r = P_1 - P_2$
ダスト層の圧力損失	$\Delta P_d = P_3 - P_1$
バグフィルターの圧力損失	$\Delta P_r + \Delta P_d = P_3 - P_2$

そして、右図のようにダスト層の中のダストのすき間を 空隙 、その占める割合を 空隙率 と言い ε で表します。例えば、ろ布を清掃した直後はダストが無いので $\varepsilon = 1$（100 [%] すき間）とし、その後使用するに伴いダストが付着し ε は 0 に近づいて行きます。

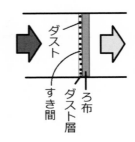

また、ダスト層の圧力損失（ΔP_d）は コゼニー・カルマンの式 で求めることができます。

> **コゼニー・カルマンの式**
> $$\Delta P_d = \frac{180}{d_{ps}{}^2} \frac{(1-\varepsilon)^2 L \mu v}{\varepsilon^3} = \frac{180}{d_{ps}{}^2} \frac{(1-\varepsilon) m_d \mu v}{\varepsilon^3 \rho_p}$$

L ：ダスト層**厚** [m]
μ ：ガスの粘度 [Pa·s]
v ：ろ過**速度** [m/s]
d_{ps}：ダストの比表面積**径** [m]
m_d：**ダスト**負荷 [kg/m²]
ρ_p：ダストの**密度** [kg/m³]

〈注意〉

単位は m と Pa と s と kg で表す必要があります

> すべてを正確に覚えていなくても、L は一般に長さを表すので厚さ、v は速度、d_p は径、ρ_p は密度とわかれば、m_d は d なのでダストのことと推測して、残った μ は粘度とわかるようにしましょう

そして、上の式の中から次の 2 つを暗記してください。

> ➤ ダスト層厚 L が**ある**場合
> ΔP_d は $\dfrac{(1-\varepsilon)^2 L}{\varepsilon^3}$ に比例
>
> ➤ ダスト層厚 L が**ない**場合
> ΔP_d は $\dfrac{1-\varepsilon}{\varepsilon^3}$ に比例

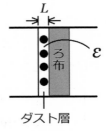

拡大したイメージ

ダスト層のイメージ図と公式の覚え方

（例題） ダスト層の圧力損失が、コゼニー・カルマンの式で表されるとき、ダスト層の空隙率が 0.90 から 0.80 に、ダスト層厚が 1.9 倍になると、圧力損失はおよそ何倍になるか。ただし、他の条件は変わらないものとする。

（解） 図を描くと右のとおり。

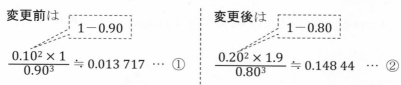

比で求めるので、
L の値は適当に決めてよい

圧力損失は $\dfrac{(1-\varepsilon)^2 L}{\varepsilon^3}$ に比例するので、変更前後の値を代入して

変更前は $1-0.90$

$$\frac{0.10^2 \times 1}{0.90^3} \fallingdotseq 0.013\,717 \cdots ①$$

変更後は $1-0.80$

$$\frac{0.20^2 \times 1.9}{0.80^3} \fallingdotseq 0.148\,44 \cdots ②$$

「②は①に比べて何倍か?」なので、②÷①で

$$0.148\,44 \div 0.013\,717 = 10.82 \cdots \rightarrow \underline{10.8\ 倍}$$

①⟹②
何倍?

---

*67 ダスト層の圧力損失が、コゼニー・カルマンの式に従うとき、次のそれぞれの場合について、他の条件が変わらないものとして圧力損失は約何倍に変化するかを求めよ。

(1) ダスト層の空隙率が 0.88 から 0.73 になる場合

(2) ダスト層の空隙率が 0.88 から 0.73 になって、さらにダスト層厚が 1.5 倍になる場合

Check!
□ □ □ □ □

＊67 ダスト層の圧力損失が、コゼニー・カルマンの式に従う
とき、次のそれぞれの場合について、他の条件が変わらない
ものとして圧力損失は約何倍に変化するかを求めよ。

(1) ダスト層の空隙率が 0.88 から 0.73 になる場合

(2) ダスト層の空隙率が 0.88 から 0.73 になって、さら
にダスト層厚が 1.5 倍になる場合

解 (1) 図を描くと右のとおり。

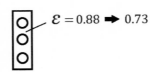

圧力損失は $\dfrac{1-\varepsilon}{\varepsilon^3}$ に比例する

ので、変更前後の値を代入して

変更前は $\boxed{1-0.88}$

$$\frac{0.12}{0.88^3} ≒ 0.176\,09 \cdots ①$$

変更後は $\boxed{1-0.73}$

$$\frac{0.27}{0.73^3} ≒ 0.694\,06 \cdots ②$$

「②は①に比べて何倍か?」なので、
②÷① で

$$0.694\,06 ÷ 0.176\,09 = 3.941\cdots → \underline{3.94\ 倍}$$

①⇒②

何倍?

(2) 図を描くと右のとおり。

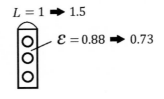

圧力損失は $\dfrac{(1-\varepsilon)^2 L}{\varepsilon^3}$ に比例する

ので、変更前後の値を代入して

変更前は $\boxed{1-0.88}$

$$\frac{0.12^2 × 1}{0.88^3} ≒ 0.021\,131 \cdots ①$$

変更後は $\boxed{1-0.73}$

$$\frac{0.27^2 × 1.5}{0.73^3} ≒ 0.281\,09 \cdots ②$$

(1) と同様に ②÷① で

$$0.281\,09 ÷ 0.021\,131 = 13.30\cdots → \underline{13.3\ 倍}$$

次に、指数の計算を練習しましょう。指数の公式は次のとおりです。**(例)**も含めて何回か書いて、使い方を覚えてから次へ進んでください。

〈 公式 〉（ a は 0 以外の数 ）

$$a^m \times a^n = a^{m+n} \ , \ a^m \div a^n = a^{m-n}$$

$$(a^m)^n = a^{m \times n} \ , \ a^0 = 1$$

(例)

$$10^3 \times 10^6 = 10^{3+6} = 10^9$$
$$10^6 \div 10^6 = 10^{6-6} = 10^0 = 1$$
$$(10^3)^4 = 10^{3 \times 4} = 10^{12}$$

ふつう、**公式に代入するときは、長さの単位を [m] にします。** ← ここが重要

(例)　$2 \, [cm] = 2 \times 10^{-2} \, [m]$

$2 \, [mm] = 2 \times 10^{-3} \, [m]$

$2 \, [\mu m] = 2 \times 10^{-6} \, [m]$

$\begin{pmatrix} 2 \, [cm] = 0.02 \, [m] \\ 2 \, [mm] = 0.002 \, [m] \end{pmatrix}$ でも可

そして、下の**(例)**のように 10^n の形とそれ以外に分けて計算します。

(例) $\dfrac{5 \times 10^{-4} \times 6 \times 10^{-5}}{(2 \times 10^{-6})^2 \times 0.5^3} = \dfrac{5 \times 6 \times 10^{-4+(-5)}}{2^2 \times (10^{-6})^2 \times 0.5^3}$

$= \dfrac{5 \times 6 \times 10^{-9}}{2^2 \times 0.5^3 \times 10^{-6 \times 2}} = \dfrac{5 \times 6}{2^2 \times 0.5^3} \times 10^{-9-(-12)}$

（10^n の形 / それ以外）

$= 60 \times 10^3 = 60 \times 1\,000 = \underline{60\,000}$

68 比表面積径 $4 \, [\mu m]$ 、空隙率 0.7 、ダスト層厚 $250 \, [\mu m]$ のダスト層の圧力損失 [Pa] はおよそいくらか。

　ここで、ダスト層の圧力損失は、以下のコゼニー・カルマンの式より求められ、ガスの粘度は 2.1×10^{-5} [Pa·s] 、ガス流速は 3 [cm/s] とする。

$$\Delta P_d = \frac{180 \, (1-\varepsilon)^2 L \mu \upsilon}{d_{ps}^2 \, \varepsilon^3}$$

Check!
□ □ □ □ □

68 比表面積径 d_{ps} 4 $[\mu m]$ 、空隙率 ε 0.7 、ダスト層厚 L 250 $[\mu m]$ のダスト層の圧力損失 [Pa] はおよそいくらか。

　　ここで、ダスト層の圧力損失は、以下のコゼニー・カルマンの式より求められ、ガスの粘度は 2.1×10^{-5} [Pa·s] μ 、ガス流速は v 3 [cm/s] とする。

$$\Delta P_d = \frac{180\,(1-\varepsilon)^2 L \mu v}{d_{ps}^2\,\varepsilon^3}$$

解　まず、<u>単位を代入できる形にすると</u>、$d_{ps} = 4\,[\mu m] = 4 \times 10^{-6}$ [m] 、$L = 250\,[\mu m] = 250 \times 10^{-6}$ [m] 、$v = 3$ [cm/s] $= 0.03$ [m/s][※] となる。

さらに、$\varepsilon = 0.7$ 、$\mu = 2.1 \times 10^{-5}$ [Pa·s] なので、これらを代入して

$$\Delta P_d = \frac{180 \times (1-0.7)^2 \times 250 \times 10^{-6} \times 2.1 \times 10^{-5} \times 0.03}{(4 \times 10^{-6})^2 \times 0.7^3}$$

$$= \frac{180 \times 0.3^2 \times 250 \times 2.1 \times 0.03 \times 10^{-6+(-5)}}{4^2 \times (10^{-6})^2 \times 0.7^3}$$

$$= \frac{180 \times 0.3^2 \times 250 \times 2.1 \times 0.03 \times 10^{-11}}{4^2 \times 0.7^3 \times 10^{-6 \times 2}}$$

$$= \frac{180 \times 0.3^2 \times 250 \times 2.1 \times 0.03}{4^2 \times 0.7^3} \times 10^{-11-(-12)}$$

$$\fallingdotseq 46.492 \times 10^1 = 464.92 \to \underline{465\ [Pa]}$$

（※）　$v = 3$ [cm/s] $= 3 \times 10^{-2}$ [m/s] とした場合の計算は P 241 へ

（補足） 圧力損失の説明の続きが以下のホームページ内にあります。
http://3939tokeru.starfree.jp/taiki/

（イ）　飽和帯電量

　電気集じん装置はダストに静電気を与えて捕集しますが、このときに与えることができる静電気の限界値を 飽和帯電量 と言い q_∞ で表し、この値を求めるときは $\dfrac{3\,\varepsilon_s}{\varepsilon_s + 2}$ の式の値を 3 として計算します。

$$\boxed{\frac{3\,\varepsilon_s}{\varepsilon_s + 2} \fallingdotseq 3}$$

(例題) 直径 5 [μm] の球形導体粒子の飽和帯電量 [C] はおよそいくらか。
ただし、電界強度は 200 [kV/m] であり、飽和帯電量は次式で表される。

$$q_\infty = \varepsilon_0 \frac{3\,\varepsilon_s}{\varepsilon_s + 2}\, \pi d_p{}^2 E$$

ここで、ε_0 は 8.9×10^{-12} [F/m] とし、導体では比誘電率は無限大である。

(解) まず、単位を代入できる形にすると、$d_p = 5$ [μm] $= 5 \times 10^{-6}$ [m] 、
$E = 200$ [kV/m] $= 200 \times 10^3$ [V/m] となる。

さらに $\dfrac{3\,\varepsilon_s}{\varepsilon_s + 2} \fallingdotseq 3$ として与えられている式に代入すると

円周率

$$q_\infty = 8.9 \times 10^{-12} \times 3 \times 3.14 \times (5 \times 10^{-6})^2 \times 200 \times 10^3$$

$$= 8.9 \times 3 \times 3.14 \times 5^2 \times 200 \times 10^{-12} \times (10^{-6})^2 \times 10^3$$

$$= 419\,190 \times 10^{-12 + (-6) \times 2 + 3}$$

（5 個小数点を移動して書き換える）

$$\fallingdotseq 4.19 \times 10^5 \times 10^{-21}$$

$$= 4.19 \times 10^{5 + (-21)} = \underline{4.19 \times 10^{-16}}\ [\text{C}]$$

(補足) 答の形は $a.bc \times 10^d$ のようにします。また、この代入する式について
は大変難しい言葉がたくさん出てきて嫌な感じがしますが、
代入して答を出すことができれば良いと考えて、難しく考えずに
とりあえず練習をして慣れるようにしましょう。

---

69 荷電電界強度 250 [kV/m] の電界内にある、粒子径 8
[μm] の導体球形粒子の電界荷電による飽和帯電量 q_∞ [C] は
およそいくらか。ただし、球形粒子の飽和帯電量は次式で表
されるものとする。

$$q_\infty = \varepsilon_0 \frac{3\,\varepsilon_s}{\varepsilon_s + 2}\, \pi d_p{}^2 E$$

ここで、ε_0：真空中の誘電率 ($= 8.9 \times 10^{-12}$ [F/m])
ε_s：粒子の比誘電率 [-]
d_p：粒子径 [m]
E：荷電電界強度 [V/m]

Check!

□
□
□
□
□

69 荷電電界強度 250 [kV/m] の電界内にある、粒子径 8 [μm] の導体球形粒子の電界荷電による飽和帯電量 q_∞ [C] はおよそいくらか。ただし、球形粒子の飽和帯電量は次式で表されるものとする。

$$q_\infty = \varepsilon_0 \frac{3\varepsilon_s}{\varepsilon_s + 2} \pi d_p^2 E$$

ここで、ε_0：真空中の誘電率（$= 8.9 \times 10^{-12}$ [F/m]）

ε_s：粒子の比誘電率 [−]

d_p：粒子径 [m]

E：荷電電界強度 [V/m]

解 まず、単位を代入できる形にすると、$d_p = 8$ [μm] $= 8 \times 10^{-6}$ [m] 、$E = 250$ [kV/m] $= 250 \times 10^3$ [V/m] となる。

さらに $\dfrac{3\varepsilon_s}{\varepsilon_s + 2} \fallingdotseq 3$ として与えられている式に代入すると

$$q_\infty = 8.9 \times 10^{-12} \times 3 \times 3.14 \times (8 \times 10^{-6})^2 \times 250 \times 10^3$$

$$= 8.9 \times 3 \times 3.14 \times 8^2 \times 250 \times 10^{-12} \times (10^{-6})^2 \times 10^3$$

$$= 1\,341\,408 \times 10^{-12 + (-6) \times 2 + 3}$$

⬇（6 個小数点を移動して書き換える）

$$\fallingdotseq 1.34 \times 10^6 \times 10^{-21}$$

$$= 1.34 \times 10^{6 + (-21)} = \underline{1.34 \times 10^{-15}}\ [C]$$

（補足） $\dfrac{3\varepsilon_s}{\varepsilon_s + 2} \fallingdotseq 3$ の暗記が必要と言いましたが、飽和帯電量 q_∞ の値を求めるときは ε_s の値をとても大きな数にしていくつになるかを考えることになるので、例えば大きい数として $\varepsilon_s = 1\,000\,000$ を $\dfrac{3\varepsilon_s}{\varepsilon_s + 2}$ に代入してみると

$$\frac{3\varepsilon_s}{\varepsilon_s + 2} = \frac{3 \times 1\,000\,000}{1\,000\,000 + 2} = 2.999\,99\cdots \fallingdotseq \underline{3.000\,0}$$

となって、計算でも求めることができます。

次に、<u>関数の記号の使い方</u>を下の例でマスターしてください。

(例) 2 [m] の高さから落下する物体の、落ち始めてから
t [秒後] の高さが <u>$h(t) = 2 - 4.9t^2$ [m]</u> で求められるとき、

<u>0.1 [秒後]</u> の高さは $t = 0.1$ を代入して
$$h(0.1) = 2 - 4.9 \times 0.1^2 = 1.951 \text{ [m]}$$

<u>0.2 [秒後]</u> の高さは $t = 0.2$ を代入して
$$h(0.2) = 2 - 4.9 \times 0.2^2 = 1.804 \text{ [m]}$$

<u>0.3 [秒後]</u> の高さは $t = 0.3$ を代入して
$$h(0.3) = 2 - 4.9 \times 0.3^2 = 1.559 \text{ [m]}$$

のように、それぞれを書き表すことができます。

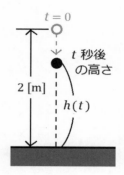

70 粒子径 2 [μm] の球形導体粒子($\varepsilon_s = \infty$) の、$t = 0.25$ [s] における電界荷電による粒子帯電量 $q(t)$ [C] は、およそいくらか。

ただし、球形粒子の帯電量 $q(t)$ は、次式で与えられる。

$$q(t) = q_\infty \frac{t}{t + \tau} \text{ (※)}$$

$$q_\infty = \varepsilon_0 \frac{3\varepsilon_s}{\varepsilon_s + 2} \pi d_p^2 E$$

$$\tau = 4\varepsilon_0 \frac{E}{J}$$

ここで、q_∞：飽和帯電量 [C] 、t：荷電時間 [s] 、τ：電界荷電時定数 [s] 、ε_0：真空中の誘電率（8.9×10^{-12} [F/m]）、ε_s：粒子の比誘電率 [－] 、d_p：粒子径 [m] 、E：荷電電界強度 [V/m] 、J：イオン電流密度 [A/m²] である。

なお、$E = 5 \times 10^5$ [V/m] 、$J = 2 \times 10^{-4}$ [A/m²] とする。

Check!
□
□
□
□
□

（※） τ は「タウ」と読みます。

70 粒子径 $2\,[\mu m]$ の球形導体粒子（$\varepsilon_s = \infty$）の、$t = 0.25\,[s]$ における電界荷電による粒子帯電量 $q(t)\,[C]$ は、およそいくらか。

ただし、球形粒子の帯電量 $q(t)$ は、次式で与えられる。

$$q(t) = q_\infty \frac{t}{t + \tau} \quad \cdots\cdots\cdots\cdots ①$$

$$q_\infty = \varepsilon_0 \frac{3\varepsilon_s}{\varepsilon_s + 2} \pi d_p{}^2 E \quad \cdots\cdots ②$$

$$\tau = 4\varepsilon_0 \frac{E}{J} \quad \cdots\cdots\cdots\cdots\cdots ③$$

ここで、q_∞：飽和帯電量 $[C]$ 、t：荷電時間 $[s]$ 、τ：電界荷電時定数 $[s]$ 、ε_0：真空中の誘電率（$8.9 \times 10^{-12}\,[F/m]$）、$\varepsilon_s$：粒子の比誘電率 $[-]$ 、d_p：粒子径 $[m]$ 、E：荷電電界強度 $[V/m]$ 、J：イオン電流密度 $[A/m^2]$ である。

なお、$E = 5 \times 10^5\,[V/m]$ 、$J = 2 \times 10^{-4}\,[A/m^2]$ とする。

解 まず、単位を代入できる形にすると $d_p = 2\,[\mu m] = 2 \times 10^{-6}\,[m]$ で、さらに $\dfrac{3\varepsilon_s}{\varepsilon_s + 2} \fallingdotseq 3$ として代入する。いま、求めるのは $t = 0.25\,[s]$ のときの $q(t)$ 、つまり $q(0.25)$ の値なので、① 式の右辺を見て必要となる q_∞ と τ の値を最初に求めることとする。

そこで、まず ② に各値を代入して

$$q_\infty = 8.9 \times 10^{-12} \times 3 \times 3.14 \times (2 \times 10^{-6})^2 \times 5 \times 10^5$$

$$= 8.9 \times 3 \times 3.14 \times 2^2 \times 5 \times 10^{-12} \times (10^{-6})^2 \times 10^5$$

$$= 1\,676.\overset{8}{76} \times 10^{-12 + (-6) \times 2 + 5}$$

⬇ （3 個小数点を移動して書き換える）

$$\fallingdotseq 1.676\,8 \times 10^3 \times 10^{-19}$$

$$= 1.676\,8 \times 10^{3 + (-19)}$$

$$= 1.676\,8 \times 10^{-16}\,[C] \quad \cdots\cdots ②'$$

次に、③ に各値を代入して

$$\tau = 4 \times 8.9 \times 10^{-12} \times \frac{5 \times 10^5}{2 \times 10^{-4}}$$

$$= \frac{4 \times 8.9 \times 5}{2} \times 10^{-12+5-(-4)}$$

$$= 89 \times 10^{-3} = 89 \times \frac{1}{10^3} = \frac{89}{1\,000} = 0.089\,[\text{s}] \cdots ③'$$

よって、① に $t = 0.25$ と ②' ③' を代入して

$$q(0.25) = 1.676\,8 \times 10^{-16} \times \frac{0.25}{0.25 + 0.089}$$

$$= \frac{1.676\,8 \times 0.25}{0.25 + 0.089} \times 10^{-16}$$

$$= 1.236\overset{4}{\cdots} \times 10^{-16} \rightarrow \underline{1.24 \times 10^{-16}\,[\text{C}]}$$

P 236 **68** の計算について

$v = 3\,[\text{cm/s}] = 3 \times 10^{-2}\,[\text{m/s}]$ とした場合は次のとおり。

$$\Delta P_d = \frac{180 \times (1 - 0.7)^2 \times 250 \times 10^{-6} \times 2.1 \times 10^{-5} \times 3 \times 10^{-2}}{(4 \times 10^{-6})^2 \times 0.7^3}$$

$$= \frac{180 \times 0.3^2 \times 250 \times 2.1 \times 3 \times 10^{-6+(-5)+(-2)}}{4^2 \times (10^{-6})^2 \times 0.7^3}$$

$$= \frac{180 \times 0.3^2 \times 250 \times 2.1 \times 3 \times 10^{-13}}{4^2 \times 0.7^3 \times 10^{-6 \times 2}}$$

$$= \frac{180 \times 0.3^2 \times 250 \times 2.1 \times 3}{4^2 \times 0.7^3} \times 10^{-13-(-12)}$$

$$\fallingdotseq 4\,649.2 \times 10^{-1} = 4\,649.2 \times \frac{1}{10} = 464.9\overset{5}{2} \rightarrow \underline{465\,[\text{Pa}]}$$

(ウ) 電気集じん装置とドイッチェの式

ダスト濃度を用いて集じん率 η は次のように表せました。($\because$ P 22)

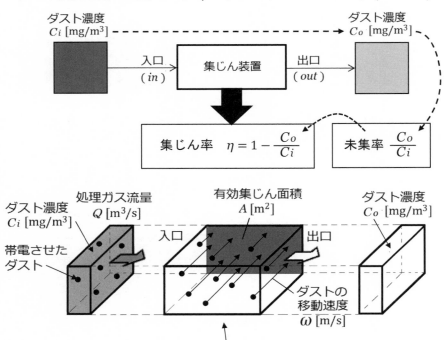

そしていま、上図のような電気集じん装置があったとします。これは、帯電させたダストを含む排ガスを、毎秒 Q [m³] の流量で左から右へ移動させ、装置内では奥にある集じん面 (有効集じん面積 A [m²]) に向かってダストが毎秒 ω [m] の速さで手前から奥へ移動して、排ガス中のダストが電気集じん装置内で分離して行く様子を表したものです。

このときの未集率と集じん率は、次のように表すことができます。

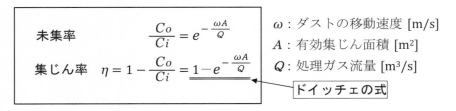

この式の中の文字 e は、円周率の $\pi\,(\fallingdotseq 3.14)$ と同じ仲間の数で、2.7 くらいの値です。計算に必要なときは問題文の中で与えられます。

(例) 下図のようなときの集じん率 η を $e = 2.72$ として求めてみると、

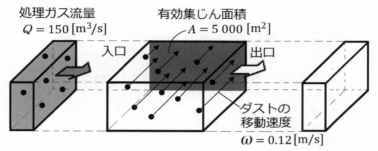

処理ガス流量
$Q = 150\,[\text{m}^3/\text{s}]$

有効集じん面積
$A = 5\,000\,[\text{m}^2]$

入口　出口

ダストの
移動速度
$\omega = 0.12\,[\text{m/s}]$

ドイッチェの式に代入して、

$$\eta = 1 - e^{-\frac{\omega A}{Q}} = 1 - e^{-\frac{0.12 \times 5\,000}{150}} = 1 - e^{-4} = 1 - \frac{1}{e^4}$$

となって、これに $e = 2.72$ を代入することで

$$\eta = 1 - \frac{1}{2.72^4} = 0.9817\cdots \rightarrow \underline{98.2\,[\%]}\ \text{となります。}$$

(注意) 代入する値の単位について、処理ガス流量とダストの移動速度は毎秒 **[/s]** で、長さはすべて **[m]** です。

(例) 処理ガス流量が $540\,000\,[\text{m}^3/\underline{\textbf{h}}]$ の場合、
1 [時間] = 60 [分] 、1 [分] = 60 [秒] なので、
$$540\,000 \div 60 \div 60 = \underline{150\,[\text{m}^3/\text{s}]}$$
のように、毎秒で表してからドイッチェの式に代入します。

Check!

☐
☐
☐
☐
☐

*71 集じん率がドイッチェの式に従う電気集じん装置において、処理ガス流量が $720\,000\,[\text{m}^3/\text{h}]$ 、有効集じん面積が $4\,000\,[\text{m}^2]$ 、ダストの移動速度が $15\,[\text{cm/s}]$ であるとき、集じん率 [%] はおよそいくらか。ただし、$e = 2.72$ とする。

*71　集じん率がドイッチェの式に従う電気集じん装置におい
て、処理ガス流量が 720 000 [m³/h] 、有効集じん面積が
4 000 [m²] 、ダストの移動速度が 15 [cm/s] であるとき、
集じん率 [%] はおよそいくらか。ただし、$e = 2.72$ とする。

解　まず、処理ガス流量を毎秒で表すと 1 [時間] = 60 [分] 、
1 [分] = 60 [秒] なので、$720\,000 \div 60 \div 60 = 200$ [m³/s] となる。

　　また、ダストの移動速度は　15 [cm/s] = 0.15 [m/s] と書けるので、
$Q = 200$ [m³/s] 、$A = 4\,000$ [m²] 、$\omega = 0.15$ [m/s] をドイッチェの式に
代入して

$$\eta = 1 - e^{-\frac{\omega A}{Q}} = 1 - e^{-\frac{0.15 \times 4\,000}{200}} = 1 - e^{-3} = 1 - \frac{1}{e^3}$$

となる。よって、$e = 2.72$ を代入して

$$\eta = 1 - \frac{1}{2.72^3} = 0.9503 \cdots \rightarrow \underline{95.0 \ [\%]}$$

（例題）　電気集じん装置の集じん率 η がドイッチェ（Deutsch）の式で
計算できる条件において、η が 88 [%] の電気集じん装置のダスト
の移動速度を 1.5 倍にし、処理ガス量を半分にした。この場合の
η [%] はいくらか。

（解）　$\eta = 0.88$ の状態から $\omega \rightarrow 1.5\omega$ 、$Q \rightarrow 0.5Q$ にするので、まず
変更前後の集じん率を η_1 、η_2 とおくと、η_1 については

$$\eta_1 = 1 - e^{-\frac{\omega A}{Q}} = 0.88 \quad \cdots\cdots ①$$

が成り立つ。

　　次に、η_2 については ω を 1.5ω に、Q を $0.5Q$ に置き換えて公式
に代入して

$$\eta_2 = 1 - e^{-\frac{1.5\omega A}{0.5Q}} \qquad \left(\because \ \frac{1.5}{0.5} = 3 \right)$$

$$= 1 - e^{3 \times \left(-\frac{\omega A}{Q}\right)} \qquad 公式 \quad a^{m \times n} = (a^m)^n \quad (\because \text{P 235})$$

$$\therefore \quad \eta_2 = 1 - \left(e^{-\frac{\omega A}{Q}} \right)^3 \quad \cdots\cdots ②$$

と書ける。ここで、① 式の点線部で移項をすると

$$1-0.88 = e^{-\frac{\omega A}{Q}}\text{ と書けるので}$$

$$e^{-\frac{\omega A}{Q}} = 0.12 \quad\cdots\cdots\ ③$$

とわかる。よって、③ を ② に代入して

$$\eta_2 = 1-0.12^3 = 0.998\,\text{272} \rightarrow \underline{99.8\,[\%]}$$

下図のような電気集じん装置の、<u>装置の長さを 2 倍にした場合、有効集じん面積は 2 倍になります</u>。

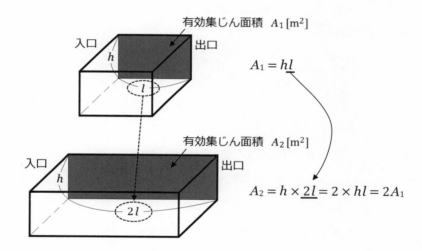

有効集じん面積 $A_1\,[\text{m}^2]$
入口　出口
h
l

$$A_1 = hl$$

有効集じん面積 $A_2\,[\text{m}^2]$
入口　出口
h
$2l$

$$A_2 = h \times \underline{2l} = 2 \times hl = 2A_1$$

---

*72 ドイッチェの式が成り立っている集じん率 87.0 [%] の電気集じん装置において、粒子の分離速度が 4 倍に、装置の長さが 1.5 倍に、処理ガス流量が 3 倍になったときの集じん率 [%] は、およそいくらか。

> **＊72** ドイッチェの式が成り立っている集じん率 87.0 [%] の
> 電気集じん装置において、<u>粒子の分離速度が 4 倍に、装置
> の長さが 1.5 倍に、処理ガス流量が 3 倍になったとき</u>の集
> じん率 [%] は、およそいくらか。

解 $\eta = 0.87$ の状態から <u>$\omega \to 4\omega$ 、$A \to 1.5A$ 、$Q \to 3Q$</u> にするので、
まず変更前後の集じん率を η_1 、η_2 とおくと、η_1 については

$$\eta_1 = 1 - e^{-\frac{\omega A}{Q}} = 0.87 \quad \cdots\cdots ①$$

が成り立つ。

次に、η_2 については <u>ω を 4ω に、A を $1.5A$ に、Q を $3Q$ に置き
換えて公式に代入して</u>

$$\eta_2 = 1 - e^{-\frac{4\omega \times 1.5A}{3Q}} \qquad \left(\because \ \frac{4 \times 1.5}{3} = 2 \right)$$

$$= 1 - e^{2 \times \left(-\frac{\omega A}{Q} \right)}$$

公式 $a^{m \times n} = (a^m)^n$ （$\because$ P 235）

$$\therefore \quad \eta_2 = 1 - \left(e^{-\frac{\omega A}{Q}} \right)^2 \qquad \cdots\cdots ②$$

と書ける。ここで、① 式の点線部で移項をすると

$$1 - 0.87 = e^{-\frac{\omega A}{Q}} \quad \text{と書けるので} \quad e^{-\frac{\omega A}{Q}} = 0.13 \quad \cdots\cdots ③$$

とわかる。よって、③ を ② に代入して

$$\eta_2 = 1 - 0.13^2 = 0.983 \rightarrow \underline{98.3\ [\%]}$$

（例） 下図のように、入口ダスト濃度が 15 [g/m³ɴ] 、出口ダスト濃度が
600 [mg/m³ɴ] となる電気集じん装置については

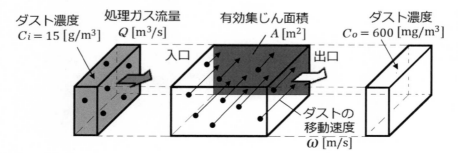

ダスト濃度 $C_i = 15\,[\text{g/m}^3]$　処理ガス流量 $Q\,[\text{m}^3/\text{s}]$　有効集じん面積 $A\,[\text{m}^2]$　ダスト濃度 $C_o = 600\,[\text{mg/m}^3]$

入口　出口　ダストの移動速度 $\omega\,[\text{m/s}]$

入口ダスト濃度が $C_i = 15$ [g/m³ₙ] $= 15\,000$ [mg/m³ₙ] 、

出口ダスト濃度が $C_o = 600$ [mg/m³ₙ] より、

（単位をそろえる）

未集率が $\dfrac{C_o}{C_i} = \dfrac{600}{15\,000} = \dfrac{1}{25}$ ………… ①

となります。

（ここは分数にしておく）

$(\omega \rightarrow 1.5\omega)$

いま、この装置のダストの移動速度を 1.5 倍に変更して、このときの出口ダスト濃度を $C_o{}'$ [mg/m³ₙ] とおいて集じん率がドイッチェの式に従うものとして求めてみると、まず ① を P 242 の未集率の公式

$\dfrac{C_o}{C_i} = e^{-\frac{\omega A}{Q}}$ に代入することで、変更前については

$e^{-\frac{\omega A}{Q}} = \dfrac{1}{25}$ …… ② が成り立ちます。

次に、変更後は ω を 1.5ω に置き換えて公式に代入して、

$\dfrac{C_o{}'}{C_i} = e^{-\frac{1.5\omega A}{Q}} = e^{1.5 \times \left(-\frac{\omega A}{Q}\right)} = \left(e^{-\frac{\omega A}{Q}}\right)^{1.5}$

と書けるので、これに ② を代入して

$\dfrac{C_o{}'}{C_i} = \left(\dfrac{1}{25}\right)^{1.5} = \left\{\left(\dfrac{1}{5}\right)^2\right\}^{1.5} = \left(\dfrac{1}{5}\right)^{2 \times 1.5} = \left(\dfrac{1}{5}\right)^3 = \dfrac{1}{125}$

（ここの書き換えがポイント）

となります。よって、これに $C_i = 15\,000$ を代入して $C_o{}'$ を求めると

$\dfrac{C_o{}'}{15\,000} = \dfrac{1}{125}$ より $C_o{}' = \dfrac{1 \times 15\,000}{125} = 120$ [mg/m³ₙ]

とわかります。

---

73 ドイッチェの式が成立する電気集じん装置において、入口ダスト濃度が 8.1 [g/m³ₙ] 、出口ダスト濃度が 300 [mg/m³ₙ] であった。この装置の処理ガス流量を 1.5 倍にしたとき、出口ダスト濃度 [mg/m³ₙ] はいくらになるか。

Check!

☐
☐
☐
☐
☐

$\boxed{C_i}$ $\boxed{C_o}$

73 ドイッチェの式が成立する電気集じん装置において、入口ダスト濃度が 8.1 [g/m³ₙ] 、出口ダスト濃度が 300 [mg/m³ₙ] であった。この装置の処理ガス流量を 1.5 倍にしたとき、出口ダスト濃度 [mg/m³ₙ] はいくらになるか。

$\boxed{C_o{}'}$ $\boxed{Q \rightarrow 1.5Q}$

解 まず、

入口ダスト濃度が $C_i = 8.1$ [g/m³ₙ] = 8 100 [mg/m³ₙ] 、

出口ダスト濃度が $C_o = 300$ [mg/m³ₙ] より、

（単位をそろえる）

未集率が $\dfrac{C_o}{C_i} = \dfrac{300}{8\,100} = \dfrac{1}{27}$ …… ①

（ここは分数にしておく）

とわかる。

いま、集じん率がドイッチェの式に従うので、変更前については

未集率の公式 $\dfrac{C_o}{C_i} = e^{-\frac{\omega A}{Q}}$ （∵ P 242）に ① を代入して

$$e^{-\frac{\omega A}{Q}} = \dfrac{1}{27} \quad \text{…… ②}$$

が成り立つ。

次に、処理ガス流量を 1.5 倍に変更した後の出口ダスト濃度を $C_o{}'$ [mg/m³ₙ] とおくと、Q を $1.5Q$ に置き換えて公式に代入して、

$$\dfrac{C_o{}'}{C_i} = e^{-\frac{\omega A}{1.5Q}} = e^{\frac{1}{1.5} \times \left(-\frac{\omega A}{Q}\right)} = \left(e^{-\frac{\omega A}{Q}}\right)^{\frac{1}{1.5}}$$

と書けるので、これに ② を代入して

$$\dfrac{C_o{}'}{C_i} = \left(\dfrac{1}{27}\right)^{\frac{1}{1.5}} = \left\{\left(\dfrac{1}{3}\right)^3\right\}^{\frac{1}{1.5}} = \left(\dfrac{1}{3}\right)^{3 \times \frac{1}{1.5}} = \left(\dfrac{1}{3}\right)^2 = \dfrac{1}{9}$$

（ここの書き換えがポイント）

となる。よって、これに $C_i = 8\,100$ を代入して $C_o{}'$ を求めると

$$\dfrac{C_o{}'}{8\,100} = \dfrac{1}{9} \quad \text{より} \quad C_o{}' = \dfrac{1 \times 8\,100}{9} = \underline{900}\ [\text{mg/m}^3{}_N]$$

（補足） $\dfrac{1}{1.5}$ は、分母分子を 2 倍して $\dfrac{1 \times 2}{1.5 \times 2} = \dfrac{2}{3}$ と書けます。

（例題） **73** の問題で、処理ガス流量を 1.5 倍に変えずに、この装置内の
ダストの移動速度を変えて出口ダスト濃度を $100\,[\text{mg/m}^3_\text{N}]$ にした
い。このとき、ダストの移動速度は何倍にすればよいか。

$$\boxed{C_o''}$$

（解） まず、変更後の未集率は

$$\boxed{\omega \to k\omega}$$

$C_o'' = 100\,[\text{mg/m}^3_\text{N}]$ より

$$\frac{C_o''}{Ci} = \frac{100}{8\,100} = \frac{1}{81} \quad\cdots\cdots ③$$

とわかる。 $\longleftarrow$ （ここは分数にしておく）

次に、変更によりダストの移動速度を k 倍にしたとすると、
ω を $k\omega$ に置き換えて公式に代入して、

$$\frac{C_o''}{Ci} = e^{-\frac{k\omega A}{Q}} = e^{k \times \left(-\frac{\omega A}{Q}\right)} = \left(e^{-\frac{\omega A}{Q}}\right)^k$$

と書ける。これに ③ と左頁の ② を代入して

$$\frac{1}{81} = \left(\frac{1}{27}\right)^k \quad を解く。$$

$$（左辺） = \frac{1}{81} = \left(\frac{1}{3}\right)^4 、\quad （右辺） = \left(\frac{1}{27}\right)^k = \left\{\left(\frac{1}{3}\right)^3\right\}^k = \left(\frac{1}{3}\right)^{3k}$$

（ここの書き換えがポイント）

と書けることより、指数部分で $4 = 3k$ が成り立つ。

よって、$k = \dfrac{4}{3}$ となるので $\dfrac{4}{3}$ 倍にすればよい。

Check!

74 入り口ダスト濃度が $8\,[\text{g/m}^3_\text{N}]$ のとき、出口ダスト濃度
が $500[\text{mg/m}^3_\text{N}]$ となる電気集じん装置がある。ガス条件が
同じとき、この装置に同一の電極を増設して出口ダスト濃度
を $250\,[\text{mg/m}^3_\text{N}]$ とするには、有効集じん面積を何倍にとれ
ばよいか。ただし、集じん率はドイッチェの式に従うものと
する。

□
□
□
□
□

C_o C_i

74 入口ダスト濃度が $8\,[\mathrm{g/m^3_N}]$ のとき、出口ダスト濃度
が $500\,[\mathrm{mg/m^3_N}]$ となる電気集じん装置がある。ガス条件が
同じとき、この装置に同一の電極を増設して出口ダスト濃度

$C_o{}'$

を $250\,[\mathrm{mg/m^3_N}]$ とするには、<u>有効集じん面積を何倍にとれ
ばよいか</u>。ただし、集じん率はドイッチェの式に従うものと
する。

$A \rightarrow kA$

解 まず、増設**前**は

入口ダスト濃度が $C_i = 8\,[\mathrm{g/m^3_N}] = 8\,000\,[\mathrm{mg/m^3_N}]$ 、
出口ダスト濃度が $C_o = 500\,[\mathrm{mg/m^3_N}]$ より、

（単位をそろえる）

未集率が $\dfrac{C_o}{C_i} = \dfrac{500}{8\,000} = \dfrac{1}{16}$ ……①

とわかる。

（ここは分数にしておく）

同様に、増設**後**の出口ダスト濃度が $C_o{}' = 250\,[\mathrm{mg/m^3_N}]$ より、

未集率が $\dfrac{C_o{}'}{C_i} = \dfrac{250}{8\,000} = \dfrac{1}{32}$ ……②

とわかる。

いま、集じん率がドイッチェの式に従うので、<u>増設**前**</u>については

未集率の公式 $\dfrac{C_o}{C_i} = e^{-\frac{\omega A}{Q}}$ （∵ P 242）に ① を代入して

$$e^{-\frac{\omega A}{Q}} = \dfrac{1}{16} \quad \cdots\cdots ③$$

が成り立つ。

次に、増設により<u>有効集じん面積を k 倍</u>にしたとすると、増設**後**に
ついては <u>A を kA に置き換えて公式に代入</u>して、

$$\dfrac{C_o{}'}{C_i} = e^{-\frac{\omega \times kA}{Q}} = e^{k \times \left(-\frac{\omega A}{Q}\right)} = \left(e^{-\frac{\omega A}{Q}}\right)^k$$

と書ける。これに ② と ③ を代入して

$$\dfrac{1}{32} = \left(\dfrac{1}{16}\right)^k \quad \text{を解く。}$$

$$(左辺) = \frac{1}{32} = \left(\frac{1}{2}\right)^5、\quad (右辺) = \left(\frac{1}{16}\right)^k = \left\{\left(\frac{1}{2}\right)^4\right\}^k = \left(\frac{1}{2}\right)^{4k}$$

（ここの書き換えがポイント）

と書けることより、指数部分で $5 = 4k$ が成り立つ。

よって、$k = \dfrac{5}{4}$ となるので $\dfrac{5}{4}\,(= 1.25)$ 倍にとればよい。

▶ e^x を $\exp(x)$ エクスポネンシャル x と書くことがあります。つまり、集じん率の公式は

$$\eta = 1 - \frac{Co}{Ci} = 1 - e^{-\frac{\omega A}{Q}} = 1 - \exp\left(-\frac{\omega A}{Q}\right)$$

と書けます。しかし、本書ではこの書き方をしないので、試験や他の参考書等で使われている場合は、書き換えて読むようにして下さい。

▶ $e = 2.72$ として、方程式 $e^{8x} = 55$ を満たす x の値を求める場合、下のように e^1、e^2、e^3、…… の値を電卓で求めて行き

$$e^1 = 2.72$$
$$e^2 = 2.72^2 = 7.398\,4$$
$$e^3 = 2.72^3 = 20.123\cdots$$
$$e^4 = 2.72^4 = 54.736\cdots$$

（ほぼ同じ）

右辺の 55 とほぼ同じ値になった所で、左辺どうしで

$e^{8x} \fallingdotseq e^4$ として、指数部分で

$8x = 4$ より $x = \dfrac{4}{8} = \dfrac{1}{2}\,(= 0.5)$ とやります。

---

75 電気集じん装置の集じん率 η は、$\eta = 1 - \exp(-\omega A/Q)$ で与えられる。ここで、ω は移動速度 [m/s]、A は有効集じん面積 [m²]、Q は処理ガス流量 [m³/s] である。

電気集じん装置の入口及び出口のダスト濃度がそれぞれ 12 [g/m³N]、80 [mg/m³N] であるとき、$A = 1\,800$ [m²]、$Q = 90$ [m³/s] とすれば、ω [m/s] はおよそいくらか。

ただし、$e = 2.72$ とする。

Check!
☐ ☐ ☐ ☐ ☐

75 電気集じん装置の集じん率 η は、$\eta = 1 - \exp(-\omega A / Q)$ で与えられる。ここで、ω は移動速度 [m/s]、A は有効集じん面積 [m²]、Q は処理ガス流量 [m³/s] である。

C_i

電気集じん装置の入口及び出口のダスト濃度がそれぞれ 12 [g/m³$_N$]、80 [mg/m³$_N$] であるとき、$A = 1\,800$ [m²]、

C_o

$Q = 90$ [m³/s] とすれば、ω [m/s] はおよそいくらか。

ただし、$e = 2.72$ とする。

解

入口ダスト濃度が $C_i = 12$ [g/m³$_N$] $= 12\,000$ [mg/m³$_N$]、

出口ダスト濃度が $C_o = 80$ [mg/m³$_N$] より、───（単位をそろえる）

未集率が $\dfrac{C_o}{C_i} = \dfrac{80}{12\,000} = \dfrac{1}{150}$ …… ① ──（ここは分数にしておく）

また、$A = 1\,800$ [m²]、$Q = 90$ [m³/s] を $\eta = 1 - \exp(-\omega A / Q)$ に代入して

$$\eta = 1 - e^{-\frac{\omega \times 1\,800}{90}} = 1 - e^{-20\omega} \quad \cdots\cdots \ ②$$

と書ける。

一方、集じん率は ① を用いて

$$\eta = 1 - \frac{C_o}{C_i} = 1 - \frac{1}{150} \quad \cdots\cdots \ ③$$

とも書けるので、② と ③ を見比べて

$$e^{-20\omega} = \frac{1}{150}$$

が成り立ち、これはさらに

$$\frac{1}{e^{20\omega}} = \frac{1}{150} \quad より$$

$$\therefore \quad e^{20\omega} = 150 \quad \cdots\cdots \ ④$$

と書ける。

ここで $e = 2.72$ として e^1、e^2、e^3、…… の値を電卓で求めて行き、④ の右辺の 150 に近いものを探すと

$$e^1 = 2.72 \ 、\ e^2 = 2.72^2 = 7.398\,4 \ 、\ e^3 = 2.72^3 = 20.123\cdots \ 、$$

$$e^4 = 2.72^4 = 54.736\cdots \ 、\ e^5 = 2.72^5 = 148.88\cdots$$

となるので、$e^5 \fallingdotseq 150$ …… ⑤ と言える。

④ ⑤ の左辺どうしで $e^{20\omega} = e^5$ と書けるので、指数部分で

$$20\omega = 5 \text{ より}$$

$$\therefore \quad \omega = \frac{5}{20} = \underline{\frac{1}{4}} \, (= 0.25) \, [\text{m/s}]$$

▶ 問題文の中で文字 A が使われている場合、有効集じん面積の文字を S にして、ドイッチェの式を $\eta = 1 - e^{-\frac{\omega S}{Q}}$ と書くようにしましょう。

▶ 連立方程式 $\begin{cases} e^k = \dfrac{2}{x} & \cdots\cdots \text{①} \\ e^{3k} = \dfrac{1}{x} & \cdots\cdots \text{②} \end{cases}$ を満たす x の値を求める

場合、② を $(e^k)^3 = \dfrac{1}{x}$ と書きかえて、これに ① を

代入して $\left(\dfrac{2}{x}\right)^3 = \dfrac{1}{x}$

のように x だけの式にします。

そして、 $\dfrac{2^3}{x^3} = \dfrac{1}{x}$

さらに、両辺を x^3 倍して

$$2^3 = x^2$$

$$\therefore \quad x^2 = 8 \cdots\cdots \text{③}$$

ここで ① 式を見て、左辺の e^k は、$e \fallingdotseq 2.72 > 0$ より 正の値にしかならないので、右辺も正とわかり、これより $x > 0$ となって ③ から

$$x = \sqrt{8} = 2.828\cdots \rightarrow \underline{2.83}$$

と答えることができます。

---

76 ドイッチェの式が成立する電気集じん装置 A 、B 二基があり、有効集じん面積が、B は A の 2 倍であること以外は、すべて同じものである。

　いま、同一の処理ガスに A のみを集じん装置として用いた場合に、出口濃度が 90 [mg/m³N] であり、B のみを用いた場合の出口濃度は 3.6 [mg/m³N] であった。このガスの入口濃度 [mg/m³N] はいくらか。

Check!

□
□
□
□
□

76 ドイッチェの式が成立する電気集じん装置 A 、B 二基があり、有効集じん面積が、B は A の 2 倍であること以外は、すべて同じものである。

いま、同一の処理ガスに A のみを集じん装置として用いた場合に、出口濃度が 90 [mg/m³$_N$] であり、B のみを用いた場合の出口濃度は 3.6 [mg/m³$_N$] であった。このガスの入口濃度 [mg/m³$_N$] はいくらか。

C_i

C_{oB}

C_{oA}

解 A の有効集じん面積を S とおくと、B の方の面積は $2S$ とかける。また、求める入口ダスト濃度を x [mg/m³$_N$] とおく。このとき、

A を用いた場合の出口ダスト濃度が $C_{oA} = 90$ [mg/m³$_N$] より、

未集率について
$$\frac{C_{oA}}{C_i} = \frac{90}{x} = e^{-\frac{\omega S}{Q}} \quad \cdots\cdots ①$$
が成り立つ。

同様に、B を用いた場合の出口ダスト濃度が $C_{oB} = 3.6$ [mg/m³$_N$] より、

未集率について
$$\frac{C_{oB}}{C_i} = \frac{3.6}{x} = e^{-\frac{\omega \times 2S}{Q}} \quad \cdots\cdots ②$$
が成り立つ。

ここで、② はさらに
$$\frac{3.6}{x} = e^{2 \times \left(-\frac{\omega S}{Q}\right)} = \left(e^{-\frac{\omega S}{Q}}\right)^2$$
と書けるので、これに ① を代入して

$$\frac{3.6}{x} = \left(\frac{90}{x}\right)^2 \text{ を解く。}$$

$$\frac{3.6}{x} = \frac{90^2}{x^2}$$

両辺を x^2 倍して

$$3.6x = 90^2 \text{ より } x = \frac{90^2}{3.6} = \underline{2\,250} \text{ [mg/m³}_N\text{]}$$

(エ)　ふるい上分布曲線とロジン・ラムラー分布式

ふるい上分布曲線については P 25 で扱いましたが、特に産業活動におけるダストの発生確率は、次の ロジン・ラムラー分布式 で表される曲線 (右頁の**(例)**のグラフ) に近い形になります。

ロジン・ラムラー分布式

ふるい上 R [%] について

$$R = 100e^{-\beta d_p{}^n} \quad \cdots\cdots (*)$$

β：粒度特性係数
d_p：粒子径 [μm]
n：分布指数（均等数）

(例) ロジン・ラムラー分布に従う均等数 2 、中位径 $d_{p50} = 30$ [μm] のダストの場合、$n = 2$ で $R = 50$ [%] のときが $d_p = 30$ [μm] なので、これらを（*）に代入して

$$50 = 100e^{-\beta \times 30^2}$$

となって、この両辺を 100 で割って

$$e^{-900\beta} = \frac{50}{100} = \frac{1}{2} \quad \cdots\cdots ①$$

と書くことができます。

いま、60 [μm] のときのふるい上 R [%] の値を x とおいてこれを求めると $R = x$ 、$d_p = 60$ 、$n = 2$ を（*）に代入して

$$x = 100e^{-\beta \times 60^2}$$

$$\therefore \quad x = 100 \times e^{-3600\beta} \quad \cdots\cdots ②$$ と書ける。これはさらに

$$x = 100 \times e^{-900\beta \times 4}$$

> ①② を見て、② を ① が利用できる形に変形して行く

$$\therefore \quad x = 100 \times \left(e^{-900\beta}\right)^4$$

と書けるので、これに ① を代入して

$$x = 100 \times \left(\frac{1}{2}\right)^4 = \underline{6.25 \ [\%]} \quad \text{とわかります。}$$

77 ロジン・ラムラー分布に従う中位径 160 [μm] 、均等数 1 のダストにおいて、80 [μm] のふるい上 R [%] はおよそいくらか。

ただし、ロジン・ラムラー分布は次式で表される。

$$R = 100\exp(-\beta d_p{}^n)$$

ここで、d_p は粒子径、β は粒度特性係数、n は均等数である。

Check!
□ □ □ □ □

77 ロジン・ラムラー分布に従う中位径 160 [μm] 、均等数 1 のダストにおいて、80 [μm] のふるい上 R [%] はおよそいくらか。

ただし、ロジン・ラムラー分布は次式で表される。

$$R = 100 \exp(-\beta d_p{}^n)$$

ここで、d_p は粒子径、β は粒度特性係数、n は均等数である。

解 $R = 50$ [%] のときが $d_p = 160$ [μm] で、さらに $n = 1$ なので、これらを $R = 100 e^{-\beta d_p{}^n}$ に代入して

$$50 = 100 e^{-\beta \times 160^1} \quad \text{より}$$

両辺を 100 で割って

$$e^{-160\beta} = \frac{50}{100} = \frac{1}{2} \quad \cdots\cdots \text{①}$$

と書ける。

求める 80 [μm] のときのふるい上 R [%] の値を x とおいて、同様に代入すると

$$x = 100 e^{-\beta \times 80^1} \quad \text{より}$$

$$e^{-80\beta} = \frac{x}{100} \quad \cdots\cdots \text{②}$$

と書ける。

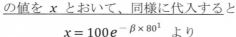

①②を見て、① を ② が利用できる形に変形して行く

ここで ① の左辺は $e^{-160\beta} = e^{-80\beta \times 2} = (e^{-80\beta})^2$ と書けるので

$$(e^{-80\beta})^2 = \frac{1}{2} \quad \text{となって、これに ② を代入して}$$

$$\left(\frac{x}{100}\right)^2 = \frac{1}{2} \quad \text{を解く。}$$

$$\frac{x^2}{100^2} = \frac{1}{2}$$

$$\therefore \quad x^2 = \frac{1}{2} \times 100^2 = 5\,000$$

いま、x の値はふるい上 R [%] なので $0 \leqq x \leqq 100$ より

$$x = \sqrt{5\,000} = 70.71\cdots \rightarrow \underline{70.7 \text{ [%]}}$$

8. 大規模大気特論

この章は、第1種または第3種を受験する人の試験範囲になります。これ以外の方は P287 に進んでください。

(ア) 有効煙突高さと最大着地濃度

まず、下の図のそれぞれの名前を覚えましょう。

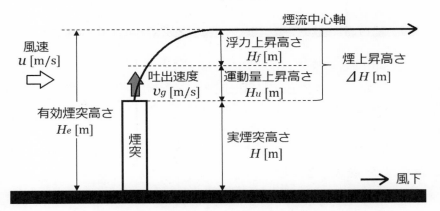

煙突から出る煙の、吐出速度による上昇分を 運動量上昇高さ と言い、外気との温度差で生じる空気の密度差による上昇分を 浮力上昇高さ と言い、この 2 つの和を 煙上昇高さ と言い ΔH で表します。さらに、実煙突高さ H を加えたものを 有効煙突高さ と言い、He で表します。

> **有効煙突高さ** $\quad H_e = H + \underbrace{H_u + H_f}\quad$ [m]
>
> $\qquad\qquad\quad H_e = H + \quad \Delta H \qquad$ [m]

(例) ① 実煙突高さが 100 [m] 、運動量上昇高さが 30 [m]、浮力上昇高さが 20[m] のとき、煙上昇高さは $\Delta H = 30 + 20 = 50$ [m] 、有効煙突高さは $H_e = 100 + 50 = 150$ [m] になります。

② 「煙上昇がない」と言ったら $\Delta H = 0$ になります。

③ 「地上煙源」とか「地上発生源」と言ったら $H = 0$ になります。

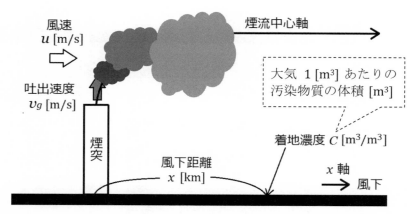

また、上図のように煙突から風下に x [km] 離れた地点で煙に含まれる汚染物質の**体積濃度**を **着地濃度** と言い、これを C [m³/m³] として x と C の関係を表すグラフを描くと一般に右のようになります。そして、この最大値 C_{max} を **最大着地濃度** と言います。

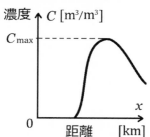

（イ） ダウンウォッシュ

煙突から出た煙の吐出速度 v_g が風速 u より遅い場合、煙が煙突の背後に急激に下降することがあります。これが **ダウンウォッシュ** です。

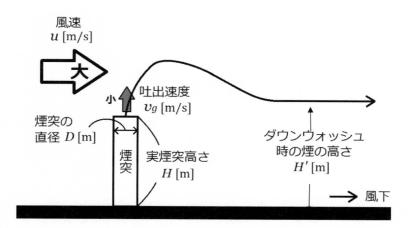

（例題） 実煙突高さ 120 [m] 、煙突出口の直径 5 [m] 、煙の吐出速度 9 [m/s] 、風速 10 [m/s] のとき、ダウンウォッシュ時の煙の高さ H' [m] はおよそいくらか。

ただし、ダウンウォッシュ時の煙の高さは、以下のブリッグス (Briggs) の式による。

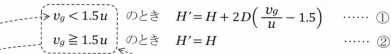

$$v_g < 1.5u \quad \text{のとき} \quad H' = H + 2D\left(\frac{v_g}{u} - 1.5\right) \quad \cdots\cdots ①$$

$$v_g \geqq 1.5u \quad \text{のとき} \quad H' = H \quad\quad\quad\quad\quad\quad \cdots\cdots ②$$

（解） 図を描くと右のとおり。

まず、与えられている不等式について

$$\begin{cases} \text{左辺} = v_g = 9 \\ \text{右辺} = 1.5u = 1.5 \times 10 = 15 \end{cases}$$

$9 < 15$ より $v_g < 1.5u$ が成り立つ。

よって、① に代入して

$$H' = 120 + 2 \times 5 \times \left(\frac{9}{10} - 1.5\right)$$
$$= 120 - 6 = \underline{114 \,[\text{m}]}$$

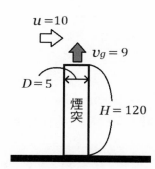

（補足） ブリッグスの式は、① 式のカッコ内の値が 0 以上になるとき、つまり $\frac{v_g}{u} - 1.5 \geqq 0$ を解いて $\frac{v_g}{u} \geqq 1.5$ より $v_g \geqq 1.5u$ のときダウンウォッシュは起きずに $H' = H$ （② 式）としています。

＊78 実煙突高さ 90 [m] 、煙突出口の直径 4 [m] 、煙の吐出速度 15 [m/s] 、風速 12 [m/s] のとき、ダウンウォッシュ時の煙の高さ H' [m] はおよそいくらか。

ただし、ダウンウォッシュ時の煙の高さは、以下のブリッグス (Briggs) の式による。

$$H' = H + 2D\left(\frac{v_g}{u} - 1.5\right) \quad \cdots\cdots \quad v_g < 1.5u$$

$$H' = H \quad\quad\quad\quad\quad\quad\quad\quad \cdots\cdots \quad v_g \geqq 1.5u$$

Check!
□
□
□
□
□

*78 実煙突高さ 90 [m] 、煙突出口の直径 4 [m] 、煙の吐出速度 15 [m/s] 、風速 12 [m/s] のとき、ダウンウォッシュ時の煙の高さ H'[m] はおよそいくらか。

　　ただし、ダウンウォッシュ時の煙の高さは、以下のブリッグス(Briggs) の式による。

$$H' = H + 2D\left(\frac{v_g}{u} - 1.5\right) \quad \cdots\cdots \quad v_g < 1.5u$$

$$H' = H \quad\quad\quad\quad\quad\quad \cdots\cdots \quad v_g \geqq 1.5u$$

解　図を描くと右のとおり。

まず、与えられている不等式について

$$\begin{cases} 左辺 = v_g = 15 \\ 右辺 = 1.5u = 1.5 \times 12 = 18 \end{cases}$$

$15 < 18$ より $v_g < 1.5u$ が成り立つ。

よって、上の式に代入して

$$H' = 90 + 2 \times 4 \times \left(\frac{15}{12} - 1.5\right)$$

$$= 90 - 2 = \underline{88 \text{ [m]}}$$

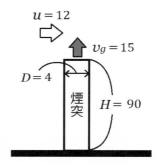

$u = 12$

$v_g = 15$

$D = 4$

煙突

$H = 90$

(ウ)　サットンの式

最大着地濃度 C_{max} については、次の サットンの式 があります。

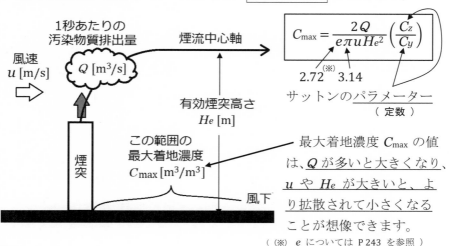

1秒あたりの汚染物質排出量

煙流中心軸

風速 u [m/s]

Q [m³/s]

有効煙突高さ He [m]

この範囲の最大着地濃度 C_{max}[m³/m³]

煙突

風下

$$C_{max} = \frac{2Q}{e\pi u He^2}\left(\frac{Cz}{Cy}\right)$$

$\underset{2.72}{}$ $\overset{(\text{※})}{3.14}$

サットンのパラメーター（定数）

最大着地濃度 C_{max} の値は、Q が多いと大きくなり、u や He が大きいと、より拡散されて小さくなることが想像できます。

（※ e については P 243 を参照）

260

そこで、定数以外の所の $\dfrac{Q}{uH_e^2}$ の値を使って問題を解きます。

（「**ウへへぶんのキュー**」と暗記します）

（例題） 煙突高さ 90 [m] 、煙上昇距離 70 [m] の煙源がある。この<u>煙突高さを 130 [m] にして、汚染物質排出量を 2 倍にする</u>とき、煙突の風下に現れる最大着地濃度は何倍になるか。

ただし、煙突は平たん地上にあり、濃度はサットンの拡散式に従うものとし、その他の条件は同じとする。

（解） 図を描くと右のとおり。

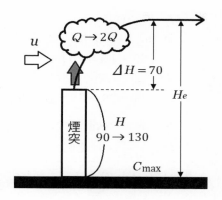

サットンの拡散式で最大着地濃度 C_{max} は $\dfrac{Q}{uH_e^2}$ に比例するので、これに代入して比べることとする。

変更前は、計算しやすいように $u = 1$ 、$Q = 1$ とし、 $H_e = 90 + 70 = 160$ より

$$\dfrac{1}{1 \times 160^2} = \dfrac{1}{160^2} \quad \cdots\cdots ①$$

変更後は、$u = 1$ 、$Q = 2 \times 1 = 2$ 、$H_e = 130 + 70 = 200$ より

$$\dfrac{2}{1 \times 200^2} = \dfrac{2}{200^2} \quad \cdots\cdots ②$$

「① から ② で何倍になるか？」なので、②÷① で

$$\dfrac{2}{200^2} \div \dfrac{1}{160^2} = \dfrac{2 \times 160^2}{200^2 \times 1} = \underline{1.28 \text{ 倍}}$$

① ⟹ ②
何倍？

79 煙突高さ 70 [m] 、煙上昇距離 50 [m] の煙源がある。この煙突高さを 90 [m] にして、煙上昇距離と汚染物質排出量をともに 1.5 倍に変更した。このとき、気象条件、大気安定度は変わらないものとし、拡散はサットン式に従うものとして、次の問に答えよ。

(1) 変更後の有効煙突高さは何 [m] になったか。

(2) 煙突の風下に現れる最大着地濃度は何倍になったか。

Check!
□
□
□
□
□

79 煙突高さ 70 [m] 、煙上昇距離 50 [m] の煙源がある。この煙突高さを 90 [m] にして、煙上昇距離と汚染物質排出量をともに 1.5 倍に変更した。このとき、気象条件、大気安定度は変わらないものとし、拡散はサットン式に従うものとして、次の問に答えよ。

(1) 変更後の有効煙突高さは何 [m] になったか。

(2) 煙突の風下に現れる最大着地濃度は何倍になったか。

解 (1) 図を描くと右のとおり。ΔH は

50 [m] の 1.5 倍になるので

$$50 \times 1.5 = 75 \,[\text{m}]$$

よって、求める有効煙突高さは

$$He = 90 + 75 = \underline{165\,[\text{m}]}$$

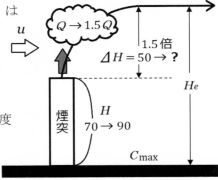

(2) サットンの拡散式で最大着地濃度 $C_{\max}$ は $\dfrac{Q}{uHe^2}$ に比例するので、これに代入して比べることとする。

変更前は、計算しやすいように $u = 1$ 、 $Q = 1$ とし、$He = 70 + 50 = 120$ より

$$\frac{1}{1 \times 120^2} = \frac{1}{120^2} \quad \cdots\cdots ①$$

変更後は、$u = 1$ 、$Q = 1.5 \times 1 = 1.5$ 、(1) より $He = 165$ を代入して

$$\frac{1.5}{1 \times 165^2} = \frac{1.5}{165^2} \quad \cdots\cdots ②$$

「① から ② で何倍になるか？」なので、②÷① で

$$\frac{1.5}{165^2} \div \frac{1}{120^2} = \frac{1.5 \times 120^2}{165^2 \times 1} = 0.7933\cdots$$

$$\to \underline{0.793\ \text{倍}}$$

> ① ⇒ ②
> 何倍？

～～～～～～～～～～～～～～～～～～～～～～～～～～～～～～～

(補足) a を定数として、$y = ax$ の形で表せるときは「 y は x に比例する」と言い、$y = \dfrac{a}{x}$ の形で表せるときは「 y は x に反比例する」と言います。ですから、「サットンの式で最大着地濃度 $C_{\max}$ は、Q に比例し、u と He^2 に反比例する」と言うこともできます。

(エ)　煙上昇距離

本題に入る前に、次のことを考えてみましょう。

2 乗して 2 になる数のうち正の方を $\sqrt{2}$ と書いて、電卓で 1.4142⋯ と求めることができます。ところで、この $\sqrt{2}$ は 2 の何乗と表せるのか を調べてみたいと思います。つまり、

$$\sqrt{2} = 2^x$$

とおいて、この方程式を解いてみましょう。

まず、両辺を 2 乗して

$$\left(\sqrt{2}\right)^2 = (2^x)^2$$
$$2 = 2^{x \times 2}$$
$$2^1 = 2^{2x}$$

となって、指数部分で　　　　$1 = 2x$ が成り立つから

$$\therefore \quad x = \frac{1}{2}$$

とわかります。つまり、

$$\boxed{2^{\frac{1}{2}} = \sqrt{2} = 1.414\,2\cdots}$$

と書けることになります。

そして、これを繰り返し使うことで、例えば

$$2^{\frac{1}{4}} = 2^{\frac{1}{2} \times \frac{1}{2}} = \left(2^{\frac{1}{2}}\right)^{\frac{1}{2}} = \sqrt{\sqrt{2}} = \sqrt{1.414\,2\cdots} = 1.189\,20\cdots$$

のように電卓で求めることができます。

80　次の各値を、四捨五入で小数第 2 位まで求めよ。

(1)　$10^{\frac{1}{2}}$

(2)　$10^{\frac{1}{4}}$

(3)　$10^{\frac{3}{4}}$

Check!
□
□
□
□
□

80 次の各値を、四捨五入で小数第 2 位まで求めよ。

(1) $10^{\frac{1}{2}}$ (2) $10^{\frac{1}{4}}$ (3) $10^{\frac{3}{4}}$

解 (1) $10^{\frac{1}{2}} = \sqrt{10} = 3.162\,2\cdots \rightarrow \underline{3.16}$

(2) $10^{\frac{1}{4}} = 10^{\frac{1}{2}\times\frac{1}{2}} = \left(10^{\frac{1}{2}}\right)^{\frac{1}{2}} = \sqrt{\sqrt{10}} = \sqrt{3.162\,2\cdots} = 1.778\,2\cdots \rightarrow \underline{1.78}$

(3) $10^{\frac{3}{4}} = 10^{\frac{1}{4}\times3} = \left(10^{\frac{1}{4}}\right)^{3} = (1.778\,2\cdots)^3 = 5.623\,4\cdots \rightarrow \underline{5.62}$

~~~~~~

（例題） モーゼスとカーソンの式による煙上昇距離 $\varDelta H$ [m] は、大気安定度によって決まる定数 C_1 、C_2 を用いて、次のように書ける。

$$\varDelta H = \frac{C_1 v_g D + C_2 Q_{\mathrm{H}}^{\frac{1}{2}}}{u} \quad \cdots\cdots ①$$

ここで、v_g は吐出速度 [m/s] 、D は煙突直径 [m] 、Q_{H} は排出熱量 [W] 、u は風速 [m/s] である。

このとき、次の文中の ☐ をうめよ。

- -

(1) $C_1 = 0.35$ 、$u = 2.5$ [m/s] 、$D = 3.0$ [m] 、$v_g = 15$ [m/s] のとき、吐出速度による上昇距離は **ア** [m] である。

(2) 排出熱量だけが 2 倍になって、他の条件が変わらない場合、浮力上昇距離は **イ** 倍になる。

(3) 風速だけが 2 倍になって、他の条件が変わらない場合、煙上昇距離は **ウ** 倍になる。

- -

（解説） モーゼスとカーソンの式は、運動量上昇高さ H_u と浮力上昇高さ H_f の和の形をしています。 同じ意味 (2) のこと

（解） (1) 吐出速度による上昇距離は ① 式の前半部分なので

$H_u = \dfrac{C_1 v_g D}{u}$ と書ける。よって、これに各値を代入して

$H_u = \dfrac{0.35 \times 15 \times 3.0}{2.5} = \underline{6.3}$ [m] $\cdots\cdots$ （**ア**）

(2)　浮力上昇距離は ① 式の後半部分なので $H_f = \dfrac{C_2 Q_H^{\frac{1}{2}}}{u}$ と書ける。

　　排出熱量 Q_H だけが 2 倍なので、これに $Q_H = 2$ 、$C_2 = 1$ 、$u = 1$ を

　　代入して $H_f = \dfrac{1 \times 2^{\frac{1}{2}}}{1} = \sqrt{2} = 1.414\cdots \rightarrow \underline{1.41}$ [倍] …… （**イ**）

(3)　煙上昇距離 ΔH は、風速 u 以外が変わらないとき、① 式の分子の

　　値は変わらないので、これを a とおくと $\Delta H = \dfrac{a}{u}$ と書ける。

　　　このとき ΔH は u に反比例するので、u が 2 倍になるとき

　　ΔH は $\dfrac{1}{2} = 0.5$ [倍] …… （**ウ**）

（補足）　(3) は $\Delta H = \dfrac{a}{u} = a \times \dfrac{1}{u}$ と書けるので、

　　ΔH は $\dfrac{1}{u}$ に比例するとも言うことができます。これを使えば

　　u が 2 倍になると ΔH は $\dfrac{1}{2} = 0.5$ [倍] になると求めること

　　もできます。

　　　また、u だけが 2 倍なので、$\Delta H = \dfrac{a}{u}$ に $u = 2$ 、$a = 1$ を

　　代入して $\Delta H = \dfrac{1}{2} = 0.5$ [倍] になると求めることもできます。

81　地上源とみなせる排出口において、汚染物質排出量 Q を 3 倍、排出熱量 Q_H を 2 倍にし、他の条件は変わらないとき、最大着地濃度 C_{max} はおよそ何倍になるか。

　　ただし、最大着地濃度はサットンの式 (a) に、煙の上昇高さ ΔH は CONCAWE の式 (b) に従うものとする。

　　ここで、u は風速、H_e は有効煙突高度、その他の記号は定数である。

$$C_{max} = \frac{2Q}{e \pi u H_e^2}\left(\frac{C_z}{C_y}\right) \qquad \text{(a)}$$

$$\Delta H = \frac{0.0854\, Q_H^{1/2}}{u^{3/4}} \qquad \text{(b)}$$

Check!
□
□
□
□
□

81 地上源とみなせる排出口において、汚染物質排出量 Q を 3 倍、排出熱量 Q_H を 2 倍にし、他の条件は変わらないとき、最大着地濃度 C_{max} はおよそ何倍になるか。

　　ただし、最大着地濃度はサットンの式 (a) に、煙の上昇高さ ΔH は CONCAWE の式 (b) に従うものとする。

　　ここで、u は風速、H_e は有効煙突高度、その他の記号は定数である。

$$C_{max} = \frac{2Q}{e\pi u H_e^2}\left(\frac{C_z}{C_y}\right) \qquad \text{(a)}$$

$$\Delta H = \frac{0.0854\, Q_H^{1/2}}{u^{3/4}} \qquad \text{(b)}$$

解　まず、地上源とみなせることから $H = 0$ なので、有効煙突高さは

$$H_e = H + \Delta H = 0 + \Delta H = \Delta H \ \cdots\cdots\ ① \qquad (\because \text{P 257})$$

次に、(b) より ΔH は $Q_H^{\frac{1}{2}}$ に比例するので、Q_H が 2 倍になるとき ΔH は $2^{\frac{1}{2}} = \sqrt{2}$ 倍になる。よって、① より H_e も $\sqrt{2}$ 倍になる。

最後に、(a) より C_{max} は $\dfrac{Q}{H_e^2}$ に比例するので、Q が 3 倍、H_e が $\sqrt{2}$ 倍になるとき、$Q = 3$ 、$H_e = \sqrt{2}$ を代入して

$$C_{max} \text{ は } \frac{3}{(\sqrt{2})^2} = \frac{3}{2}\,(= 1.5)\text{ 倍になる。}$$

(オ)　風速のべき乗則

　まず、|べき乗| と言う言葉ですが、これは累乗と同じ意味で、指数部分を |べき数| と言います。例えば 5^3 の場合、べき数は 3 ということになります。

　次に、右頁の図のように座標軸をとり、高度 $z\,[\text{m}]$ における風速を $u(z)\,[\text{m/s}]$ と書きます。

(例) 右頁の図のように、高度 $10\,[\text{m}]$ の所で風速が $5\,[\text{m/s}]$ のとき、$u(10) = 5$ と書きます。

そして、基準となる高度 z_1 における風速 $u(z_1)$ を用いて、高度 z における風速 $u(z)$ の値が、次の式で求められます。

$$u(z) = u(z_1)\left(\frac{z}{z_1}\right)^p$$

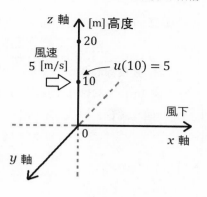

p の値は大気の熱的安定度によって決まる「べき数」で、問題文の中で与えられますが、下表(パスキルの安定度)を暗記する必要があります。

A	B	C	D	E	F
強不安定	並不安定	弱不安定	中立	弱安定	並安定

（例） 高度 10 [m] で風速が 5 [m/s] を基準として、高度 20 [m] の所の風速は $z_1 = 10$ 、$u(z_1) = u(10) = 5$ 、$z = 20$ を代入して $u(20)$ の値が答になります。いま、この値を $p = 0.25$ として求めると

$$u(20) = u(10)\left(\frac{20}{10}\right)^{0.25} = 5 \times 2^{\frac{1}{4}} \fallingdotseq 5 \times 1.189\,2 \quad (\because \text{P 263 より})$$

$$= 5.9\overset{5}{\cancel{46}} \to \underline{5.95 \text{ [m/s]}} \text{ となります。}$$

---

82 風速のべき乗則は以下の式で表される。

$$u(z) = u(z_1)\left(\frac{z}{z_1}\right)^p$$

東京都心、パスキルの大気安定度が E のとき、基準高度 8 [m] における風速が 6 [m/s] であった。p の値が下表に従う場合、高度 80 [m] の風速 [m/s] はおよそいくらか。

風速のべき乗則の係数 p

安定度	強不安定	並不安定	弱不安定	中立	弱安定	並安定
都市の p	0.15	0.15	0.20	0.25	0.40	0.60
郊外の p	0.07	0.07	0.10	0.15	0.35	0.55

（ なお、$10^{0.07} = 1.2$ 、$10^{0.10} = 1.3$ 、$10^{0.15} = 1.4$ 、$10^{0.20} = 1.6$ 、$10^{0.25} = 1.8$ 、$10^{0.35} = 2.2$ 、$10^{0.40} = 2.5$ 、$10^{0.55} = 3.5$ 、$10^{0.60} = 4$ とする ）

Check!
☐
☐
☐
☐
☐

82 風速のべき乗則は以下の式で表される。

$$u(z) = u(z_1)\left(\frac{z}{z_1}\right)^p \quad \cdots\cdots (*)$$

東京都心 パスキルの大気安定度が Ⓔ のとき、基準高度 8 [m] における風速が 6 [m/s] であった。p の値が下表に従う場合、高度 80 [m] の風速 [m/s] はおよそいくらか。

風速のべき乗則の係数 p

安定度	強不安定	並不安定	弱不安定	中立	弱安定	並安定
都市の p	0.15	0.15	0.20	0.25	0.40	0.60
郊外の p	0.07	0.07	0.10	0.15	0.35	0.55

（ なお、$10^{0.07} = 1.2$ 、$10^{0.10} = 1.3$ 、$10^{0.15} = 1.4$ 、$10^{0.20} = 1.6$ 、$10^{0.25} = 1.8$ 、$10^{0.35} = 2.2$ 、$10^{0.40} = 2.5$ 、$10^{0.55} = 3.5$ 、$10^{0.60} = 4$ とする ）

解 まず、基準高度 8 [m] における風速が 6 [m/s] なので、$z_1 = 8$ 、$u(z_1) = u(8) = 6$ と書ける。ここでは、高度 80 [m] の風速を求めるので $z = 80$ を代入して $u(80)$ が求める答である。

いま、「パスキルの大気安定度が E 」より「弱安定」で、「東京都心」なので「都市」と判断して、風速のべき乗則の係数を表より求めると $p = 0.40$ とわかる。

よって、これらの値を（*）に代入して

$$u(80) = u(8)\left(\frac{80}{8}\right)^{0.40} = 6 \times 10^{0.40} = 6 \times 2.5 = \underline{15 \text{ [m/s]}}$$

(カ) 正規化着地濃度

私たちは数を数えるときに、「一、二、三、四、……」と言うときと、「一、十、百、千、……」と言うときがあります。後者の方を 10^n の形で表すと、$1 = 10^0$ 、$10 = 10^1$ 、$100 = 10^2$ 、$1\,000 = 10^3$ …… のように指数の部分が 0 、1 、2 、3 、…… のように 1 ずつ増えています。

そして、この前頁の右側のような刻み方の目盛を 対数目盛 と言います。

　　ただし、下の表のように 1 、10 、100 、…… と行く部分の位置を、通常の数直線の 0 、1 、2 、…… の位置にとるので、ここは等間隔になっててわかりやすいのですが、1 、2 、3 、…… や 10 、20 、30 、…… のように行く部分の位置は、今までの目盛と違って等間隔になりません。そのため、グラフ上の目盛を丁寧に数えて値を読み取る必要があります。

x	1	2	3	4	5	6	7	8	9
対数目盛の位置	0	0.301	0.477	0.602	0.699	0.778	0.845	0.903	0.954

x	10	20	30	40	50	60	70	80	90
対数目盛の位置	1	1.301	1.477	1.602	1.699	1.778	1.845	1.903	1.954

x	100	200	300	400	500	600	700	800	900
対数目盛の位置	2	2.301	2.477	2.602	2.699	2.778	2.845	2.903	2.954

ここを等間隔にしている

（例） 対数目盛を使った数直線は下のようになります。

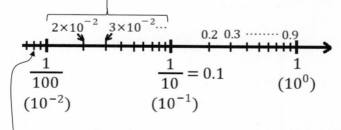

そして、上の数直線の 1 より左側は、下のように $\dfrac{1}{10}$ 、$\dfrac{1}{100}$ 、…… と続きます。途中の目盛の値を正しく読めるようにしてください。

（例題） ここの値を $a \times 10^b$ と書くとき、整数 a 、b の値はいくらか。

（解） 数直線の、さらに左側を描くと次のとおり。

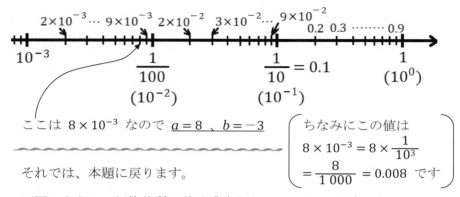

ここは 8×10^{-3} なので $\underline{a = 8}$ 、$\underline{b = -3}$

> ちなみにこの値は
> $$8 \times 10^{-3} = 8 \times \frac{1}{10^3}$$
> $$= \frac{8}{1\,000} = 0.008 \text{ です}$$

それでは、本題に戻ります。

下図のように、汚染物質の着地濃度を $C\,[\text{m}^3/\text{m}^3]$ 、風速を $u\,[\text{m/s}]$ 、汚染物質の排出量を $Q\,[\text{m}^3/\text{s}]$ とするとき、$\dfrac{Cu}{Q}$ の値を **正規化着地濃度** または **希釈率** と言い、風下距離 $x\,[\text{km}]$ との間でグラフを描くと右頁のようになります。まず、左側のグラフはパスキルの安定度が D（中立）のときで、有効煙突高さ He ごとに複数の線が描かれています。これに対して右側のグラフは有効煙突高さが $He = 100\,[\text{m}]$ のときで、パスキルの安定度ごとに複数の線が描かれています。この 2 つのグラフでは、パスキルの安定度が D（中立）で有効煙突高さが $He = 100\,[\text{m}]$ を太線で描いているので、この 2 つの曲線は同じものになります。

　ここからは、これらのグラフを見て問題に答える練習が続きます。

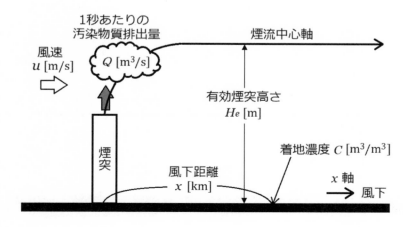

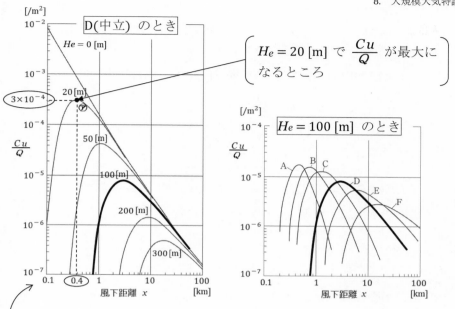

まず、左側のグラフで <u>$He = 0$ [m] のとき</u>は、<u>すべての範囲</u>でグラフは右下がり、つまり<u>減少</u>しています。しかし、これ以外の有効煙突高さのときは、すべて一度増加した後に減少していることが読み取れます。

(例) <u>$He = 20$ [m] のときの $\dfrac{Cu}{Q}$ の最大値</u>は、左上の図の ⑦ を見て <u>3×10^{-4} [m^{-2}]</u> 、このときの**風下距離**が <u>$x = 0.4$ [km]</u> と読み取れます。

---

*83 左上のグラフを見て下表を完成させよ。また、表の下の文中の空欄にあてはまる整数を答えよ。

有効煙突高さ He[m]	$\dfrac{Cu}{Q}$ の最大値 [m^{-2}]	このときの風下距離 x [km]
20	3×10^{-4}	0.4
50		
100		
200	1.6×10^{-6}	

He が 2 倍になると、$\dfrac{Cu}{Q}$ の最大値は約 $\dfrac{1}{\boxed{}}$ 倍に、このときの風下距離 x は約 $\boxed{}$ 倍になる。

Check!
□
□
□
□
□

(解答用紙は、http://3939tokeru.starfree.jp/taiki/ より印刷可能です)

*83 右下のグラフを見て下表を完成させよ。また、表の下の文中の空欄にあてはまる整数を答えよ。

有効煙突高さ H_e [m]	$\dfrac{Cu}{Q}$ の最大値 [m^{-2}]	このときの風下距離 x [km]
20	3×10^{-4}	0.4
×2 ⌇ 50	㋑	㋺
100	㋩ →×?	㋥ →×?
×2 ⌇ 200	1.6×10^{-6} →×?	㋭ →×?

H_e が 2 倍になると、$\dfrac{Cu}{Q}$ の最大値は約 $\dfrac{1}{\boxed{}}$ 倍に、このときの風下距離 x は約 $\boxed{}$ 倍になる。

解 表の中の ㋑ ～ ㋭ について、右のグラフで各値の目盛を読むと

$$\underline{\text{㋑} = 4 \times 10^{-5}、\text{㋺} = 1}$$
$$\underline{\text{㋩} = 8 \times 10^{-6}、\text{㋥} = 3} \quad \left. \right\} \text{(答)}$$
$$\underline{\text{㋭} = 9}$$

とわかる。

ここで、H_e が 50 $\overset{×2}{\nearrow}$、100 $\overset{×2}{\nearrow}$、200 [m] と 2 倍になって行くとき、$\dfrac{Cu}{Q}$ の最大値はそれぞれ

$$\dfrac{4}{100\,000}、\quad \dfrac{8}{1\,000\,000}、\quad \dfrac{1.6}{1\,000\,000}$$

と書けて、これらに 1 000 000 を掛けると順に 40、8、1.6 となるので、$\overset{÷5}{}$ $\overset{÷5}{}$ $\dfrac{1}{\boxed{5}}$ 倍になっている。また、このときの風下距離 x は、順に 1、3、9 なので $\boxed{3}$ 倍になっている。$\overset{×3}{}$ $\overset{×3}{}$

(補足) （※）で $\dfrac{1}{5}$ 倍になりましたが、正誤問題では $\dfrac{1}{4}$ 倍でも正しいことにしてください。

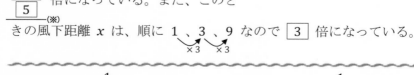

グラフ（縦軸 $\dfrac{Cu}{Q}$ [/m^2]、横軸 風下距離 x [km]）
$H_e = 0$ [m]、20 [m]、50 [m]、100 [m]、200 [m]、300 [m]

左頁の表で $He = 200\,[\text{m}]$ のときの $\dfrac{Cu}{Q}$ の最大値は $1.6 \times 10^{-6}\,[\text{m}^{-2}]$ でした。つまり、$\dfrac{Cu}{Q} = 1.6 \times 10^{-6}$ と書けます。いま、これに例えば $u = 4\,[\text{m/s}]$、$Q = 5\,[\text{m}^3/\text{s}]$ を代入してみると、

$$\frac{C \times 4}{5} = 1.6 \times 10^{-6} \text{ より}$$

$$C = 1.6 \times 10^{-6} \times \frac{5}{4} = \frac{1.6 \times 5}{4} \times 10^{-6} = 2 \times 10^{-6}$$

となって、最大着地濃度を $C_{\max} = 2 \times 10^{-6}\,[\text{m}^3/\text{m}^3]$ と答えられます。

さらに、この濃度を百万分率の [ppm] で表すと、10^6 倍して

$$C_{\max} = 2 \times 10^{-6} \times 10^6 = 2 \times 10^{-6+6} = 2 \times 10^0 = 2 \times 1 = 2\,[\text{ppm}]$$

となります。

$$\left(\; C_{\max} = \frac{2}{1\,000\,000} \times 1\,000\,000 = 2\,[\text{ppm}] \text{ とやっても良い} \;\right)$$

また、このときの風下距離を 最大着地濃度距離 と言い、$X_{\max}$ で表すので、$He = 200\,[\text{m}]$ のときは ㋭ より $X_{\max} = 9\,[\text{km}]$ となります。

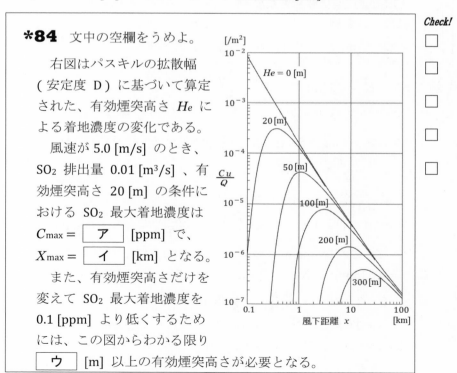

*84 文中の空欄をうめよ。

右図はパスキルの拡散幅 (安定度 D) に基づいて算定された、有効煙突高さ He による着地濃度の変化である。

風速が $5.0\,[\text{m/s}]$ のとき、SO_2 排出量 $0.01\,[\text{m}^3/\text{s}]$、有効煙突高さ $20\,[\text{m}]$ の条件における SO_2 最大着地濃度は $C_{\max} = $ ⟨ ア ⟩ $[\text{ppm}]$ で、$X_{\max} = $ ⟨ イ ⟩ $[\text{km}]$ となる。

また、有効煙突高さだけを変えて SO_2 最大着地濃度を $0.1\,[\text{ppm}]$ より低くするためには、この図からわかる限り ⟨ ウ ⟩ $[\text{m}]$ 以上の有効煙突高さが必要となる。

Check!

□ □ □ □ □

$[/\text{m}^2]$

$He = 0\,[\text{m}]$

$20\,[\text{m}]$

$50\,[\text{m}]$

$100\,[\text{m}]$

$200\,[\text{m}]$

$300\,[\text{m}]$

$\dfrac{Cu}{Q}$

風下距離 x $[\text{km}]$

*84 文中の空欄をうめよ。

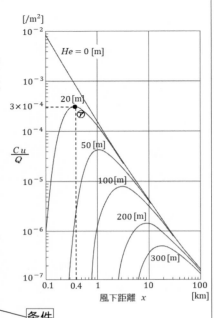

右図はパスキルの拡散幅（安定度 D）に基づいて算定された、有効煙突高さ He による着地濃度の変化である。

風速が <u>5.0 [m/s]</u> のとき、<u>SO$_2$ 排出量 0.01 [m³/s]</u> 、<u>有効煙突高さ 20 [m]</u> の条件における SO$_2$ 最大着地濃度は

$C_{max} = $ ア [ppm] で、

$X_{max} = $ イ [km] となる。

また、有効煙突高さだけを変えて SO$_2$ 最大着地濃度を <u>0.1 [ppm]</u> より <u>低くする</u>ためには、この図からわかる限り

ウ [m] 以上の有効煙突高さが必要となる。

条件

解 まず、<u>$He = 20$ [m]</u> のときの $\dfrac{Cu}{Q}$ の最大値は 3×10^{-4} [m^{-2}]、そのときの x は 0.4 [km] とわかる。(∵ 図中の ㋐)

いま、さらに <u>$u = 5.0$ [m/s]</u>、<u>$Q = 0.01$ [m³/s]</u> なので、これらを

$$\frac{Cu}{Q} = 3 \times 10^{-4} \quad \text{に代入して}$$

$$\frac{C \times 5.0}{0.01} = 3 \times 10^{-4} \quad \text{を解くと}$$

$$C = 3 \times \frac{1}{10^4} \times \frac{0.01}{5.0} = \frac{3 \times 0.01}{10\,000 \times 5} = 0.000\,000\,6$$

となって、これを [ppm] で表すと $1\,000\,000$ 倍して

$C_{max} = \underline{0.6}$ [ppm] 、$X_{max} = \underline{0.4}$ [km] となる。 ……（ア）（イ）

$$C = 3 \times 10^{-4} \times \frac{0.01}{5.0} = \frac{3}{5} \times 10^{-4} \times 10^{-2}$$

$$= 0.6 \times 10^{-4+(-2)} = 0.6 \times 10^{-6} \quad \text{となって [ppm] で表すと}$$

$$C_{max} = 0.6 \times 10^{-6} \times 10^6 = 0.6 \times 10^{-6+6} = 0.6 \times 10^0 = \underline{0.6} \text{ [ppm]}$$

とやっても良い

また、$u = 5.0$ [m/s] 、$Q = 0.01$ [m³/s] で、$C = 0.1$ [ppm] つまり $C = 0.000\,000\,1$ になるときの

$\dfrac{Cu}{Q}$ の値を求めると、代入して

$$\dfrac{Cu}{Q} = \dfrac{0.000\,000\,1 \times 5.0}{0.01}$$

$$= 0.000\,05 = 5 \times 10^{-5} \text{ となる。}$$

$$\left(\begin{aligned}\dfrac{Cu}{Q} &= \dfrac{0.1 \times 10^{-6} \times 5.0}{0.01} \\ &= \dfrac{0.1 \times 5}{0.01} \times 10^{-6} = 50 \times 10^{-6} \\ &= 5 \times 10 \times 10^{-6} = 5 \times 10^{1+(-6)} \\ &= 5 \times 10^{-5} \text{ とやっても良い}\end{aligned}\right.$$

これより**小さい値**をすべての風下距離でとっていれば**条件**を満たすから、右図の灰色部分を見て $H_e = 50$ 、100 、200 、300 [m] のときとわかる。

よって、50 [m] 以上が必要となる。……（**ウ**）

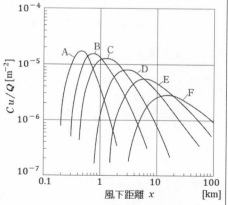

---

85 図は、有効煙突高さが 100 [m] のときの、風下方向、プルーム主軸上の地上相対濃度 Cu/Q であり、A 〜 F はパスキルの安定度階級である。

安定度が C から E に、風速が 4.0 [m/s] から 2.5 [m/s] に変化し、他の条件が変わらないとき、風下 10 [km] 地点の濃度はおよそ何倍になるか。

ただし、u は風速、Q は単位時間当たりの汚染物質排出量、C は濃度である。

85 図は、有効煙突高さが 100 [m] のときの、風下方向、プルーム主軸上の地上相対濃度 Cu/Q であり、A ~ F はパスキルの安定度階級である。

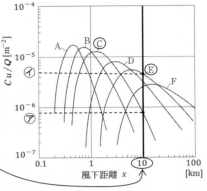

安定度が C から E に、風速が 4.0 [m/s] から 2.5 [m/s] に変化し、他の条件が変わらないとき、風下 10 [km] 地点の濃度はおよそ何倍になるか。

ただし、u は風速、Q は単位時間当たりの汚染物質排出量、C は濃度である。

解 条件が変化する前と後の、風下 10 [km] 地点の濃度を C_1 、C_2 とおく。

まず、変化前の安定度は C なので、グラフより $x = 10$ のときの値を読んで $\dfrac{Cu}{Q} = 8 \times 10^{-7}$ （∵ ㋐ ）とわかる。このときの濃度は C_1 、風速は $u = 4.0$ 、Q は計算しやすいように $Q = 1$ として代入すると

$$\frac{C_1 \times 4.0}{1} = 8 \times 10^{-7} \text{ となるので}$$

$$\therefore \quad C_1 = \frac{8}{4.0} \times 10^{-7} = 2 \times 10^{-7} \quad \cdots\cdots ①$$

次に、変化後の安定度は E なので、同様にやると

$\dfrac{Cu}{Q} = 5 \times 10^{-6}$ （∵ ㋑ ）に、濃度は C_2 、$u = 2.5$ 、$Q = 1$ を代入して

$$\frac{C_2 \times 2.5}{1} = 5 \times 10^{-6} \text{ となるので}$$

$$\therefore \quad C_2 = \frac{5}{2.5} \times 10^{-6} = 2 \times 10^{-6} \quad \cdots\cdots ②$$

「 C_1 から C_2 で何倍になるか？」なので ②÷① で

$$\boxed{\begin{array}{c} ① \Rightarrow ② \\ \text{何倍？} \end{array}}$$

$$\frac{C_2}{C_1} = \frac{\cancel{2} \times 10^{-6}}{\cancel{2} \times 10^{-7}} = 1 \times 10^{-6-(-7)} = 10^1 = \underline{10 \text{ 倍}}$$

（確認問題）

次の文中の空欄にあてはまる言葉を下の語群から選んで埋めよ。（複数回選択可）　　　（答は P 279 へ）

右図は、中立条件で有効煙突高さ He が変化した場合の、規格化着地濃度（Cu/Q）と風下距離の関係を示したもので、u は風速 [m/s]、Q は汚染物質の排出量 [m³/s] である。

このとき、次のことが言える。

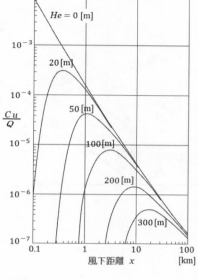

(1)　他の条件が同じとき、He が大きいほど最大着地濃度は □ なって、最大着地濃度距離は □ なる。また、風下距離にかかわらず、He が大きいほど着地濃度は □ なる。

(2)　着地濃度 C は、排出量 Q に □ し、風速 u に □ する。

> **語群**
> 　大きく 、小さく 、比例 、反比例

(キ)　プルーム拡散式

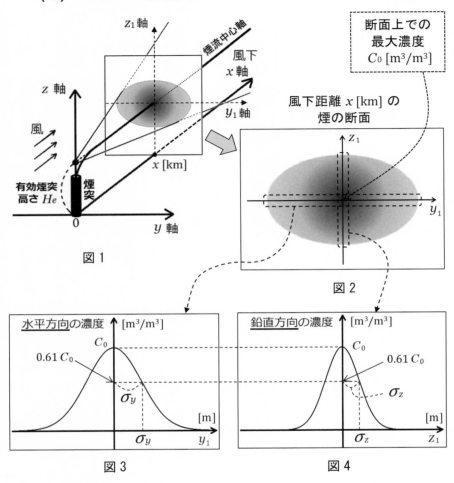

図1

図2

図3

図4

　煙突から連続的に出る煙を プルーム と言い、図1 のように、風下距離 x [km] の位置でこの煙を切ったときの切り口のイメージが 図2 です。そして、この断面上に y_1 軸 、z_1 軸をとって、汚染物質の濃度をそれぞれの軸上で調べてグラフにしたものが 図3 と 図4 になります。

　さて、一般にデータのばらつきの度合いを表す値として 標準偏差 というものがあり、ここではこれを 拡散幅 と言い $\overset{シグマ}{\sigma}$ で表します。

これを使えば、**図2** 上での最大濃度(煙流中心軸上の濃度)を C_0 [m³/m³] とおくと、**図3** 、**図4** のように理論上 0.61C_0 の濃度になる所がそれぞれの標準偏差の値になります。

そして、y 軸方向の値を 水平拡散幅 と言って σ_y で、

　　　　z 軸方向の値を 鉛直拡散幅 と言って σ_z で表します。

図2 を見て、鉛直方向に比べて水平方向に広がりが大きいので、$\sigma_y > \sigma_z$ になります。**図3** 、**図4** を見て確認してください。

また、この切り口の位置(x [km]) が煙源から遠い場合や、地上煙源で煙上昇がない煙の場合($He = 0$) では、右図のように煙が地表面に当たって反射します。そこで、これも含めて風下距離 x [km] で、点 (y, z) における汚染物質の濃度 C は、次頁の プルーム拡散式 で求められます。(ここより次頁へ続く)

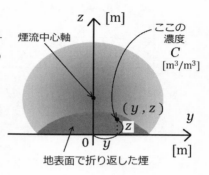

これを使えば、z [m]

煙流中心軸

ここの濃度 C [m³/m³]

(y, z)

0

地表面で折り返した煙

P 277 （確認問題）の答

(1)　He が大きくなるにつれて、㋐㋑㋒㋓㋔ のように縦方向には小さな値に、横方向には大きな値になっていることから、「最大着地濃度は 小さく なって、最大着地濃度距離は 大きく なる。」

　　また、どの風下距離で調べても、「He が大きいほど着地濃度は 小さく なる。」

(2)　例えば、$\dfrac{Cu}{Q} = 1$ とおくと

　　　　$C = \dfrac{Q}{u}$ と書けるので

「着地濃度 C は、排出量 Q に 比例 し、風速 u に 反比例 する。」

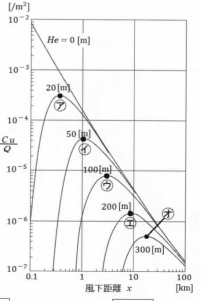

C ：風下距離 x [km] で、点 (y, z) における
汚染物質の濃度 [m³/m³]

H_e：有効煙突高さ [m]

Q ：1秒当たりの汚染物質の排出量 [m³/s]

u ：風速 [m/s]

σ_y：風向と直角な水平方向の拡散幅 [m]

σ_z：鉛直方向の拡散幅 [m]

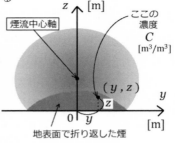

プルーム拡散式

$$C = \frac{Q}{2\pi u \sigma_y \sigma_z} e^{-\frac{y^2}{2\sigma_y{}^2}} \left\{ e^{-\frac{(H_e - z)^2}{2\sigma_z{}^2}} + e^{-\frac{(H_e + z)^2}{2\sigma_z{}^2}} \right\}$$

上の式は一般的な場合です。特別な場合は次のようにします。

> ➤ 煙流中心軸直下のときは、この式に $y = 0$ を代入
> ➤ 地上の濃度のときは、この式に $z = 0$ を代入

これより、煙流中心軸直下の地上の濃度のときの式を作ってみると
プルーム拡散式に $y = 0$ 、$z = 0$ を代入して

$$C = \frac{Q}{2\pi u \sigma_y \sigma_z} e^{-\frac{0^2}{2\sigma_y{}^2}} \left\{ e^{-\frac{(H_e - 0)^2}{2\sigma_z{}^2}} + e^{-\frac{(H_e + 0)^2}{2\sigma_z{}^2}} \right\}$$

$$= \frac{Q}{2\pi u \sigma_y \sigma_z} \times e^0 \times \left(e^{-\frac{H_e{}^2}{2\sigma_z{}^2}} + e^{-\frac{H_e{}^2}{2\sigma_z{}^2}} \right)$$

$$= \frac{Q}{2\pi u \sigma_y \sigma_z} \times 1 \times 2 e^{-\frac{H_e{}^2}{2\sigma_z{}^2}}$$

⟵ 同じ式を足しているので 2 倍になる

$$\boxed{C = \frac{Q}{\pi u \sigma_y \sigma_z} e^{-\frac{H_e{}^2}{2\sigma_z{}^2}}}$$

となります。

さらに、<u>煙上昇が無くて、地上発生源の煙のときは $H_e = 0$ を代入して</u>

$$C = \frac{Q}{\pi u \sigma_y \sigma_z} e^{-\frac{0^2}{2\sigma_z{}^2}} = \frac{Q}{\pi u \sigma_y \sigma_z} e^0 = \frac{Q}{\pi u \sigma_y \sigma_z} \times 1$$

$$\therefore \quad C = \frac{Q}{\pi u} \times \frac{1}{\sigma_y \sigma_z}$$

と書けます。そして、もしも「Q、u に変化がない」ということであれば、

Q、π、u は一定になるので $k = \dfrac{Q}{\pi u}$ とおくことで

$$\boxed{C = \frac{k}{\sigma_y \sigma_z}} \quad \cdots\cdots (*)$$

と書くことができます。(k は比例定数)

　　大変に難しい式ですが、<u>問題文の中で公式が与えられることが多いので</u>、まずは下の問ができるかやってみて下さい。

　　尚、P 251 でも紹介しましたが、e^x を $\exp(x)$ と書くことがあります。つまり、$\exp\left(-\dfrac{y^2}{2\sigma_y{}^2}\right)$ と書いてあったら、$e^{-\frac{y^2}{2\sigma_y{}^2}}$ のことです。<u>本書ではこの記号を用いた書き方をしないので</u>、試験や他の参考書等で使われている場合は、<u>書き換えて読むようにして下さい。</u>

---

*86　有効煙突高さ $H_e = 50$ [m]、排出量 $Q = 2$ [m³/s] の煙源がある。風下方向に x 軸、横風方向に y 軸、高さ方向に z 軸をとった場合、濃度 C [ppm] は以下の正規型プルーム拡散式で与えられる。風速 $u = 3$ [m/s]、水平拡散幅 $\sigma_y = 100$ [m]、鉛直拡散幅 $\sigma_z = 50$ [m] のとき、煙流中心軸直下の地上濃度 C [ppm] はおよそいくらか。

$$C = \frac{Q}{2\pi u \sigma_y \sigma_z} \exp\left(-\frac{y^2}{2\sigma_y{}^2}\right)\left\{\exp\left(-\frac{(H_e - z)^2}{2\sigma_z{}^2}\right) + \exp\left(-\frac{(H_e + z)^2}{2\sigma_z{}^2}\right)\right\} \times 10^6$$

ただし、π は円周率、$\exp(-1/2) = 0.61$ とする。

Check!

*86 有効煙突高さ $H_e = 50$ [m] 、排出量 $Q = 2$ [m³/s] の煙源がある。風下方向に x 軸、横風方向に y 軸、高さ方向に z 軸をとった場合、濃度 C [ppm] は以下の正規型プルーム拡散式で与えられる。風速 $u = 3$ [m/s] 、水平拡散幅 $\sigma_y = 100$ [m] 、 鉛直拡散幅 $\sigma_z = 50$ [m] のとき、<u>煙流中心軸直下</u>の<u>地上濃度</u> C [ppm] はおよそいくらか。

$$C = \frac{Q}{2\pi u \sigma_y \sigma_z} \exp\left(-\frac{y^2}{2\sigma_y{}^2}\right)\left\{\exp\left(-\frac{(H_e - z)^2}{2\sigma_z{}^2}\right) + \exp\left(-\frac{(H_e + z)^2}{2\sigma_z{}^2}\right)\right\} \times 10^6$$

ただし、π は円周率、<u>$\exp(-1/2) = 0.61$</u> とする。

解 煙流中心軸直下なので <u>$y = 0$</u> 、地上なので <u>$z = 0$</u> における濃度である。さらに、$H_e = 50$ 、$Q = 2$ 、$u = 3$ 、$\sigma_y = 100$ 、$\sigma_z = 50$ を与えられている式に代入すると

$$C = \frac{Q}{2\pi u \sigma_y \sigma_z}\, e^{-\frac{y^2}{2\sigma_y{}^2}}\left\{ e^{-\frac{(H_e - z)^2}{2\sigma_z{}^2}} + e^{-\frac{(H_e + z)^2}{2\sigma_z{}^2}} \right\} \times 10^6$$

$$= \frac{2}{2 \times 3.14 \times 3 \times 100 \times 50} \times e^0 \times \left(e^{-\frac{50^2}{2 \times 50^2}} + e^{-\frac{50^2}{2 \times 50^2}} \right) \times 10^6$$

$$= \frac{1}{47\,100} \times 1 \times \left(e^{-\frac{1}{2}} + e^{-\frac{1}{2}} \right) \times 10^6$$

となる。ここで、$e^{-\frac{1}{2}} = 0.61$ を代入して

$$C = \frac{1}{47\,100} \times (0.61 + 0.61) \times 1\,000\,000 = 25.90\cdots\ \rightarrow\ \underline{25.9\ [\text{ppm}]}$$

　下の図は、風下距離 x の値から σ_y 、σ_z の値がパスキルの安定度ごとにわかる パスキル線図 です。これを使えば、例えば風下距離 1 [km] でパスキルの安定度が A のときは、グラフ内の ⑦ を見て $\sigma_y = 200$ [m] 、⑦ を見て $\sigma_z = 400$ [m] とわかります。

　次の問題は、このグラフから σ_y 、σ_z の値を読み取って公式に代入することになります。

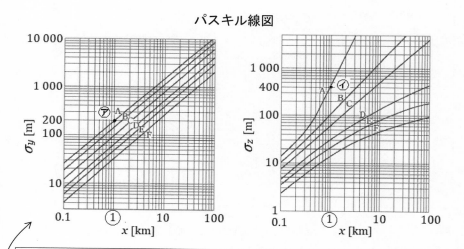

パスキル線図

*87 　安定度 F 、風速 $u = 2.5$ [m/s] のとき、排出量 $Q = 0.1$ [m³/s] で煙上昇のない仮想的な地上煙源の風下 2 [km] の地上濃度 [ppm] はおよそいくらか。

　ただし、プルーム式では、煙軸直下（ $y = 0$ ）、地上（ $z = 0$ ）での濃度 C_0 は、下式のように簡単化され、拡散幅 σ_y 、σ_z は上に示すパスキル線図により与えられるものとする。

$$C_0 = \frac{Q}{\pi u \sigma_y \sigma_z} \exp\left(\frac{-He^2}{2\sigma_z{}^2}\right)$$

Check!

☐
☐
☐
☐
☐

*87 安定度 F 、風速 $u = 2.5$ [m/s] のとき、排出量 $Q = 0.1$ [m³/s] で煙上昇のない仮想的な地上煙源の風下 2 [km] の地上濃度 [ppm] はおよそいくらか。

ただし、プルーム式では、煙軸直下（$y = 0$）、地上（$z = 0$）での濃度 C_0 は、下式のように簡単化され、拡散幅 σ_y 、σ_z は下に示すパスキル線図により与えられるものとする。

$$C_0 = \frac{Q}{\pi u \sigma_y \sigma_z} \exp\left(\frac{-H_e^2}{2\sigma_z^2}\right) \quad \cdots\cdots \text{（※）}$$

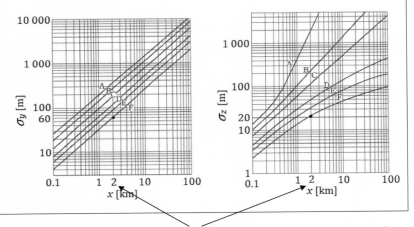

解 上のグラフで風下距離が $x = 2$ [km] で安定度が F のときを読むと $\sigma_y = 60$ [m] 、$\sigma_z = 20$ [m] とわかる。

また、煙上昇のない仮想的な地上煙源なので $H_e = 0$ [m] 、さらに風速 $u = 2.5$ [m/s] 、排出量 $Q = 0.1$ [m³/s] のときなので、これらを（※）に代入して

$$\begin{aligned}
C_0 &= \frac{Q}{\pi u \sigma_y \sigma_z}\, e^{\frac{-H_e^2}{2\sigma_z^2}} \\
&= \frac{0.1}{3.14 \times 2.5 \times 60 \times 20}\, e^0 \\
&= 0.000\,010\,61\cdots \quad \rightarrow \quad \underline{10.6 \text{ [ppm]}}
\end{aligned}$$

　グラフの目盛の縦横の交点以外の数値を読むときは、目分量で案分してください。実際の試験のときは解答を選択肢から選ぶので、読み値が多少ずれていても大きな誤差にはならず、正解を見つけられると思います。

（例）　風下距離 1 [km] で、パスキルの安定
　　　度が B のときの水平拡散幅は、右のグ
　　　ラフを見て、100 と 200 の間なので
　　　$\sigma_y = 150$ [m] とします。

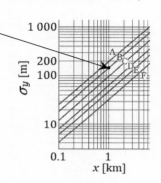

88　煙上昇がない地上発生源から一定の割合で煙が排出されたとき、$x = 300$ [m] 風下の地上濃度は、安定度が C のときは F のときのおよそ何倍か。

　　ただし、他の条件は等しく、地上濃度は正規型プルームモデルとパスキル拡散幅で計算するものとする。

Check!
□
□
□
□
□

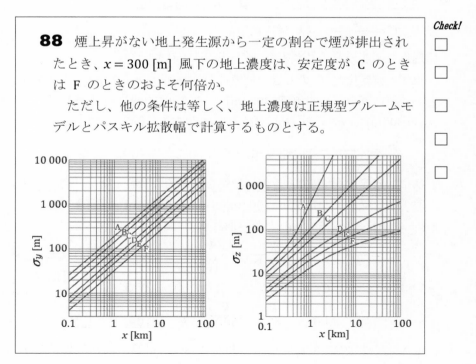

88 煙上昇がない地上発生源から一定の割合で煙が排出され

たとき、$x = 300$ [m] 風下の地上濃度は、安定度が C のとき

は F のときのおよそ何倍か。

　ただし、他の条件は等しく、地上濃度は正規型プルームモ

デルとパスキル拡散幅で計算するものとする。

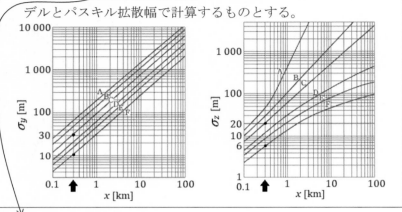

解 煙上昇がない地上発生源で、Q、u に変化がないので、

$$C = \frac{k}{\sigma_y \sigma_z} \quad (k \text{ は比例定数}) \quad \cdots\cdots (*)$$

に代入して比べることとする。($\because$ P 281 の（＊））

　まず、**安定度が C のとき**の拡散幅をそれぞれ σ_{y1}、σ_{z1}、濃度を C_1

とおくと、グラフから風下 300 [m] つまり 0.3 [km] の所(⬆)では

$\sigma_{y1} = 30$ [m]、$\sigma_{z1} = 20$ [m] と読み取れるので、（＊）に代入して

$$C_1 = \frac{k}{\sigma_{y1} \sigma_{z1}} = \frac{k}{30 \times 20} = \frac{k}{600} \quad \cdots\cdots ①$$

　次に、**安定度が F のとき**の拡散幅をそれぞれ σ_{y2}、σ_{z2}、濃度を C_2

とおくと、グラフから風下 300 [m] つまり 0.3 [km] の所(⬆)では

$\sigma_{y2} = 10$ [m]、$\sigma_{z2} = 6$ [m] と読み取れるので、（＊）に代入して

$$C_2 = \frac{k}{\sigma_{y2} \sigma_{z2}} = \frac{k}{10 \times 6} = \frac{k}{60} \quad \cdots\cdots ②$$

> ① ⇐ ②
> **何倍？**

　いま、「C_1 は C_2 の何倍か？」なので ①÷② で

$$C_1 \div C_2 = \frac{k}{600} \div \frac{k}{60} = \frac{k}{600} \times \frac{60}{k} = \frac{1}{10} = 0.1 \text{ [倍]}$$

（ 比べるだけなので最初から $k = 1$ を代入して計算した方が楽です ）

9. 高度な数学力を要する問題

　いよいよ最終章です。ここでは大気の内容ではなく、必要な<u>数学力を向上させます</u>。めったに出題されない内容なのでパスすることも可能ですが、一度は目を通してみて身につけるか否か判断してください。

$$10 + \boxed{2} = 12 \quad \Leftrightarrow \quad \boxed{2} = 12 - 10$$

$$10 \times \boxed{2} = 20 \quad \Leftrightarrow \quad \boxed{2} = 20 \div 10$$

　上の計算のように、**足し算は引き算**に、**掛け算は割り算**に、それぞれ「書き換え」ができました。同様に、**指数**については下のように **対数**を用いて「書き換え」ができます。

「ログ10 の 100」と読む

$$10^{\boxed{2}} = 100 \quad \Leftrightarrow \quad \boxed{2} = \log_{10} 100$$

	指数の形	対数の形
公式	$a^{\boxed{x}} = M$	$\Leftrightarrow \quad \boxed{x} = \log_a M$

（例） 指数の形の $10^{\frac{1}{2}} = \sqrt{10}$ や $e^{1.1} = 3$ を、それぞれ対数の形に書き換えると、$\dfrac{1}{2} = \log_{10} \sqrt{10}$ と $1.1 = \log_e 3$ になります。

（ e については P 243 を参照 ）

---

89 次の各式を、指数の形は対数の形に、対数の形は指数の形に、それぞれ書き換えよ。

    (1)　$10^3 = 1\,000$

    (2)　$0.301 = \log_{10} 2$

    (3)　$10^x = \dfrac{1}{3}$

    (4)　$2.3 = \log_e 10$

Check!
☐
☐
☐
☐
☐

89 次の各式を、指数の形は対数の形に、対数の形は指数の形に、それぞれ書き換えよ。

$$(1) \quad 10^3 = 1\,000 \qquad (2) \quad 0.301 = \log_{10} 2$$

$$(3) \quad 10^x = \frac{1}{3} \qquad (4) \quad 2.3 = \log_e 10$$

解 (1) $\quad 3 = \log_{10} 1\,000 \qquad$ (2) $\quad 10^{0.301} = 2$

(3) $\quad x = \log_{10} \dfrac{1}{3} \qquad$ (4) $\quad e^{2.3} = 10$

(補足) すべて、<u>右辺と左辺が逆でも正解です</u>。

　指数の形の a^x、対数の形の $\log_a M$ について、いずれも a の部分を底と言います。そして、底が 10 の対数 $\log_{10} M$ を 常用対数 と言い、底が e の対数 $\log_e M$ を 自然対数 と言います。

　また、対数については下のような公式があって、これを用いてその下の例のように変形ができます。

〈 対数の公式 〉（ a は正で 1 以外の数、M、N は正 ）

$\log_a 1 = 0 \quad$、$\log_a a = 1$

$\overbrace{M \times M \times \cdots\cdots \times M}$
n 個の積

（ 積 ）　　　和
$\log_a MN = \log_a M + \log_a N \quad$、$\log_a M^n = n \log_a M \cdots\cdots$ (※)

（ 商 ）　　　差
$\log_a \dfrac{M}{N} = \log_a M - \log_a N$

n 個の和になるので n 倍

（例） (1) $\quad \log_{10} 9 = \log_{10} 3^2 = 2 \log_{10} 3$

(これらは、これ以上変形できません)

(2) $\quad \log_e 6 = \log_e (2 \times 3) = \log_e 2 + \log_e 3$

(3) $\quad \log_a \dfrac{1}{1\,000} = \log_a 1 - \log_a 1\,000 = 0 - \log_a 10^3 = -3 \log_a 10$

$$\left[\log_a \dfrac{1}{1\,000} = \log_a \dfrac{1}{10^3} = \log_a 10^{-3} = -3 \log_a 10 \ \text{でもよい} \right]$$

(補足)　対数の底が 10 の場合と e の場合について、底の値がわかり切っているときに限り、この底の値を書くことが省略できます。

（ 10 が省略されている ）

また、右表が与えられると、左頁の **(例)** の **(1)(2)** の値は、それぞれ下のように具体的な数値にすることができます。

N	$\log N$	$\log_e N$
2	0.3010	0.6931
3	0.4771	1.0986
5	0.6990	1.6094
10	1.0000	2.3026

(1)　$\log_{10} 9 = 2\log_{10} 3 = 2 \times 0.4771 = \underline{0.9542}$

(2)　$\log_e 6 = \log_e 2 + \log_e 3$
$\qquad = 0.6931 + 1.0986 = \underline{1.7917}$

$\log_{10} 10 = 1$ より省略されている底が 10 とわかる

(例題)　$\log_e 10 = 2.3$ のとき、$e^{6.9}$ の値を求めよ。

(解)　$\log_e 10 = 2.3$ を指数の形で表すと　$e^{2.3} = 10$ …… ①
と書ける。求める値は $e^{6.9}$ で、① の左辺は $e^{2.3}$ だから
$6.9 \div 2.3 = 3$ より ① の両辺を 3 乗して

$\qquad\qquad (e^{2.3})^3 = 10^3$
$\qquad\qquad e^{2.3 \times 3} = 1\,000$
$\qquad\qquad e^{6.9} = \underline{1\,000}$

① を利用して求める値の形を作る

Check!

90　集じん率がドイッチェの式に従う電気集じん装置において、処理ガス流量が 540 000 [m³/h] 、有効集じん面積が 2 400 [m²] 、ダストの移動速度が 20 [cm/s] であるとき、集じん率 [%] はおよそいくらか。
　　　ただし、$\log_e 5 = 1.6$ とする。

90 集じん率がドイッチェの式に従う電気集じん装置におい
て、処理ガス流量が 540 000 [m³/h] 、有効集じん面積が
2 400 [m²] 、ダストの移動速度が 20 [cm/s] であるとき、
集じん率 [%] はおよそいくらか。 **← 単位に注意**
　　ただし、$\log_e 5 = 1.6$ とする。…… （※）

解　まず、処理ガス流量を秒速で表すと 1 [時間] = 60 [分] 、
1 [分] = 60 [秒] なので、540 000 ÷ 60 ÷ 60 = 150 [m³/s] となる。

　また、ダストの移動速度は 20 [cm/s] = 0.2 [m/s] と書けるので、
$Q = 150$ [m³/s] 、$A = 2\,400$ [m²] 、$\omega = 0.2$ [m/s] をドイッチェの式に
代入して

$$\eta = 1 - e^{-\frac{\omega A}{Q}} = 1 - e^{-\frac{0.2 \times 2\,400}{150}} = 1 - e^{-3.2} = 1 - \frac{1}{e^{3.2}} \quad ……　①$$

と書ける。

　ここで、（※）を指数の形で表すと $e^{1.6} = 5$ …… ② と書けて、①②
の中の e の指数部分を見て $3.2 \div 1.6 = 2$ より、②の両辺を 2 乗して

$$(e^{1.6})^2 = 5^2$$
$$e^{1.6 \times 2} = 25$$
$$e^{3.2} = 25$$

②を利用して求める値の形を作る

とわかる。よって、これを ① に代入して

$$\eta = 1 - \frac{1}{25} = 0.96 \quad \rightarrow \quad \underline{96 \, [\%]}$$

（例題）　中立大気中での風速鉛直分布は以下の対数分布則で表される。
　　粗度長 z_0 が 0.1 [m] のとき、地上 3.2 [m] での風速が 4 [m/s]
であれば、地上 12.8 [m] での風速 [m/s] はおよそいくらか。
　　ただし、地上 12.8 [m] まで対数分布則が成り立つものとする。

　　　　対数分布則　$u(z) = \dfrac{u_*}{k} \log_e \left(\dfrac{z}{z_0} \right)$ …… （*）

ここで、$u(z)$：高度 z での風速 [m/s]
　　　　u_*　：摩擦速度 [m/s]
　　　　k　：カルマン定数（ = 0.41 ）
　　　　z　：地上高さ [m]

（ポイント） <u>値を代入して、とにかく式変形をしてみること。</u>

（解） $z_0 = 0.1$ [m] で、$z = 3.2$ [m] での風速 $u(3.2)$ が 4 [m/s] なので、これらを（＊）に代入して

$$u(3.2) = \frac{u_*}{k} \log_e \left(\frac{3.2}{0.1} \right) = \frac{u_*}{k} \log_e 32 = 4 \ \cdots\cdots \ ①$$

いま求める値は、$z = 12.8$ [m] での風速 $u(12.8)$ なので、同様に（＊）に代入して

$$u(12.8) = \frac{u_*}{k} \log_e \left(\frac{12.8}{0.1} \right) = \frac{u_*}{k} \log_e 128 \ \cdots\cdots \ ②$$

ここで、$32 = 2^5 \cdots\cdots ③$ 、$128 = 2^7 \cdots\cdots ④$ とかけるので、まず ① に ③ を代入して $\dfrac{u_*}{k} \log_e 2^5 = 4$ より

$$5 \times \frac{u_*}{k} \log_e 2 = 4 \quad (\because \ \text{P 288（※）})$$

$$\therefore \quad \frac{u_*}{k} \log_e 2 = \frac{4}{5} \ \cdots\cdots \ ①'$$

とかける。次に ② に ④ を代入して

$$u(12.8) = \frac{u_*}{k} \log_e 2^7 = 7 \times \frac{u_*}{k} \log_e 2 \quad (\because \ \text{P 288（※）})$$

とかけるので、これに ①' を代入して

$$u(12.8) = 7 \times \frac{4}{5} = \underline{5.6 \ \text{[m/s]}}$$

---

91 粒子径分布が以下のロジン−ラムラー式に従うダストがある。

$$\frac{R}{100} = 10^{-\beta' d_p^{1.5}}$$

中位径 d_{p50} が 5 [μm] であるとき、β' の値はおよそいくらか。ただし、β' は [μm$^{-1.5}$] の次元をもつものとし、N の常用対数（$\log N$）、自然対数（$\log_e N$）、平方根（$\sqrt{N}$）は次のとおりである。

N	$\log N$	$\log_e N$	$\sqrt{N}$
2	0.3010	0.6931	1.4142
3	0.4771	1.0986	1.7321
5	0.6990	1.6094	2.2361
10	1.0000	2.3026	3.1623

Check!

91 粒子径分布が以下のロジン−ラムラー式に従うダストが
ある。

$$\frac{R}{100} = 10^{-\beta' d_p^{1.5}} \quad \cdots\cdots \quad (*)$$

中位径 d_{p50} が 5 [μm] であるとき、β' の値はおよそいくら
か。ただし、β' は [μm$^{-1.5}$] の次元をもつものとし、N の
常用対数（$\log N$）、自然対数（$\log_e N$）、平方根（$\sqrt{N}$）は
次のとおりである。

底は
10

N	$\log N$	$\log_e N$	$\sqrt{N}$
2	0.3010 ④	0.6931	1.4142
3	0.4771	1.0986	1.7321
5	0.6990	1.6094	2.2361 ⑦
10	1.0000	2.3026	3.1623

解 中位径が 5 [μm] なので、$d_p = 5$ [μm] のとき $R = 50$ になる。
よって、これらを（*）に代入して

$$\frac{50}{100} = 10^{-\beta' \times 5^{1.5}} \quad \text{を解く。}$$

$$\frac{1}{2} = 10^{-\beta' \times 5^{1.5}}$$

となるので、これを対数の形で表すと

$$-\beta' \times 5^{1.5} = \log_{10} \frac{1}{2} \quad \cdots\cdots \quad ①$$

と書ける。

ここで、左辺の $5^{1.5}$ については

$$5^{1.5} = 5^{\frac{3}{2}} = 5^{\frac{1}{2} \times 3} = (5^{\frac{1}{2}})^3 = (\sqrt{5})^3$$

となって、数表の ⑦ より

$$5^{1.5} = (2.2361)^3 \fallingdotseq 11.181 \quad \cdots\cdots \quad ②$$

一方、① の右辺は対数の公式（P.288）で変形して

$$\log_{10} \frac{1}{2} = \log_{10} 1 - \log_{10} 2 = 0 - \log_{10} 2 = -\log_{10} 2$$

$$\left[= \log_{10} 2^{-1} = -1 \times \log_{10} 2 \quad \text{でもよい} \right]$$

となって、数表の ④ より

$$\log_{10} \frac{1}{2} = -0.3010 \quad \cdots\cdots \quad ③$$

よって、①に②③を代入して β' の値を求めると

$$-\beta' \times 11.181 = -0.3010$$

$$\therefore \quad \beta' = \frac{0.3010}{11.181} = 0.026\ 92\cdots \rightarrow \underline{0.026\ 9}$$

（補足）　最後に対数の説明を少し加えて
おきます。今までの出題ではこのよ
うな使い方をする場面が無いのです
が、本来、常用対数 $\overset{\text{ログ}_{10}\text{の}x}{\log_{10}x}$ の記号
の意味は、右の❶❷のように
「x の部分が 10 の何乗か」を考
えて、この式の値を答えます。そし
て、❶❷のようにわかるもの以外
を、P 288 の公式を用いて求めるこ
とになります。また、底が 10 で

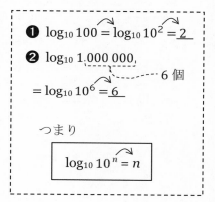

❶ $\log_{10} 100 = \log_{10} 10^2 = \underline{2}$

❷ $\log_{10} 1{,}000{,}000,$

　　　　　　　　　　　— 6 個

$= \log_{10} 10^6 = \underline{6}$

つまり

$$\log_{10} 10^{\,n} = n$$

なくても、下の例のようにそれぞれの値を答えることができます。

（例）　$\log_2 32 = \log_2 2^5 = \underline{5}$

　　　　$\log_3 81 = \log_3 3^4 = \underline{4}$

（確認問題）　$\log_2 256$ の値を求めよ。（ 答は P 294 ）

索引

P 293 **（確認問題）** の答　$\log_2 256 = \log_2 2^8 = \underline{8}$

参考文献

公害防止の技術と法規編集委員会編:新・公害防止の技術と法規 2021 大気編

産業環境管理協会

使用公式一覧　（ 使い方は各ページを参照すること ）

1 体積と流量

$$1\underbrace{000}_{} = 10 \times 10 \times 10 = 10^3$$

0 の個数は ── ここと一致

$$\frac{1}{1\,000} = \frac{1}{10^3} = 10^{-3}$$

マイナスで表せる

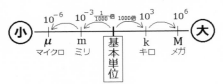

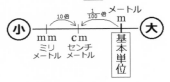

$1\,[cm^3]$ ------------------ $1\,[mL]$

$1\,000\,[cm^3]$ ------------ $1\,000\,[mL] = 1\,[L]$

$1\,000\,000\,[cm^3] = 1\,[m^3]$ ---- $1\,000\,[L] = 1\,[kL]$

‥‥ 3

$A = ab$ 、 $V = Ah = abh$　　‥‥ 4

$V \div T = Q$ 、 $V = QT$　　‥‥ 5

2 石綿濃度

$$F = \frac{x}{V}$$　　‥‥ 7

$$F = \frac{NA}{naV}$$　　‥‥ 11

3 集じん率とダスト濃度
ア 集じん率

あわせて100%

手順	① それぞれの未集率を求める（100 から引く）
	② 小数で表し、すべてを掛けた値が 最終的な未集率
	③ 百分率で表し、集じん率にする （100 から引く）

‥‥ 12

イ ダスト濃度

集じん率　$\eta = 1 - \dfrac{Co}{Ci}$

未集率　$\dfrac{Co}{Ci}$　　‥‥ 22

4 遠心力と重力
ア 遠心効果

$$F = \frac{mv^2}{R} \quad 、\quad F' = mg$$

遠心効果　$Z = \dfrac{F}{F'} = \dfrac{v_\theta^2}{Rg}$　　‥‥ 34

イ 終末沈降速度

ストークスの式

終末沈降速度　$v_g = \dfrac{d_p^2 \rho_p g}{18\mu}$

速度 v_g は、粒子径の 2 乗 d_p^2 と、密度 ρ_p に比例する

$\boxed{v} = d_p^2 \times \rho_p$ とおいて、この値を比較　　‥‥ 37

$$d_{pa} = \sqrt{\boxed{v} \div 1\,000}$$　　‥‥ 39

ウ 遠心沈降速度

$$Z = \frac{F}{F'} = \frac{v_\theta^2}{Rg} = \frac{v_c}{v_g}$$　　‥‥ 42

5 燃焼問題
ア 元素と化学式と反応式

元素記号	元素名
H	水素
C	炭素
N	窒素
O	酸素
S	いおう

化学式	化学名
H_2	水素
N_2	窒素
O_2	酸素
H_2O	水，水蒸気
CH_4	メタン
C_2H_6	エタン
C_3H_8	プロパン
C_4H_{10}	ブタン
C_2H_4	エチレン
C_2H_2	アセチレン
CO	一酸化炭素
CO_2	二酸化炭素
NO	一酸化窒素
NO_2	二酸化窒素
H_2S	硫化水素
SO_2	二酸化いおう

‥‥ 44、45

〜 大気関係で出てくる炭化水素の構造式 〜

メタン(CH_4)

$$H-\underset{\underset{H}{|}}{\overset{\overset{H}{|}}{C}}-H$$

エタン(C_2H_6)

$$H-\underset{\underset{H}{|}}{\overset{\overset{H}{|}}{C}}-\underset{\underset{H}{|}}{\overset{\overset{H}{|}}{C}}-H$$

プロパン(C_3H_8)

$$H-\underset{\underset{H}{|}}{\overset{\overset{H}{|}}{C}}-\underset{\underset{H}{|}}{\overset{\overset{H}{|}}{C}}-\underset{\underset{H}{|}}{\overset{\overset{H}{|}}{C}}-H$$

ブタン(C_4H_{10})

$$H-\underset{\underset{H}{|}}{\overset{\overset{H}{|}}{C}}-\underset{\underset{H}{|}}{\overset{\overset{H}{|}}{C}}-\underset{\underset{H}{|}}{\overset{\overset{H}{|}}{C}}-\underset{\underset{H}{|}}{\overset{\overset{H}{|}}{C}}-H$$

エチレン(C_2H_4)

$$\underset{H}{\overset{H}{}}C=C\underset{H}{\overset{H}{}}$$

アセチレン(C_2H_2)

$$H-C\equiv C-H$$

$\cdots$ 49

メタノール(CH_3OH)　エタノール(C_2H_5OH)

$$H-\underset{\underset{H}{|}}{\overset{\overset{H}{|}}{C}}-O-H$$

$$H-\underset{\underset{H}{|}}{\overset{\overset{H}{|}}{C}}-\underset{\underset{H}{|}}{\overset{\overset{H}{|}}{C}}-O-H$$

$\cdots$ 50、52

イ　発熱量

高発熱量　$H_h = H_l + H_w$

低発熱量　$H_l = H_h - H_w$　　$\cdots$ 56

ウ　燃焼室熱負荷

$[J] = [W\cdot s]$ （ワット秒）

$[kJ/(m^3\cdot s)] = \left[\dfrac{kJ}{m^3\cdot s}\right] = \left[\dfrac{kW\cdot s}{m^3\cdot s}\right] = [kW/m^3]$

$\cdots$ 64

エ　燃焼計算

① 気体燃料

酸素は〇印 、CO_2 は□印

H_2O は△印　　$\cdots$ 67

$A_0 = 〇 \div 0.21$

$m = \dfrac{A}{A_0}$ 、$A = m A_0$　　$\cdots$ 68

$KG = A - 〇 + □$

$SG = A - 〇 + □ + \triangle$

$SG = KG + \triangle$

$(CO_2)_{KG\%} = \dfrac{□}{KG} \times 100$

$(H_2O)_{SG\%} = \dfrac{\triangle}{SG} \times 100$　　$\cdots$ 69

$KG_0 = A_0 - 〇 + □$

$SG_0 = A_0 - 〇 + □ + \triangle$

$SG_0 = KG_0 + \triangle$

$(CO_2)_{max} = \dfrac{□}{KG_0} \times 100$　　$\cdots$ 75

$A_0 - 〇 = A_0 \times 0.79$

$KG_0 = A_0 \times 0.79 + □$　　$\cdots$ 76

気体燃料の中の酸素は◎印で、空気中
の酸素量をその分少なくできる
気体燃料の中の二酸化炭素や窒素は
燃焼しない　　$\cdots$ 82

1 [%]　　= 0.01
1 [ppm] = 0.000 001
1 [%]　　=　 10 000 [ppm]　　$\cdots$ 84
小さな値はとても大きな値と加減す
るときに限り無視できる

SO_2 は▢印

$(SO_2)_{KGppm} = \dfrac{▢}{KG} \times 1\,000\,000$

$(SO_2)_{SGppm} = \dfrac{▢}{SG} \times 1\,000\,000$　$\cdots$ 85

CO は⬚印　　$\cdots$ 98

$(CO)_{KG\%} = \dfrac{⬚}{KG} \times 100$　　$\cdots$ 100

② 液体燃料・固体燃料（前編）

元素 1 [kg]	必要となる 酸素(〇)の体積 [m³ₙ]	燃焼後にできる 気体と体積 [m³ₙ]	〇との関係
C	1.87（いやな）	CO_2　1.87	〇 = □
H	5.6（コロ）	H_2O　11.2	〇 = △
S	0.7（ナ）	SO_2　0.7	〇 = ▢

$\cdots$ 105

$〇 = □ + \triangle + ▢$

$KG_0 = A_0 - 〇 + □ + ▢$

$KG_0 = A_0 - \triangle$

$SG_0 = KG_0 + \triangle$

$SG_0 = A_0 + \triangle$　　$\cdots$ 106

$SG_0 = A_0 - 〇 + □ + ▢ + \triangle$

$KG = A - 〇 + □ + ▢$

$KG = A - \triangle$

$SG = A - 〇 + □ + ▢ + \triangle$

$SG = A + \triangle$

$SG = KG + \triangle = KG + \triangle \times 2$　$\cdots$ 109

299

元素名	元素記号	原子量
水素	H	1
炭素	C	12
窒素	N	14
酸素	O	16
硫黄	S	32

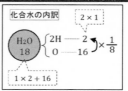
成分	記号	扱い方
灰分	a	燃焼前後で変化なし。固形物のままなので無視
窒素	N	燃焼しないが、窒素ガス(N$_2$)になるのでKGとSGに加える
水分	w	燃焼しないが、水蒸気になるのでSGに加える

6 流速と水分量
ア 圧力と温度と密度

$1 [気圧] = 101.3 [kPa]$

（絶対圧）　（ゲージ圧）
絶対圧力＝大気圧＋ゲージ圧力 ··207

$[Pa] = 9.8 \times [mmH_2O]$ ··208

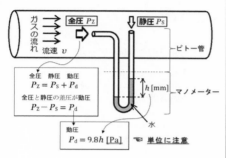

$$h = \frac{x}{2}$$ ··210

$\theta [℃]$ は絶対温度で $T = 273 + \theta [K]$ ··213

$$\rho = \rho_0 \times \frac{273}{T} \times \frac{P}{101.3}$$

$$\rho = \rho_0 \times \frac{273}{T} \times \frac{P_S}{101.3}$$ ··214

$$\rho = \rho_0 \times \frac{273}{273 + \theta} \times \frac{P_a + P_g}{101.3} [kg/m^3]$$ ··215

イ ガスの流速

$$v = c\sqrt{\frac{2P_d}{\rho}}$$ ··216

ウ 排ガス中の水分量

$$X = \frac{\triangle}{KG + \triangle} \times 100$$

$$\triangle = \frac{22.4}{18} m$$

$$KG = V_{KG} \times \frac{273}{273 + \theta} \times \frac{P_a + P_g}{101.3}$$ ··224

$$KG = V_{SG} \times \frac{273}{273 + \theta} \times \frac{P_a + P_g - P_v}{101.3}$$ ··227

$$C_d = \frac{m_d}{KG} 、 m_d = C_d \times KG$$ ··229

7 数学力を要する問題
ア コゼニー・カルマンの式

ろ布の圧力損失　$\Delta P_r = P_1 - P_2$

ダスト層の圧力損失 $\Delta P_d = P_3 - P_1$

バグフィルターの圧力損失

$$\Delta P_r + \Delta P_d = P_3 - P_2$$ ··231

コゼニー・カルマンの式

$$\Delta P_d = \frac{180}{d_{ps}^2} \frac{(1-\varepsilon)^2 L \mu v}{\varepsilon^3}$$

$$= \frac{180}{d_{ps}^2} \frac{(1-\varepsilon) m_d \mu v}{\varepsilon^3 \rho_p}$$

➤ ダスト層厚 L が**ある**場合

ΔP_d は $\dfrac{(1-\varepsilon)^2 L}{\varepsilon^3}$ に比例

➤ ダスト層厚 L が**ない**場合

ΔP_d は $\dfrac{1-\varepsilon}{\varepsilon^3}$ に比例 ··232

$$a^m \times a^n = a^{m+n} , a^m \div a^n = a^{m-n}$$
$$(a^m)^n = a^{m \times n} , a^0 = 1$$

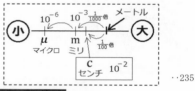

··235

イ 飽和帯電量

$$\frac{3\varepsilon_s}{\varepsilon_s + 2} \fallingdotseq 3$$ ··236

ウ 電気集じん装置とドイッチェの式

未集率　$\dfrac{C_o}{C_i} = e^{-\frac{\omega A}{Q}}$

集じん率 $\eta = 1 - \dfrac{C_o}{C_i} = 1 - e^{-\frac{\omega A}{Q}}$ ··242

$$a^{m \times n} = (a^m)^n$$ ··244

エ ふるい上分布曲線とロジン・ラムラー分布式

$$R = 100 e^{-\beta d_p{}^n}$$ ··255

8 大規模大気特論
ア 有効煙突高さと最大着地濃度

$$H_e = H + \underbrace{H_u + H_f}$$

$$H_e = H + \quad \Delta H$$ ··257

イ ダウンウォッシュ

ウ　サットンの式

$$C_{max} = \frac{2Q}{e\pi u He^2}\left(\frac{C_z}{C_y}\right) \qquad \cdots 260$$

エ　煙上昇距離

$$2^{\frac{1}{2}} = \sqrt{2} = 1.4142\cdots \qquad \cdots 263$$

オ　風速のべき乗則

$$u(z) = u(z_1)\left(\frac{z}{z_1}\right)^p \qquad \cdots 267$$

カ　正規化着地濃度
キ　プルーム拡散式

$$C = \frac{Q}{2\pi u \sigma_y \sigma_z}\, e^{-\frac{y^2}{2\sigma_y{}^2}}\left\{ e^{-\frac{(He-z)^2}{2\sigma_z{}^2}} + e^{-\frac{(He+z)^2}{2\sigma_z{}^2}} \right\}$$

$$C = \frac{Q}{\pi u \sigma_y \sigma_z}\, e^{-\frac{He^2}{2\sigma_z{}^2}} \qquad \cdots 280$$

$$C = \frac{k}{\sigma_y \sigma_z} \qquad \cdots 281$$

9　高度な数学力を要する問題

指数の形　　　　　対数の形

$$a^{\boxed{x}} = M \quad \Leftrightarrow \quad \boxed{x} = \log_a M \qquad \cdots 287$$

$$\log_a 1 = 0 \quad,\quad \log_a a = 1$$

（積）　和
$$\log_a MN = \log_a M + \log_a N \quad,\quad \log_a M^n = n\log_a M \quad\cdots\cdots\quad (※)$$

（商）　差
$$\log_a \frac{M}{N} = \log_a M - \log_a N$$

$$\overbrace{M\times M\times\cdots\cdots\times M}^{n個の積}$$

n個の和になるのでn倍

$\qquad\cdots 288$

$$\log_{10} 100 = \log_{10} 10^2 = \underline{2}$$

$$\log_{10} 1,000,000$$
6個
$$= \log_{10} 10^6 = \underline{6}$$

つまり　$\boxed{\log_{10} 10^n = n}$　$\cdots 293$

（資料）過去問題の出題分野分析

A:大気概論　B:大気特論　C:ばいじん・粉じん特論　D:大気有害物質特論　E:大規模大気特論

		出題年	R3	R2	R1	H30	H29	H28	H27	H26	H25	H24	H23	H22	H21	H20	H19	H18
1	体積と流量																	
2	石綿濃度																	
3	集じん率とダスト濃度	ア 集じん率	C-12	C-12	C-12	C-12	C-12			C-12	C-12		C-1	C-12			C-11	
		イ ダスト濃度	C-2	C-1			C-2	C-2				C-1	C-1			C-1		
4	遠心力と重力	ア 遠心効果																
		イ 終末沈降速度	C-4	C-3												C-3		C-2
		ウ 遠心沈降速度					C-3	C-3										
5	燃焼問題	ア 元素と化学式と反応式																
		イ 発熱量																
		ウ 燃焼室熱負荷																
		エ 燃焼計算 ①気体燃料・固体燃料（前編）	B-4	B-3		B-3	B-4	B-4	B-4	B-3		B-3	B-3	B-3	B-3	B-3	B-3	B-4
		②液体燃料		B-4	B-4		B-4	B-3	B-3		B-4	B-4	B-4	B-4	B-4	B-4	B-4	
		③単位時間のガス量	B-3		B-4	B-4		B-3	B-3									B-3
		④酸素の応用問題	B-4	B-4							B-4	B-4				B-4	B-4	B-1
		⑤気体の体積と分子量									B-4				B-4			
		⑥発熱量と分子量								B-4							B-9	
		⑦液体燃料・固体燃料（後編）			B-4	B-4							B-4					B-1
		オ 排ガスの処理 ①有害物質の量と濃度	B-13							B-4	B-9						B-9	
		②石灰スラリー吸収法																
		③水酸化マグネシウムスラリー吸収法																
		④アンモニア接触還元法																
6	流速と水分量	ア 圧力と温度と密度							C-15				C-15					
		イ ガスの流速	C-15	C-15	C-15	C-15		C-15	C-15		C-14			C-14				
		ウ 排ガス中の水分量	C-7				C-9	C-9									C-9	C-3
7	数学力を要する問題	ア コゼニー・カルマンの式																
		イ 飽和帯電量																
		ウ 電気集じん装置とドイッチェの式	C-5	C-5	C-7		C-6	C-6	C-6	C-6	C-6		C-6				C-4	
		エ ふるい上分布曲線とロジン・ラムラー分布式																
8	大規模大気特論	ア 有効煙突高さと最大着地濃度									E-5							
		イ ダウンウォッシュ																
		ウ サットンの式																
		エ 煙上昇距離						E-2		E-4								
		オ 風速のべき乗則																
		カ 正規化着地濃度	E-5	E-5	E-4	E-4	E-4	E-4				E-4	E-6	E-5	E-4	E-4		E-4
		キ プルーム拡散式																
9	高度な数学力を要する問題				C-1		E-4						E-6			C-4	E-3	E-4

MEMO

MEMO

MEMO

MEMO

MEMO

MEMO

MEMO

MEMO

著者略歴

見上 勝清（みかみ かつきよ）

東京都小平市生まれ。
1982 年 3 月東京理科大学理学部数学科を卒業後，32 年間國學院大學久我山中学高等学校に勤務し数学を教える。

取得資格（2020 年 12 月現在）
　第三種電気主任技術者
　エネルギー管理士
　特級ボイラー技士
　第一種冷凍機械責任者
　水質関係第一種公害防止管理者
　大気関係第一種公害防止管理者
　騒音・振動関係公害防止管理者
　第二種電気工事士
　消防設備士甲種第 4 類

図をかいてサクサク解けるシリーズ
大気の計算問題
～ 公害防止管理者試験 大気関係 受験対策 ～

著　　　者	見 上 勝 清
印刷・製本	亜 細 亜 印 刷 ㈱

発 行 所	株式会社 弘 文 社	〒546-0012 大阪市東住吉区 中野 2 丁目 1 番 27 号 ☎　(06) 6797 - 7 4 4 1 FAX　(06) 6702 - 4 7 3 2 振替口座　00940 - 2 - 43630 東住吉郵便局私書箱 1 号
代 表 者	岡 﨑　　靖